최신판 | RESISTANCE AND PROPULSION OF SHIPS

선박저항추진론

하정수 · 서징화 · 이신형

예문사

PREFACE

조선공학에서 가장 중요한 분야 중 하나인 저항 · 추진에 관해서는 이미 깊이 있고 훌륭한 내용의 책들이 많다. 그 중에는 해외에서 발간된 것으로서 국내에 번역본으로 출간되었거나 기라성 같은 우리의 선배들이 저술한 것들도 있다. 아마도 이 책의 서문을 읽는 독자라면 이러한 실정은 잘 알고 있으리라 생각한다.

그럼에도 불구하고 이 교재를 기획한 이유는 아주 간단하다. 조선공학, 또는 기계공학의 전공기초과목을 이수한 학부생들이 수강하는 저항 · 추진 과목에 맞춤한 교재를 찾기가 생각보다 쉽지 않다는 것이다. 시중의 교과서들은 워낙 방대한 내용을 담고 있기도 하고, 일부 내용은 학부에서 다루기에는 수준이 너무 높다. 그러다 보니 학생들은 교과서를 보는 순간부터 기가 죽고, 가르치는 입장에서는 교과서와 학생 사이의 접점을 만들기에 곤혹스러운 면이 있다.
또한 저항 · 추진 과목의 특성상, 모형시험을 반드시 다루어야 하는데, 실험에 관한 원론적 수준에 머물거나 이론만 늘어놓은 교재로는 이해하는 데 한계가 있다. 최근에는 컴퓨터를 이용한 시뮬레이션이 저항 · 추진성능 추정에 많이 활용되는데 이 부분 역시 지나치게 어렵거나 지나치게 단순하게 다룬 경우가 많다.

이러한 현실적 이유들로 하여 필자들은 한 학기(15주) 동안 실제로 학부생들을 대상으로 진행하는 과목에 가장 적합한 교재를 만들기로 했다. 우선 서울대학교 조선해양공학과에서 저항 · 추진 과목에 사용되었던 교과서들의 핵심 내용을 포함시키고 서울대학교 예인수조에서 수행되는 저항시험, 프로펠러 단독성능시험, 자항시험의 실제 진행 내용을 상세하게 기술하되, 사진과 그림을 곁들임으로써 이해도를 높이는 방식을 택하였다. 아울러 저항 · 추진성능 추정에 이용되는 전산유체역학(CFD) 방법의 소개와 그 적용 예를 별도의 장으로 정리하였다.

무엇보다 학부생들 수준에 알맞은 내용을, 그들이 가장 이해하기 쉬운 방식으로 기술하는 데 초점을 두었으므로, 다른 교과서들에 비해 분량도 적고 내용도 단촐해 보일 수 있지만, 기초 교재로는 매우 효율적으로 쓰일 수 있을 것이다.

초판이라 미진한 점이 없지 않지만, 많은 관심과 이후의 개정을 통해 더 좋은 교재로 발전할 수 있기를 기대하며, 여러 훌륭한 교수님들과 선후배님들 앞에 부끄러움을 무릅쓴 만큼 학생들이 쉽게 공부할 수 있다면 한편의 이러한 민망함도 보람이 될 것이다.

끝으로 모자란 제자들의 졸저를 꼼꼼하게 고쳐 주시고, 귀한 조언을 아끼지 않으신 김효철 교수님께 무한 감사의 말씀을 올린다.

2019. 3 저자 일동

Chapter 1 선박의 저항

Chapter 2 선박저항추진론 학습에 필요한 유체역학

Chapter 3 선체 저항의 성분과 그 특성

Chapter 4 모형시험 결과를 이용한 실선 저항의 추정

Chapter 5 모형선 저항시험

Chapter 6 국부유동 계측을 통한 저항 성분의 측정과 유동장 파악

Chapter 7 전산유체역학 방법을 이용한 선박 저항의 예측

Chapter 8 프로펠러의 기하학

Chapter 9 프로펠러 이론과 공동현상

Chapter 10 기타 선박용 추진기

Chapter 11 모형 프로펠러 단독성능 시험 - 실습예제

Chapter 12 프로펠러 - 선체 상호작용

Chapter 13 모형선 자항시험 - 실습예제

Chapter 14 선형 설계에 활용되는 선박저항론의 주요 내용

Chapter 15 선박 동력의 구성 및 추정방법

CHAPTER

1

선박의 저항

CHAPTER

1 선박의 저항

선박의 성능을 논하는 데 가장 우선하는 것은 선박이 앞으로 나아갈 때 선체에 걸리는 저항, 즉 선박의 진행방향의 반대방향으로 걸리는 힘이다. 물 속이나 물 위를 움직이는 선박에서 선체와 물의 상호작용으로 인한 저항이 전체 저항의 대부분을 차지한다. 이는 물과 접하는 표면에 작용하는 마찰이나 수면파를 만들 때 작용하는 저항을 의미하며, 물 밖에서 발생하는 저항 성분으로 수면 위 선체의 상부 구조물에 작용하는 바람의 영향을 추가로 고려하는 것이 일반적이다.

선주(ship owner)의 건조 목적에 맞게 대강의 배수량과 속력, 형상 등을 정하게 되는데, 이를 개념설계라 한다. 개념설계 단계의 핵심은 선박의 저항을 추정해 이를 극복하고 설계속도를 낼 수 있는 동력 기관을 선정하는 것이다. 저항이 작은 선형은 같은 속도를 내는 데 보다 적은 동력이 소요되므로, 선형을 개선하면 선박의 연료 소모량과 동시에 공해물질 배출량을 줄일 수 있다. 통상적으로 선박이 1년간 사용하는 연료비는 보통 선박 가격의 20~30%로 알려져 있다. 선박을 30년간 운항한다고 가정하면 1%의 연료 절감은 선박 가격의 6~9% 수준의 유지비에 상응하는 것으로 볼 수 있다. 그리고 최근에는 선박의 에너지효율 설계지수(Energy Efficiency Design Index, EEDI) 기준을 제정하고 연료 소모로 인한 온실가스 배출 제한을 초과하는 선박은 건조가 제한되고 있다. 따라서 조선공학자들은 선박의 개념설계 단계에서 저항을 조금이라도 더 줄이고자 유체역학적 이론을 기반으로 선박의 저항성능 향상에 대해 끊임없는 연구와 분석에 매달리고 있다.

하지만 무조건적으로 선체 저항만을 줄이는 것이 최우선의 설계목표가 될 수는 없다. 저항성능을 만족하면서도 건조 목적을 고려한 최적의 선형을 얻어내는 것이 가장 중요하다. 만약 선주가 경주용 요트(yacht)를 건조하고자 한다면 높은 선속의 달성이 가장 우선될 것이다. 반면 선주가 유조선이나 벌크선과 같은 저속 화물선을 건조하고자 한다면 최고 속력, 기동력보다 화물 적재량과 연료 소비율이 우선되므로, 최대한의 화물 탑재공간을 확보한 상태에서 저항을 줄이려 할 것이다. 이처럼 건조 목적에 따라 선박의 설계 방향이 달라지기 때문에, 각 선박의 저항을 추정하기 위한 과정 또한 항상 같을 수는 없다.

선박의 역사와 함께한 오랜 연구에도 불구하고, 선박저항의 해석을 위해 선박 주위의 유체 흐름을 추정하는 것은 여전히 쉬운 일이 아니다. 선박은 파랑, 조류, 바람 등과 같은 다양한 외력에 의한 횡동요(roll), 종동요(pitch) 등의 복잡한 운동이 일어나는데 이 모든 요인이 선박의 저항에 영향을 준다. 다만 이러한 요소를 설계 단계에서의 저항성능 추정에 모두 고려할 수는 없으므로, 일반적으로 선박의 저항성능은 정수 중에서 일정한 속력으로 항주하는 이상적인 상황에 초점을 맞춘다. 그리고 정수 중 결과에 대해 경험식 등을 활용해 실제 바다에서의 항주 중 저항과 요구 출력을 추정한다.

설계 단계에서 선박의 저항을 정확히 알아내는 것은 현실적으로 불가능하므로 이를 추정하기 위해 모형시험(model test)이나 전산유체역학(Computational Fluid Dynamics, CFD) 해석을 이용한다. 모형시험이란 실선 형상에 대해 일정한 축척비(scale ratio)[1]를 갖는 모형(model)을 예인수조(towing tank)[2]나 회류수조(circulating water channel)[3]와 같은 실험시설에서 항주 조건을 모사하여 실험하는 것을 의미한다. 저항의 추정을 위한 모형시험이라면 직진 상태에서 계측된 모형선의 저항을 적합한 물리적 상사법칙을 이용해 실선 저항으로 확장한다. 이전에는 기관에 따라서 모형선 저항을 실선의 저항으로 확장하는 방법의 세부사항이 조금씩 달랐으나 1978년 국제선형시험수조회의(International Towing Tank Conference, ITTC)[4]에서 그 방법을 통일하여 일관성 있는 해석 절차를 사용하게 되었다.

---

1 축척비란 실물 형상의 길이 치수에 대한 모형선의 길이 치수의 비율을 말한다.

2 예인수조는 넓이가 수 미터이고 길이가 수백 미터로 긴 형상의 수조와 그 부속 장비들을 의미한다. 예인수조의 양쪽 벽에 레일이 설치되어 예인전차가 그 위를 움직이며 모형선을 예인한다. 현재 약 100m 이상 길이의 대형 예인수조가 세계적으로 100여 개 기관에서 운용되고 있으며 이 중 국내에는 5개 기관(서울대학교, 부산대학교, 선박해양플랜트연구소, 현대중공업, 삼성중공업)에 길이 100m 이상의 시설이 있다. 이외에도 다수의 기관이 예인수조를 운용하고 있을 뿐 아니라 새로운 시설들이 건설되고 있다.

3 모형을 정위치에 정지시켜 두고, 수조의 물을 순환시키며 실험을 한다. 모형과 실험 장비의 설치가 용이하지만 물을 순환시키는 과정에서 교란이 발생하여 균일한 유동을 얻기가 어렵다. 따라서 정밀한 저항 측정에는 부적당하고 유동현상 계측 등의 특수 목적에 주로 사용된다(출처 : 이창억, 선박설계, 청문각, 2014).

4 ITTC는 1933년 발족 이후 3년마다 총회를 개최하고 있다. 물리적 실험과 수치 해석을 통한 선박 및 해양 구조물의 유체역학적 성능을 추정하는 과정에 대한 권고사항을 제공한다.(http://www.ittc.info/)

CFD 해석이란 대상물 주위 유동의 속도, 압력, 밀도와 같은 물리량에 대한 수치적 해석을 의미한다. CFD 해석을 통해서 전체 유동장의 정보를 얻을 수 있어, 모형시험에서 계측하기 어려운 유동의 정량적 · 정성적 표현이 가능하다. 그리고 CFD 해석은 특별한 실험 시설이 필요치 않으므로 모형시험보다 비용이 적다는 장점이 있다. 하지만 아직 실선에 대한 CFD 해석을 바로 수행할 만큼 해석의 신뢰성이 확보되지 않았기 때문에, 모형시험을 통한 저항 추정의 보조적 수단으로 활용하는 상황이다. 하지만 다수의 전문가는 앞으로 모형시험 없이 CFD 해석으로만 실선 저항의 추정이 가능해질 것이라고 보고 있다.

이번 장에서는 본격적인 선박 저항의 이해에 앞서 선박의 저항, 추진성능 향상에 대한 역사를 간략히 살펴보고 동력 추정의 개념을 이해하기로 한다.

1.1 선박의 역사

배를 뜻하는 영어 단어 'vessel'은 '작은 단지'를 뜻하는 라틴어 '바셀룸(vascellum)'에서 파생되었다.[5] 내부에 액체를 담는 '바셀룸'과는 반대의 기능이지만 내 · 외부를 격리하는 도구라는 의미로도 사용된다. 또한, '바셀룸'의 형태를 감안하면 라틴어가 사용되던 로마시대의 '배'에 대한 인식은 재질 자체의 부력을 이용하는 뗏목보다는 내부 공간을 만들어 부력을 얻는 현대의 배의 개념에 들어맞는다고 볼 수 있다.

'바셀룸'의 시대 이전에도, 인류는 사람과 물자의 교류와 이동의 편리성을 위해 신석기 시대부터 통나무를 파거나 작은 나뭇가지들을 엮어 배를 만들었고 노(oar), 줄(wire) 등을 이용하여 추진력을 얻었다(Fig 1.1). 선박 기술은 이후 인류 문명의 진보에 따라 발전하였는데, 이미 기원전 3000년경 이집트의 나일강 유역에서는 Fig 1.2와 같이 판자나 갈대로 만든 배에 돛을 달아 바람의 힘을 이용하였다.

5 헨드릭 빌렘 반 룬, Ships(배 이야기 - 인간은 어떻게 7대양을 항해했을까), 아이필드 출판사, 2006.

Figure 1.1 뗏목

(자료제공 : Wikimedia, 사진촬영 : Vater von Oktaeder)
[public domain]

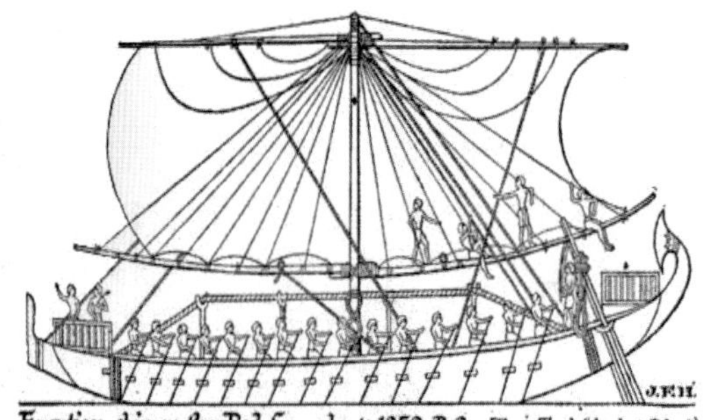

Figure 1.2 이집트의 배

(자료제공 : Wikimedia, 사진촬영 : H.J.Wells)
[public domain]

기원전 1200년경에서 900년에는 페니키아(Phoenicia)인들이 조선용 목재가 풍부했던 지중해의 동쪽 해안(지금의 레바논)에 근거지를 두고 뛰어난 조선술과 항해술을 기반으로 Fig 1.3과 같이 초기 갤리(galley)를 건조하였고 이를 상선, 군선으로 이용하여 뱃길과 상권을 장악하였다. 기원전 500년경에는 고대 그리스 사람들이 Fig 1.4와 같이 노를 젓는 사람들을 3층으로 배치하고 개량된 돛, 노와 충각(ram)[6]을 장착한 트라이림(trireme)을 건조하였다. 이 시대까지도 인력을 이용한 노는 선박에 있어 필수적인 추진 기관이었다.

Figure 1.3 갤리

(자료제공 : Wikimedia, 사진촬영 : Myriam Thypes, Venice, Italy)

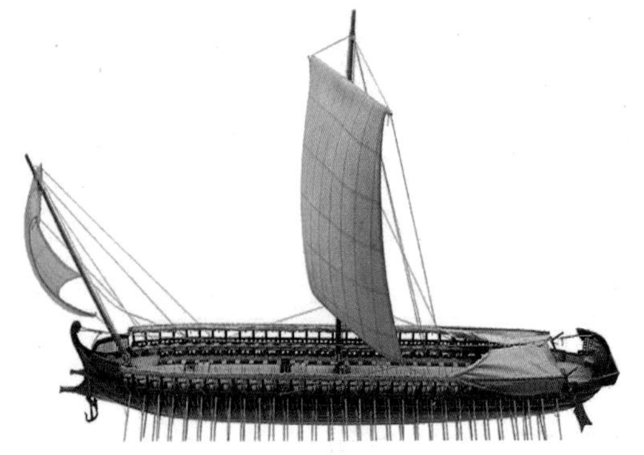

Figure 1.4 그리스 트라이림

(자료제공 : Wikimedia, 사진촬영 : Deutsches Museum, Munich, Germany)

6 충각이란 선박의 선수 또는 선미에 장착하여 적 선박과 충돌하여 상대 선박을 부수는 무기로 사용된 부재를 말한다(출처 : 위키백과 ko.wikipedia.org).

이후 14세기 이탈리아의 Marco Polo(1254~1324)가 쓴 동방견문록은 동방의 세계에 대한 유럽인들의 호기심을 증폭시켰고, 나침반과 같은 항해기술의 발달에 힘입어 선박의 운항 영역이 지중해 연안에서 전 세계의 바다로 크게 넓어졌다. 15~16세기에는 Fig 1.5와 같이 돛을 발전시켜 순전히 바람의 힘만으로 항해가 가능한 캐랙(carrack)이 등장하여 무역활동이 활발해졌고 상공업의 발달로 부를 얻은 서구의 신흥세력들은 신항로 개척과 식민지 쟁탈에 뛰어들기 시작했다.

15세기 후반부터 18세기 중반까지 이어진 대항해시대에는 이러한 현상이 두드러졌는데 16세기에는 Fig 1.6과 같이 많은 대포와 화물을 실을 수 있는 갤리언(galleon)이 건조되어 군함이나 화물선으로 주로 사용되었다. 이 무렵 영국의 군인이자 시인인 Walter Raleigh 경(1554~1618)은 '바다를 지배하는 자가 세계를 지배한다'라고 말했을 정도로 각국은 해상 패권 장악을 위해 너 나 할 것 없이 강한 함대를 만들고 미지의 세계를 탐험하는데 주력했으니, 스페인의 무적함대와 콜럼버스의 아메리카 대륙 발견이 이 당시의 역사인 것도 우연이 아니다.

Figure 1.5 캐랙
(자료제공 : Wikimedia, 사진촬영 : Macro2000, Lisbon, Portugal)

Figure 1.6 갤리언
(자료제공 : Wikimedia, 사진촬영 : Myriam Thypes, Museo Storico Navale, Venice, Italy)

선박의 주류를 이루던 목조 범선은 산업의 발달로 인해 철제 증기선에 그 자리를 넘겨준다. 18세기 후반, 산업혁명을 촉진시킨 증기기관이 발명되었으나 이때까지는 증기기관만으로 운항하기에는 엔진 출력이 부족했기 때문에 바람을 보조 추진력으로 사용하는 수준이었다. 1838년에야 영국의 시리우스호가 완전한 증기의 힘으로 대서양을 최초로 운항하였다(Fig 1.7). 1869년 개통된 수에즈 운하는 안전상의 이유로 기선(steamship)만 통과시키기로 하면서 범선의 시대는 종말을 맞이하였다.

이후 해상무역이 더욱 발달함에 따라 상선의 대형화와 고속화가 진행되었으며 선박은 더욱 효율적인 운송수단이 되었다. 1950년대에는 Malcom McLean(1913~2001)이 최초의 컨테이너선 아이디얼 익스(Ideal X)를 만들었다. 오늘날에는 Fig 1.8과 같이 40만 톤 이상의 극초대형 유조선(Ultra Large Crude oil Carrier, ULCC)이 등장하는 등 선박의 초대형화가 이루어지고 있으며, 선박은 단순한 화물 운송 수단뿐만 아니라 관광용 보트부터 원자력 잠수함에 이르기까지 다양한 방향으로 발전하고 있다.

Figure 1.7 시리우스 호
(자료제공 : Wikimedia, 저자 : George Atkinson, Jnr)
[public domain]

Figure 1.8 56만톤 ULCC Mont
(자료제공·사진촬영 : Maritime Connector Co.)

현대에 들어 비행기가 등장함에 따라 여객선의 수요는 감소하였지만, 선박을 이용한 운송은 수송 비용이 저렴하다는 장점이 있어서 오히려 해상 물류의 규모는 증가하고 있다. 특히 우리나라의 경우, 지리적 특성으로 인해 국제화물 운송의 해상 운송 분담률이 99% 이상을 차지하고 있다. 이는 국토교통부[7]가 2016년 발표한 육 · 해 · 공 물류분야 전반을 포함하는 '국가물류 기본계획'에 들어있는데(Fig 1.9) 국토교통부는 글로벌 경쟁력 강화를 위한 국제물류 거점(항구)을 확대하고 장기 불황에 대응하여 해운기업에 대한 직 · 간접적 지원을 약속하였기에 앞으로도 선박이 차지하는 비중은 계속 늘어날 것이다.

7 국토교통부, 국가물류 기본계획(2016-2025), 2016.

(a) 국내화물 수송량 및 운송수단별 수송분담률 추이

단위 : 천 톤/년, %

구분	도로		철도		연안해운		항공		계	
	수송량	비중	수송량	비중	수송량	비중	수송량	비중	수송량	비중
'13	1,673,660	91.69	39,820	2.18	111,517	6.11	253	0.01	1,825,250	100.0
'15	1,792,070	91.84	40,380	2.07	118,624	6.08	265	0.01	1,951,339	100.0
'20	1,919,607	91.79	42,937	2.05	128,438	6.14	305	0.01	2,091,287	100.0
'25	2,026,632	91.80	46,411	2.10	134,218	6.08	342	0.02	2,207,603	100.0
'30	2,136,248	91.83	49,107	2.11	140,606	6.04	381	0.02	2,326,342	100.0
증가율	1.45		1.24		2.44		1.37		1.44	

자료 : 한국교통연구원(2015), 2014년도 국가교통조사 및 DB구축사업-화물 OD 보완갱신 연구

(b) 국제화물 수송량 및 운송수단별 수송분담률 추이

단위 : 천 톤/년, %

구분	전체 항만		전체 공항		계	
	수송량	비중	수송량	비중	수송량	비중
'11	1,069,566	99.8	2,590	0.2	1,072,156	100.0
'12	1,108,538	99.8	2,508	0.2	1,111,046	100.0
'13	1,123,205	99.8	2,509	0.2	1,125,714	100.0
'14	1,184,641	99.8	2,602	0.2	1,187,243	100.0
'15	1,216,782	99.8	2,649	0.2	1,219,431	100.0
'11~'15 연평균 증가율	3.28%		0.56%			

자료 : 한국공항공사, 항공통계자료, 각 연도별/해양수산부, 해운항만통계, 각 연도별

Figure 1.9 (a) 국내화물 수송량 및 운송수단별 수송분담률 추이,
(b) 국제화물 수송량 및 운송수단 수송분담별 추이(국토교통부, 2016)

1.2 저항성능 추정연구의 역사

현대의 선박 저항성능 해석기법에 비할 바는 아니지만, 과거에도 조선기술자들은 선박의 형상이나 표면 상태가 저항성능에 미치는 영향에 대한 경험들을 바탕으로 선박을 설계하였다. 하지만 본격적으로 선박의 저항을 이해하기 위한 시도는 18세기에 비롯되었다. 1775년 Jean le Rond dAlembert(1717~1783), Marquis de Condorcet(1743~1794), Charles Bossut(1730~1814) 등이 모형선에 묶인 줄을 수조 반대편의 도르래에 걸고 여러 가지 무게의 추를 달아 모형선을 끌며 속도를 계측하였다. 그 결과로 배의 저항은 속도의 제곱에 비례하여 증가하다가 고속에서는 그 비율이 더 커지는 것을 발견하였다. 1796년에 Mark Beaufoy(1764~1827)는 실험을 통해 표면마찰로 인한 저항에 대한 관계식을 얻어내었고, 저항의 변화율이 속도변화의 제곱보다 작다는 것을 찾아내었다. 1842년 스코틀랜드의 John Scott Russell(1808~1882)은 많은 모형시험을 수행하고 그 결과로부터 실선 성능을 추정하려 하였으나 그 결과는 정확성과는 거리가 멀었다. 이처럼 수많은 과학자들의 노력에도 불구하고 모형시험 결과로부터 실선 저항을 알아내는 방법을 제대로 알 수 없었고, 신뢰성 있는 선박 저항의 추정방법은 19세기에 들어와서야 비로소 정립되었다.[8]

1870년대 영국의 조선공학자 William Froude(1810~1879)는 영국 해군의 지원을 받아 현대적 시험수조를 세웠으며 선박 저항 추정방법을 정립하였다. 그는 총 저항을 표면 마찰저항(skin friction resistance)과 잉여저항(residual resistance)으로 나눌 수 있다고 주장하였다. 여기서 잉여저항은 전체 저항에서 표면 마찰저항을 뺀 값으로, 주로 선박이 전진하면서 파도를 만드는 데서 발생하는 저항으로 조파저항(wave-making resistance)이라 부른다. 그리고 '기하학적으로 상사한 실선과 모형선에서 속도가 축척비의 제곱근에 비례한다면 잉여저항은 축척비의 세제곱에 비례한다'는 비교법칙을 완성하였다. 모형시험에서 얻은 총 저항에서 모형선과 길이가 같고 침수표면적이 같은 평판에 작용하는 마찰저항을 뺀 값을 모형의 잉여저항이라 하였다. 잉여저항에 축척비의 세제곱을 곱해주고, 여기에 다시 실선의 마찰저항을 평판의 마찰저항으로부터 구하여 실선저항을 추정하자고 제안한 것이다.[9][10]

---

8 김은찬, William Froude의 발자취를 따라서, 대한조선학회, 대한조선학회지, 제30권, 제1호, page 28-34, 1993.

9 W. Froude, Experiments on the Surface-friction Experienced by a Plane Moving through Water, 42nd Report of the British Association for the Advancement of Science, Brighton, 1872.

10 W. Froude, Report to the Lords Commissioners of the Admiralty on Experiments for the Determination of the Frictional Resistance of Water on a Surface, under Various Conditions, Performed at Chelston Cross, Under the Authority of Their Lordships, 44th Report by the British Association for the Advancement of Science, Belfast, 1874.

Fig 1.10은 W. Froude가 영국 해군의 지원을 받아 영국 남부지방 토키(Torquay)에 지은 최초의 현대식 예인수조이다. Fig 1.11은 모형선 총 저항을 구하기 위한 당시의 모형시험 사진이다. 수조 건설 후 W. Froude는 HMS Greyhound 호로 최초의 모형시험을 수행하였으며 모형선 실험 후 실선 시험까지 수행하였는데 모형시험 결과가 실선 계측 결과와 일치함을 확인하고 1874년 영국조선학회에 발표하였다.[11] W. Froude는 또한 조선공학 발전을 위해 끊임없이 연구하였는데 1877년에 선수 · 선미의 간섭이 조파저항 생성에 미치는 효과를 학회에 발표하였다. 1883년에는 Osborne Reynolds(1842~1912)가 관 내부에서 흐르는 유체의 유속을 관찰하여 유체의 점성에 대한 연구를 수행하여 난류 유동을 이해할 수 있는 길을 마련함으로써[12] W. Froude가 평판 실험을 통해 얻은 마찰저항 계측에 대한 논리적인 설명이 가능해졌다. 당시만 해도 층류(laminar)와 난류(turbulent)라는 용어를 사용하지 않았기에 O. Reynolds는 이 두 가지 유동현상을 direct와 sinuous라고 기술하고, 유동의 난류 특성을 결정하는 레이놀즈 수(Reynolds number, $Re = \frac{UL}{\nu}$)[13]의 핵심 개념을 제안하였다.

Figure 1.10 **초기 예인수조**

(자료제공 : Wikimedia, 사진촬영 : Royal Navy official photographer) [public domain]

Figure 1.11 **당시의 모형시험**

(자료제공 : Wikimedia, 사진촬영 : Royal Navy official photographer) [public domain]

11 W. Froude, On Experiments with HMS Greyhound, Transactions of the Royal Institution of Naval Architects, Vol 15, page 36-73, 1874.

12 O. Reynolds, An Experimental Investigation of the Circumstances Which Determine Whether the Motion of Water Shall Be Direct or Sinuous, and of the Law of Resistance in Parallel Channels, Vol 174, page 935-982, 1883.

13 레이놀즈 수는 관성력과 점성력의 비로 $\left(= \frac{관성력}{점성력}\right)$ 유체의 흐름의 상태를 정의하기 위하여 O. Reynolds가 정의하였다. 식에서 U는 속도를, L은 특성 길이를, ν는 동역학적 점성계수를 나타낸다.

1890년대에는 모형선 저항시험 절차가 완전히 구축되었고 이후 천수효과(shallow water effect),[14] 평판 마찰저항에 대한 경험식의 물리적 타당성에 대한 고찰이 이루어졌다. 추가로, 실해역에서의 부가저항에 관한 저항 연구가 수행되어 정수 중은 물론 파랑 중에서의 선박 성능에 관한 연구도 수행되었다.

1927년에는 Edmond Victor Telfer(1897~1977)가 프루드 수(Froude number, $Fr = \frac{V}{\sqrt{gL}}$)[15]에 맞는 모형시험 결과에 레이놀즈 수에 따른 마찰저항을 더해주는 방법을 제시하였고[16] 이후에는 많은 공학자들이 레이놀즈 수를 기반으로 마찰저항 곡선식을 도출하여 선박 저항의 추정에 활용하였다. 1929년에는 파이프 내의 마찰실험 결과에서 평판의 마찰저항계수를 도출하여 한 척의 모형선에 대한 저항시험 값으로부터 실선의 값을 추정하는 현재와 같은 저항시험 절차를 구축하였다.

20세기 후반에는 초기의 중력식 예인전차가 예인속도를 정확히 제어할 수 있는 전기식 예인전차로 대체되었고, 도르래와 추를 사용했던 기계식 저항동력계가 스트레인게이지(strain gauge)[17]를 이용한 전자식 저항동력계로 대체되는 등 예인수조 설비와 장비 발전에도 큰 변화가 있었다. 이를 통해 정밀한 모형시험이 가능해졌다.

현대에는 CFD 해석을 통해 선체 주위 유동을 수치해석하여 점성저항과 자유수면파의 발생을 함께 해석할 수 있게 되었으며, 모형시험을 통해 축적된 실험 데이터와의 비교를 통해 CFD 해석 결과의 검증과 신뢰성 개선도 한층 심도 있게 이루어지고 있다. Fig 1.12[18], 1.13은 서울대학교 선박저항성능 연구실에서 선박의 저항과 프로펠러 주위 유동을 SNUFOAM[19] 프로그램으로 해석한 것이다.

---

14 천수효과란 천해에서의 유체역학적 현상의 변화를 의미하는데, 파랑의 파고 변화, 선박의 저항 변화, 조종 성능의 변화 등이 알려져 있다.(출처 : 한국해양학회, 해양과학용어사전, 2007)

15 프루드 수는 관성력과 중력의 비로 $\left(= \frac{\text{관성력}}{\text{중력}}\right)$ V는 속도를, g는 중력가속도를, L은 특성 길이를 나타낸다.

16 E. V. Telfer, Ship Resistance Similarity, Trans.INA, Vol 69, 1927.

17 변형에 따라 전기저항이 변하는 특성을 가지는 금속선으로 박판 형태의 측정기를 말하며 외력을 받아 변형을 일으키는 물체 표면에 부착시켜 변형에 따른 저항의 변화를 측정하여 외력을 확인한다.

18 이신형, 서울대학교 선박저항성능연구실, 대한조선학회, 대한조선학회지, 제53권, 제1호, page 53-58, 2016.

19 SNUFOAM이란 소스 공개 CFD 해석 toolkit인 OpenFOAM을 기반으로 하여 서울대학교 선박저항성능연구실에서 개발한 조선해양공학 특화 CFD 코드를 말한다.

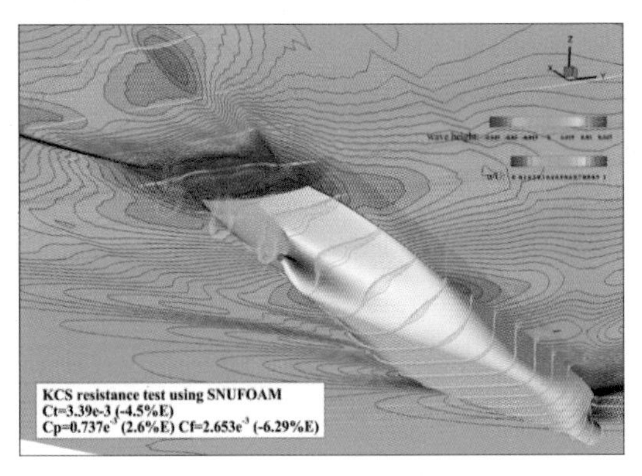

Figure 1.12 CFD를 이용한 선미 유동 해석(이신형, 2016)

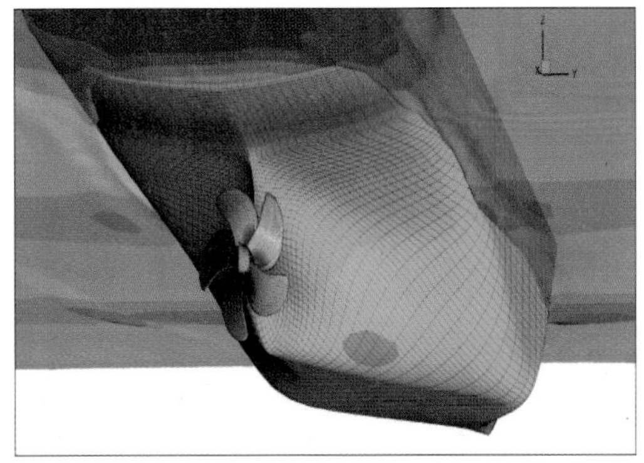

Figure 1.13 CFD를 이용한 프로펠러 주위 해석

(자료제공 : 서울대학교 선박저항성능 연구실)

1.3 추진성능 추정연구의 역사

초기 선박의 추진 동력은 주로 노 젓는 사람의 힘이었다. 그리고 배에 돛을 달아 풍력을 이용하게 되었으며, 18세기 산업혁명 이후에는 증기기관으로 외륜을 구동하였다. 외륜(paddle wheel)이란 현대의 스크루 프로펠러(screw propeller)가 사용되기 전까지 사용된 기계적 추진장치로, 영어 이름에서 알 수 있듯 바퀴의 둘레에 판을 붙여 만들어졌다. 외륜은 해상에서 내구성이 나쁘고 효율이 낮아 바다에서는 사용이 제한적이었고 강이나 호수에서 주로 사용되었다. 이후 출현한 나선형 프로펠러는 외륜보다 효율이 높고 여러 운항조건에서 큰 추력을 발생시킬 수 있었다. 1845년에는 나선형 프로펠러를 장착한 Great Britain 호가 최초로 대서양을 횡단하였으며 이후 다양한 프로펠러 형상에 관한 연구와 개발이 이루어졌다. 19세기부터 프로펠러가 활용되었으나, 당시 조선공학자들은 선박의 뒤에서 구동하는 프로펠러에 유입되는 유동에 대해서는 유체역학적 지식을 갖추지 못하여 선박과 추진기의 상호작용을 제대로 분석하지는 못했다.

1878년 W. Froude는 스크루 프로펠러의 성능 분석을 위해 프로펠러 날개 요소 이론(blade element theory)을 최초로 제시하였으며[20] 1889년 그의 아들 Robert Edmund Froude (1846~1924) 또한 작동 원판(actuator disk) 이론을 제시하는 등[21] 프로펠러의 성능 분석 이론

20 W. Froude, On the Elementary Relation Between Pitch, Slip and Propulsive Efficiency, Transactions of the Royal Institution of Naval Architects, Vol 19, page 47-65, 1878.

21 R. E. Froude, On the Part Played in Propulsion by Differences in Fluid Pressure, Transactions of the Royal Institution of Naval Architects, Vol 30, page 390-405, 1889.

을 개선해 나갔다. 프로펠러 날개 요소 이론이란 프로펠러 날개를 여러 개의 2차원 날개로 나누어 각 부분에 작용하는 힘을 해석하고, 프로펠러 반경에 걸쳐 적분함으로써 하나의 프로펠러에서 발생하는 추력을 계산하는 이론이다. 그리고 작동 원판 이론에서는 프로펠러를 유체의 압력을 증가시키는 하나의 원판으로 이상화하여 프로펠러를 거친 유동을 해석하는 방법이다.

이후 20세기 초반에는 선체와 추진기의 상호작용에 관한 연구가 이루어졌다. 특히 선체의 저항으로 인해 운동량을 잃고 느려진 유동인 반류가 프로펠러에 유입된다는 점을 이해하게 되면서 반류에 관한 연구가 집중적으로 수행되었다. 1910년 William Joseph Luke(1862–1934)가 프로펠러 설계에 활용될 수 있는 실제적인 반류 예측에 관한 중요한 논문 세 편을 발표하였으며 이후 실질적인 반류 예측이 이루어지게 되었다.[22]

1960년대에는 다양한 프로펠러 형상이 등장하면서 선체 형상과 목적에 부합하는 적절한 프로펠러를 장착할 수 있게 되고 선박의 추진 효율 측면에서 큰 발전이 있었다. 이후 프로펠러 날개 단면 형상의 변화, 다양한 종류의 방향타 개발, 연료저감장치의 발명 등 추진효율을 향상시키는 장치가 개발되었다.

한편, 프로펠러의 성능 분석과 별개로, 구동 중인 프로펠러 날개의 부식 원인에 대해 공학자들은 의문을 가졌는데 1875년 O. Reynolds가 처음으로 저압의 유체가 상온에서도 기화되는 공동현상(cavitation)을 언급하였고, 1894년 영국 Daring 호의 사례로 공동현상의 발생이 최초로 보고되었다. 이후 Charles Algernon Parsons(1854~1931)은 1895년 공동현상의 발생을 실험적으로 입증하여 프로펠러 성능을 평가하는 데 필수적인 절차로서 공동현상실험이 이루어지고 있다.

이러한 발전을 기반으로 프로펠러나 엔진에 관한 연구가 지속적으로 이루어지면서 21세기에는 발전된 유체역학적 이론을 기반으로 통상적인 추진성능 검증에 더하여 반류, 공동현상, 선체 주위 유동의 변화 등을 모형실험이나 CFD 해석을 통해 확인할 수 있게 되었고, 추진기를 설계할 때 더욱 다양한 관점에서 성능을 분석하거나 형상을 개선하게 되었다. 또한 컴퓨터 기술 발전으로 프로펠러 설계와 제작이 더욱 편리해졌고 디젤 엔진, 가스터빈 등 다양한 엔진과 가 ·

22 W. J. Luke, Experimental Investigation on Wake and Thrust Deduction Values, Transactions of the Royal Institution of Naval Architects, Vol 52, page 43-57, 1910.

감속 장치의 개발로 동력 시스템에서도 개선이 이뤄졌다. 최근에는 이중 프로펠러나 연료저감 장치 등 특수한 추진기 형상을 개발 및 적용하여 기존의 추진기로는 달성할 수 없는 높은 효율을 얻어내기 위한 연구도 수행되고 있다.

1.4 동력 추정

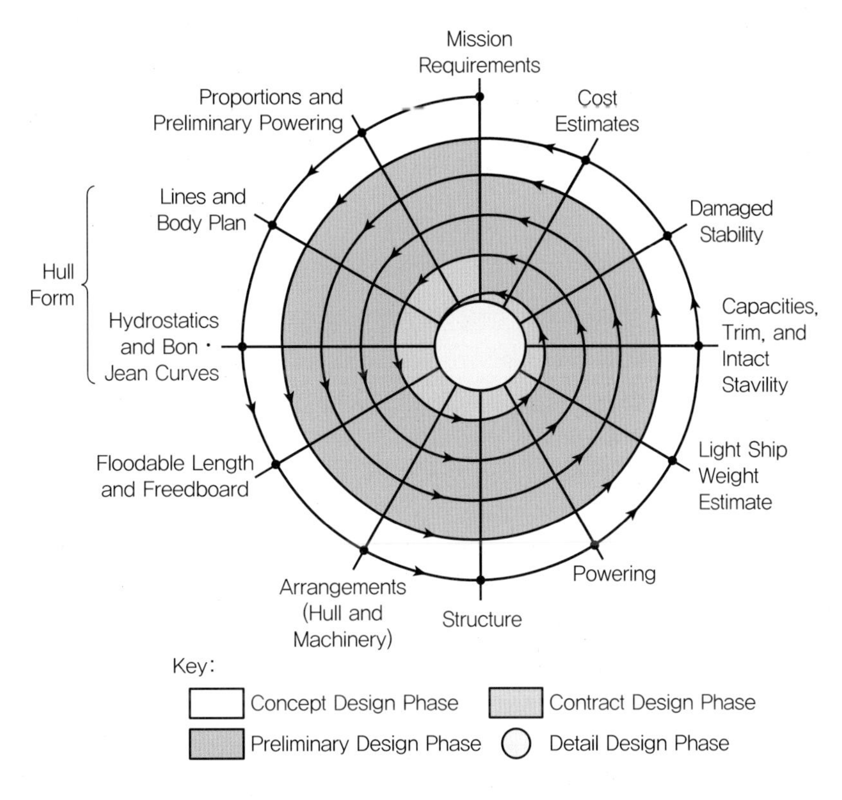

Figure 1.14 **선박 설계 과정**(J. Evans, 1959)

선박의 설계에서 동력 추정 과정은 주로 이미 건조된 비슷한 선박의 데이터로 대강의 동력을 추정하는 것으로 시작한다. 이후 선박 설계 시 Fig 1.14[23]와 같이 나선형 다이어그램 모양으로 수렴해가면서 다양한 고려 사항을 충족해 나가도록 반복적으로 설계를 개선해나간다. 이를 나선형 설계법(design spiral)이라고 하는데 이 순서대로 진행되면서 설계는 계속적으로 수

23 J. Evans, Basic Design Concepts, Naval Engineers Journal, page 671-678, 1959.

정, 보완된다.[24] 이런 단계를 여러 번 반복하면서 개념설계(concept design phase) – 기본설계(preliminary design phase) – 계약설계(contract design phase) – 상세설계(detail design phase)를 거친 뒤에야 선박을 건조하게 되는데, 개념설계 이후 저항시험, 프로펠러 단독성능시험, 자항시험을 실시하여 보다 정확하게 동력을 추정한다. 이때 추정된 동력 수준보다 과도한 출력을 제공하는 엔진을 선택하면 불필요하게 큰 엔진을 설치하게 되어 선박의 내부 공간 활용에 제약이 생기는 문제가 있고, 반대로 추정 동력보다 작은 출력의 엔진을 선택하면 목표 선속을 달성할 수 없으므로 목표 선속을 달성할 수 있는 정확한 동력 추정이 중요하다.

Fig 1.15는 항주 중인 선체의 추진 과정에 대한 개략적인 개념이다. 주기관(main engine)에서 연료(fuel)를 연소하여 얻은 에너지를 축 계통의 토크로 전달하고, 이를 받은 프로펠러가 회전하면서 추력(T)을 발생시킨다. 추력이 선체에 걸리는 저항(R)보다 크면 추력과 저항이 같아질 때까지 선속(V_S)이 증가한다. 이처럼 주기관에서 생성하는 동력은 축, 프로펠러를 거쳐 추력으로 전환되는데 여기서 손실되는 동력 또한 무시할 수 없다.

결론적으로 동력 추정 단계에서는 동력 계통을 구분하여 각 계통에서 얼마만큼의 손실이 일어나는지 분석하여, 각 단계의 손실을 줄여야 한다. 이제 동력 전달 과정을 좀 더 자세히 살펴보자.

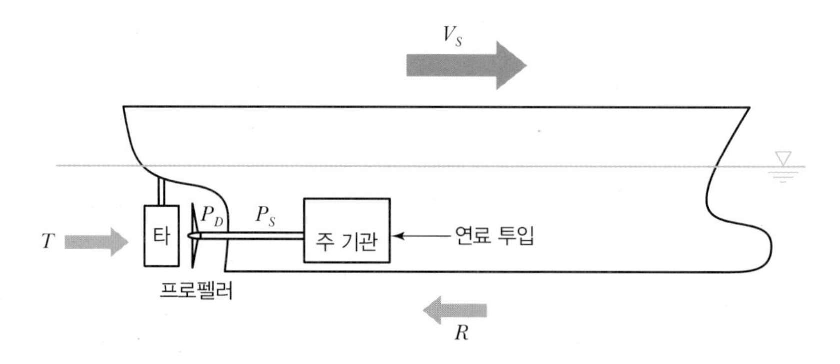

Figure 1.15 **선박 추진 과정의 전반적인 개념**

Fig 1.16은 프로펠러 축계 배치와 동력전달 과정을 보여준다.[25][26] 가장 처음의 도시동력(P_I,

24 E. V. Lewis, Editor, Principles of Naval Architecture Second Revision(PNA), Vol III, Resistance, Propulsion and Vibration, 1988.

25 대한조선학회 선박유체역학연구회, 선박의 저항과 추진, 지성사, 2012.

26 임상전 역, 기본조선학, 대한교과서 주식회사, 1969.

Indicated power)은 순수하게 엔진이 만들어내는 동력을 말하는데, 증기기관의 경우 보일러 내 증기로부터 단위시간당 피스톤에 전달된 일을 뜻한다. 일반적인 내연기관도 같은 개념으로, 연소실에서 피스톤에 해준 일을 의미한다. 엔진에서 만들어진 동력은 크랭크축의 출력단에 전달되는데 이 크랭크축에 기계력, 수력 등으로 작동하는 제동기를 붙여서 측정한 출력이 제동동력(P_B, Brake power)이고, 엔진 시스템의 실제 출력값으로 볼 수 있다. 제동동력이 프로펠러 축에 전달하는 동력을 축동력(P_S, Shaft power)이라 하며, 프로펠러와 가까운 곳에 비틂동력계를 붙여서 측정한다. 이때 베어링이나 결합부에 의한 동력 손실이 있으므로 제동동력이 100% 프로펠러에 전달되지 않는다. 제동동력에서 실제로 프로펠러에 전달되는 동력을 전달동력(P_D, Delivered power)이라 한다.

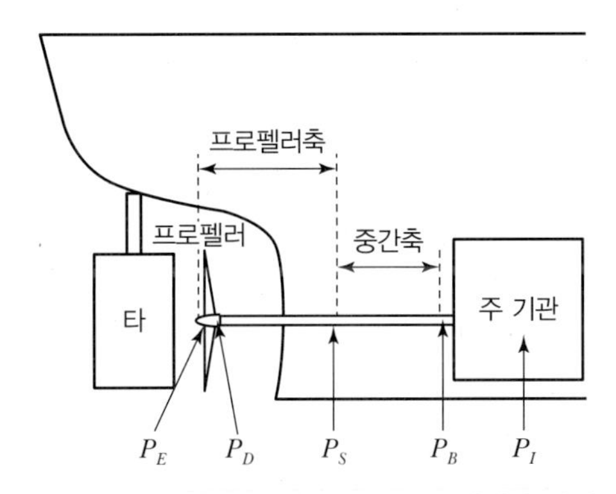

Figure 1.16 **프로펠러 축계 배치와 동력전달 과정도**

전달동력을 공급받은 프로펠러는 추력을 발생하여 선박을 앞으로 밀어낸다. 이후 Fig 1.17과 같이 프로펠러가 주 기관으로부터 얻는 동력(P)을 추진기가 추력(T)으로 전환하게 되는데 이때 선박의 동력을 추진동력(P_T, Thrust power)이라 하고 추진기 추력(T)과 추진기 유입 속도(V_A)의 곱으로 계산한다. 추진기가 없는 상태에서 선박을 원하는 속도로 예인하는 데 필요한 동력을 유효동력(P_E, Effective power)이라 하고 총 저항(R_T)과 선속(V_S)의 곱으로 계산한다. 최종적으로, 선박은 유효동력만큼의 동력으로 설계 속도를 낼 수 있어야 하지만, 동력의 전달과정에서의 손실을 고려하여 도시동력을 공급하는 엔진-축-추진기 시스템이 설치되어야 하는 것이다. 유체역학적으로 의미가 있는 분석은 전달동력이 유효동력으로 변환되는 과정이다. 전달동력에 대한 유효동력의 비율을 준추진효율(η_D, Quasi Propulsive Coefficient)이라 하고, 선박 설계 단계에서 모형시험을 통해 얻어낸다.

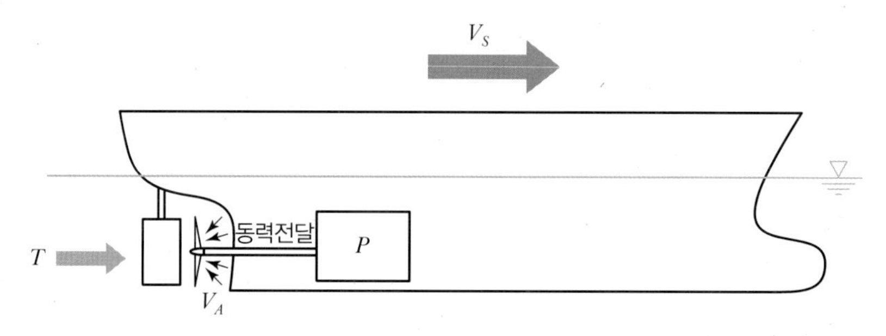

Figure 1.17 **동력을 추력으로 변환**

한편, 이전의 동력 추정 과정에서는 경제적 요인만 중시하였으나 최근에는 배기가스 및 오염물질 배출에 대한 규제가 대두되어 환경적 요소도 중요하게 되었다. 경제적 요인으로는 선박의 건조 비용, 폐선 비용, 연료비 등을 포함하며 선주가 적절한 수익률을 내기 위한 검토가 필수 사항으로 가장 우선하여 고려되었다. 하지만 최근에는 선박의 오염물질 배출 저감을 위한 국제해사기구(International Maritime Organization, IMO)의 노력으로 가스 배출, 오염, 소음, Anti-fouling[27] 등의 환경적 요인 충족이 더욱 중시되고 있다. 1997년 IMO는 선박으로부터 대기오염물질 배출을 규제하는 협약을 채택하였고 이 협약을 통해 CFC계 냉매와 할론(halon) 가스 사용 금지 및 배기 가스 중 황산화물(So_x), 질소산화물(No_x) 배출을 규제하였다. 2011년 MEPC(Marine Environmental Protection Committee) 62차 회의에서는 2013년 1월 1일부터 건조계약되는 선박은 EEDI[28] 요건을 만족시키도록 규정하였다. EEDI는 화물 운송량 대비 환경에 대한 영향을 정량적으로 평가하는 값으로, 주로 연료 연소에 따른 온실가스 배출을 평가하도록 되어 있다. 시간이 지날수록 더 엄격한 EEDI 기준을 마련하여 선박의 환경에 대한 부담을 줄이도록 강제하고 있다. 또한 해수 오염 방지를 위한 국제조약으로는 1954년 최초로 체결된 이후 유조선 탱크 용량 규제, 기관실 빌지 배출 규제 등 지속적으로 개정되고 있다. 따라서 앞으로의 동력 추정에는 이산화탄소 배출권 등 환경 보존을 위한 규제들을 고려해야 할 것이며 풍력, 태양에너지 등의 보조 추진기구 역할도 중요시될 것으로 보인다.

---

27 정박 시 배 표면에 따개비가 붙는데 이는 선박 저항의 증가 및 추력 감소로 이어진다. Alimeida 등(2007)은 표면이 해수에 침적된 후 조절막, 미생물막, 유생 부착 단계를 거쳐 2~3주 내에 대형 부착생물이 성장할 수 있는 조건이 충족된다고 보고하였다(출처 : E. Alimeida, T. C. Diamantino, O.de Sousa, Marine Paints : The Particular Case of Antifouling Paints, Progress, in Organic Coatings, Vol 59, Issue 2, 2007). Anti-fouling 효과를 위해 선체 표면에 독성이 있는 특수 도료를 바르곤 하는데, 최근 들어 환경적 요인이 중요시됨에 따라 환경에 유해하지 않은 특수 도료를 사용한다.

28 EEDI는 MARPOL Annex VI에 규정된 기일 이후 건조되는 선박에 적용되는 강제 규정으로, 2025년 이후 현재 수준 대비 CO_2 배출량 30% 저감, 에너지 효율 기준 42.9%의 향상을 요구하고 있다.

CHAPTER 2

선박저항추진론 학습에 필요한 유체역학

CHAPTER

2 선박저항추진론 학습에 필요한 유체역학

우리는 기체와 액체의 품 안에서 살아간다. 대부분의 시간을 공기 중에서 호흡하며 살아가면서 건강을 위해 종종 수영을 하거나 여가 활동으로 요트나 스킨스쿠버 등의 해양 스포츠를 즐기기도 한다. 나아가 상공에서 비행기나 물 위의 배를 이용하여 사람이나 화물을 이동시키기도 하고 해저 탐사를 위해 심해 잠수정을 이용하기도 한다.

오래 전부터 인류는 우리 주변에서 흔히 볼 수 있는 이러한 액체(물 등)와 기체(공기 등)에 대해 호기심을 갖고 다양한 연구를 하기 시작했다. 공학자들은 액체와 기체 등 접선방향 응력에 저항하지 못하고 계속 변형되는 물체를 고체(solid)와 구분하여 유체(fluid)라고 정의하였다. 이러한 유체가 흐르는(flow) 현상을 이해하고 응용하는 분야를 유체역학(fluid mechanics)이라고 한다.[29]

한편, 유동의 특성은 점성이나 밀도의 변화 여부 등 다양한 조건에 따라 분류할 수 있다. 점성 유무에 따라 점성유동, 비점성 유동으로 나눌 수 있고, 밀도의 변화 여부에 따라 압축성 유동, 비압축성 유동으로 나눌 수 있다. 또 경계조건에 따라 고체 경계면으로 둘러싸인 내부유동과 유체에 완전히 잠긴 외부유동으로 분류하며 유체 입자가 이동할 때 회전을 고려하느냐에 따라 회전유동, 비회전유동으로 나눌 수 있다.

선박 주위의 유동을 이해하기에 앞서, 우선 외부 유동에 대한 개략적인 내용을 다루도록 한다. Fig 2.1은 날개 주위의 외부 유동 움직임을 나타낸다. 균일한(uniform) 유동이 속도 U로 흘러오다가 날개의 앞날을 만나면서 유동이 위아래로 나뉜다. 유동이 나뉘는 지점에서는 유동 속도가 0이 되는데 이를 정체점(stagnation point)이라고 한다. 정체점을 피해 날개의 표면을

---

29 R. W. Fox, P. J. Pritchard, A.T. Mcdonald, Introduction to Fluid Mechanics, 텍스트북스, 2010.

따라 진행하는 유동은 초기에는 압력과 속도가 시간에 따라 변하지 않는 층류 경계층(Laminar Boundary Layer, LBL)을 형성한다. 층류 경계층은 유동이 진행함에 따라, 즉 하류 방향으로 흘러가면서 날개 표면과의 마찰로 운동량을 잃게 된다. 그리고 층류 경계층 유동의 불안정성이 커지면서 천이점(transition point) T를 거쳐 결국에는 작은 와(eddy)들이 발생, 층류 경계층보다 급속히 성장하는 특징을 갖는 난류 경계층(Turbulent Boundary Layer, TBL)으로 발달한다.

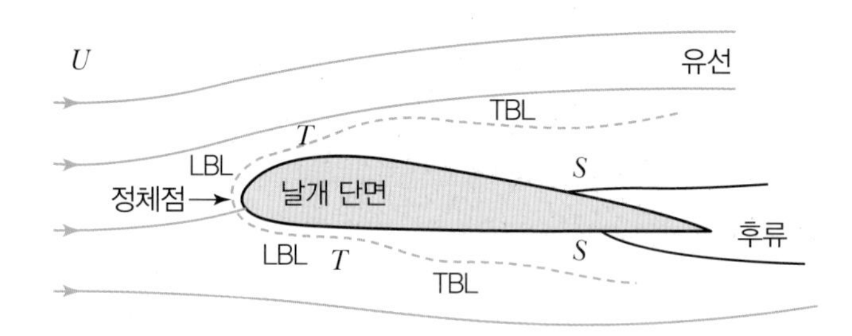

Figure 2.1 **날개 주위의 외부 유동**(R. W. Fox et al., 2010)

날개의 뒤쪽으로 유동이 진행하면서 경계층의 발달(이는 2.2절에서 자세히 다룰 것이다)과 날개 형상으로 인한 역압력구배(adverse pressure gradient)[30]로 인해 유동은 점점 속도를 잃게 된다. 만약 유동이 가진 모든 운동량을 잃게 된다면 유동의 입자들은 마침내 정지하고, S점에서는 유동이 날개 표면을 따라 흐르지 못하고 떨어져 나간다. 이렇게 유동이 떨어져 나가는 지점을 박리점(separation point)이라고 하며 날개로 인해 교란된 날개 뒤쪽의 유동을 후류(wake)라고 부른다. 선박의 저항추진 분야에서는 wake라는 단어를 반류, 후류, 항적 등으로도 번역하여 사용하는데, 선박으로 인해 교란된 유동이라는 기본 의미에는 차이가 없다.

이번 장에서는 저항론 수업에 필요한 기본적인 유체역학을 복습하고 물에 잠긴 물체 주위의 유동, 즉 외부 유동에 대해 좀 더 살펴보도록 한다.

30 역압력구배란 유동방향을 따라 압력이 증가하는 것을 말하며 이 구간에서 유동의 속도는 점점 느려지게 된다.

2.1 검사체적 & 레이놀즈 수송정리(Reynolds Transport Theorem, RTT)

어떤 유동 현상을 가장 작은 단위로 나누자면 유체 분자의 운동으로 볼 수 있다. 하지만 분자 단위에서는 외력에 대한 변형이라는 유체의 성질이 그대로 적용될 수 없다. 따라서 유체역학에서는 유체를 무한히 작게 나누어도 유체의 성질을 보존한다고 가정하는 연속체(continuum) 가정을 적용하여 유동 현상을 분석하는 것이 일반적이다. 본 책에서도 유체 입자라는 단어가 등장한다면 이는 유체 분자가 아닌 연속체 가정에서의 미소 유체를 뜻한다.

연속체 가정을 바탕으로 유체의 덩어리나 유체 내의 특정 공간의 물리량 변화를 기술할 수 있는데, 그 전에 몇 가지 개념을 소개하도록 한다. 연속체로 가정된 유체의 운동을 설명하는 데는 라그랑주 설명(Lagrangian description)과 오일러 설명(Eulerian description) 두 가지가 있다. 라그랑주 방법은 어떤 유체 입자를 추적하는 방식으로 우리가 알고 있는 물리적인 법칙들이 유체 입자에 그대로 적용될 수 있다. 이를테면 외력에 비례하여 유체 입자는 가속도를 얻고, 입자 자체의 질량은 항상 보존될 것이다. 하지만 우리가 관심을 가지는 선박에 걸리는 저항이나 추진기의 추력을 계산해내기 위해 선박 주위의 유체 입자 모두를 다루기에는 너무 많은 정보량이 필요하다는 문제가 있다.

라그랑주 설명과 유사한 개념이 계(system)이다. 이는 특정한 경계를 가진 유체의 집합으로 정의되므로, 복수의 유체 입자들에 라그랑주 설명을 적용한 것으로 볼 수 있다. 이렇게 정의된 계는 앞서 라그랑주 설명에서 이야기한 바와 같이 질량 보존이 성립되고, 뉴턴의 제2법칙($\vec{F} = m\vec{a}$)과 같은 물리적 법칙을 직접 적용할 수 있다.

반면 오일러 설명은 어떤 공간 상의 특정 지점을 관찰의 대상으로 하여, 시간에 따른 물리량의 변화를 다룬다. 여기서 각 지점들의 물리량들을 하나의 장(field)의 형태로 나타낼 수 있다. 오일러 설명을 확장하여 특정 지점들의 집합으로 어떤 연속된 가상의 공간을 만들면, 이를 검사체적(control volume)이라고 한다. 선박 동력의 분석과 관련하자면, 선체 주위의 일정 공간을 검사체적으로 잡고, 특정 시간 동안 검사체적의 경계면을 통해 들어오고 나가는 유체의 운동량 변화를 분석한다면 선박이 유체에 가해준 힘(시간당 운동량 변화율)을 구할 수 있을 것이다. 그리고 선박이 실제로는 전진을 하기 때문에 검사체적도 선박의 이동에 맞춰 이동한다고 볼 수 있다.

검사체적은 공간상의 한 영역을 정의하며 유동이 어떤 공간으로 흘러들어오거나 흘러나가는 경우를 해석하는 데 매우 유용하게 사용된다. 검사체적의 크기와 형태는 임의로 설정할 수 있으나 일반적으로 문제를 풀고자 하는 관심 영역으로 설정한다. 보통은 문제를 단순화하기 위해 검사체적의 경계면은 주로 유동방향에 평행이거나 수직방향으로 둔다.

유체역학 연구에서 계 접근법과 검사체적 접근법이 선택적으로 사용되는데 계 접근법은 개개의 입자가 시간에 따라 어떻게 움직이는지 그 움직임을 보고자 할 때 주로 사용한다. 예를 들면 GPS가 부착된 멸종위기 돌고래 한 마리의 항적을 시간을 두고 추적하는 개념이라 보면 되겠다. 반면, 검사체적 접근법은 개개의 입자가 아닌 단순히 내가 관심을 두는 영역, 즉 검사체적을 통과하는 입자들에 관해서만 살펴볼 때 사용한다. 예를 들면 '울산 앞바다'지역에만 서식하거나 들고 나는 돌고래의 특성을 연구하는 개념이라 보면 되겠다.

그중 검사체적 방법은 유체 문제를 우리가 관심을 가지는 영역으로 한정할 수 있다는 점에서 매우 유용하기 때문에 많은 유체역학 분야에서 사용되고 있다. 그러나 검사체적의 물리량 변화를 분석하려면 단순히 외부에서 직접 가해지는 힘이나 에너지에 의한 것뿐 아니라, 이 검사체적으로 들어오고 나가는 유동이나 검사체적의 경계가 움직이면서 새로 포함하게 되는 물리량을 함께 고려해야 한다. 그러므로 우리가 잘 아는 질량 보존법칙, Newton의 제2법칙, 각운동량법칙, 열역학 제1법칙 등의 계에 대한 방정식을 검사체적 방정식으로 변환하기 위해서는 변환식이 필요하다.

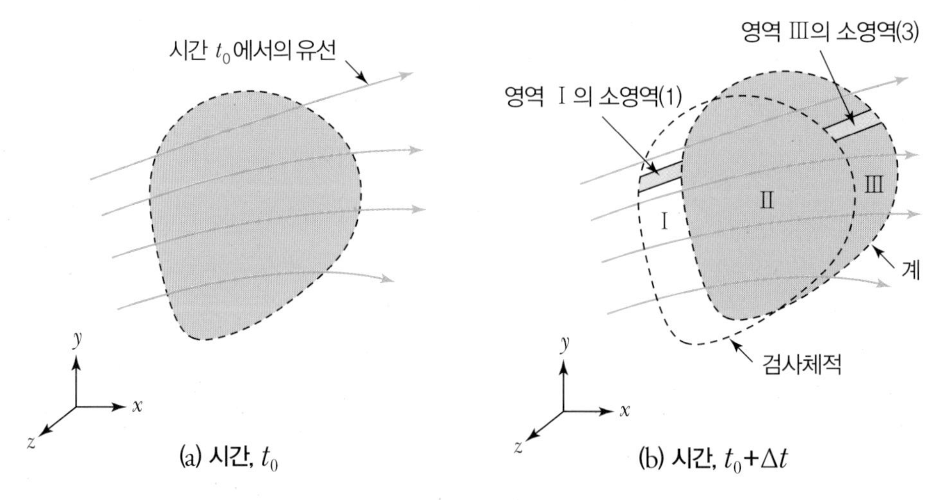

Figure 2.2 **계와 검사체적의 구성도**(R.W.Fox et al., 2010)

임의의 시간 t_0 에서 정지해 있던 어떤 유체가 Fig 2.2(a)와 같이 계가 된다고 가정하고 그 시각에서 계가 점유했던 공간을 검사체적으로 선정하여 이후의 유체의 움직임을 살펴보도록 하자. 검사체적은 그림과 같이 xyz 좌표계에 고정되어 있고 xyz 좌표계에 대하여 계는 속도 V로 움직여 시간 $t_0 + \Delta t$ 에서는 Fig 2.2(b)와 같이 계가 검사체적을 일부 벗어난 형상을 보인다. 편의상 Fig 2.2(b)의 그림을 Ⅰ, Ⅱ, Ⅲ으로 나눈다. Ⅰ은 시간 t_0 에서는 계가 존재했으나 $t_0 + \Delta t$ 에서는 계가 없는 검사체적 내 일부분이고, Ⅱ는 t_0와 $t_0 + \Delta t$ 에서 모두 계가 존재하는 검사체적 내 일부분, Ⅲ은 $t_0 + \Delta t$ 에서 검사체적을 벗어난 부분을 말한다. 한편, 우리가 알고 싶어하는 계의 대상은 질량일 수도, 운동량일 수도, 각운동량일 수도, 또는 에너지 및 엔트로피일 수도 있다. 그러므로 우리는 이를 임의의 N 이라 두고 단위질량당 N 을 η로 표시하자. 예를 들어 N 이 운동량 $\vec{P}$ 라면 $\eta = \vec{V}$ 이다. 즉,

$$N_{system} = \int_{M(system)} \eta dm = \int_{V(system)} \eta \rho dV$$

이 된다. N 의 시간변화율과 검사체적에 대한 시간 변화율의 관계식을 유도하는 식은 다음과 같다.

$$N_{system} \text{ 의 변화율} = \left.\frac{dN}{dt}\right)_{system} = \lim_{\Delta t \to 0} \frac{N_S)_{t_0+\Delta t} - N_S)_{t_0}}{\Delta t}$$

(여기서, S는 계를 의미한다.)

이때 $N_S)_{t_0+\Delta t} = (N_{II} + N_{III})_{t_0+\Delta t} = (N_{CV} - N_I + N_{III})_{t_0+\Delta t}$ 이고 $N_S)_{t_0} = N_{CV})_{t_0}$ 로 쓸 수 있다. 여기서 CV는 검사체적을 의미한다. 이를 정리하면 다음과 같은 식을 유도할 수 있다.

$$\left.\frac{dN}{dt}\right)_{system} = \lim_{\Delta t \to 0} \frac{(N_{CV} - N_I + N_{III})_{t_0+\Delta t} - N_{CV})_{t_0}}{\Delta t}$$

$$= \lim_{\Delta t \to 0} \frac{N_{CV})_{t_0+\Delta t} - N_{CV})_{t_0}}{\Delta t} + \lim_{\Delta t \to 0} \frac{N_{III})_{t_0+\Delta t}}{\Delta t} - \lim_{\Delta t \to 0} \frac{N_I)_{t_0+\Delta t}}{\Delta t}$$

위 식의 우변 항을 분석해보면 $\lim_{\Delta t \to 0} \frac{N_{CV})_{t_0+\Delta t} - N_{CV})_{t_0}}{\Delta t}$ 항은 시간에 따른 검사체적 내 N 의 변화량으로 $\lim_{\Delta t \to 0} \frac{N_{CV})_{t_0+\Delta t} - N_{CV})_{t_0}}{\Delta t} = \frac{\partial N_{CV}}{\partial_t} = \frac{\partial}{\partial_t} \int_{CV} \eta \rho dV$ 와 같이 간단히 표시된다.

다음 $\lim_{\Delta t \to 0} \frac{N_{III})_{t_0+\Delta t}}{\Delta t}$ 항을 분석하기 전에 $\lim_{\Delta t \to 0} \frac{N_{III})_{t_0+\Delta t}}{\Delta t}$ 의 대표적인 소영역을 Fig 2.3과 같이 확대하여 살펴보자. 면적요소 $d\vec{A}$ 는 크기 dA를 가지며 방향은 검사표면의 면적요소에 수직 외향이고 속도벡터 $\vec{V}$ 와 $d\vec{A}$ 는 그림과 같이 각도 α를 이룬다. 이 소영역은 $dN_{III})_{t_0+\Delta t} = \eta\rho dV)_{t_0+\Delta t}$ 이 된다. 실린더의 길이는 $\Delta\vec{l} = \vec{V}\Delta t$ 로 주어지므로 dA는 다음과 같이 표현이 가능하다.

$$dV = \Delta l dA \cos\alpha = \Delta\vec{l} \cdot d\vec{A} = \vec{V} \cdot d\vec{A}\Delta t$$

그러므로 소영역 Ⅲ을 다음과 같이 표현할 수 있다.

$$dN_{III})_{t_0+\Delta t} = \eta\rho\vec{V} \cdot d\vec{A}\Delta t$$

이를 Ⅲ의 전체에 대해 적분하면 다음 식을 얻는다.

$$\lim_{\Delta t \to 0} \frac{N_{III})_{t_0+\Delta t}}{\Delta t} = \lim_{\Delta t \to 0} \frac{\int_{CS_{III}} dN_{III})_{t_0+\Delta t}}{\Delta t} = \lim_{\Delta t \to 0} \frac{\int_{CS_{III}} \eta\rho\vec{V} \cdot d\vec{A}\Delta t}{\Delta t} = \int_{CS_{III}} \eta\rho\vec{V} \cdot d\vec{A}$$

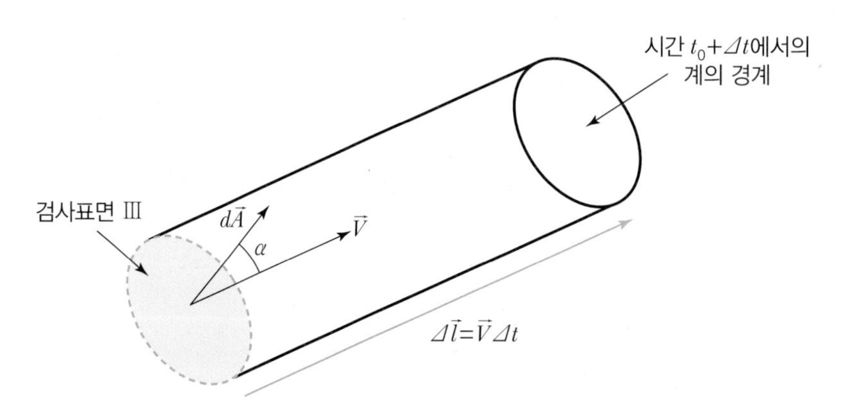

Figure 2.3 **소영역 Ⅲ의 확대**(R.W.Fox et al., 2010)

영역 Ⅰ에 대해서도 Ⅲ과 같은 방법으로 구하면 다음과 같다.

$$\lim_{\Delta t \to 0} \frac{N_I)_{\Delta t_0 + \Delta t}}{\Delta t} = -\int_{CS_I} \eta\rho\vec{V} \cdot d\vec{A}$$

음의 값이 나오는 이유는 속도벡터는 검사체적 안쪽으로 작용하지만 Ⅲ과 달리 Ⅰ에서는 면적 수직벡터가 바깥쪽 $\left(\alpha > \frac{\pi}{2}\right)$으로 작용하기 때문이다. 이를 모두 정리하면 최종적으로 다음 식이 유도된다.

$$\left.\frac{dN}{dt}\right)_{system} = \frac{\partial}{\partial t}\int_{CV} \eta\rho dV + \int_{CS_I} \eta\rho\vec{V} \cdot d\vec{A} + \int_{CS_{III}} \eta\rho\vec{V} \cdot d\vec{A} = \frac{\partial}{\partial t}\int_{CV} \eta\rho dV + \int_{CV} \eta\rho\vec{V} \cdot d\vec{A}$$

즉, 우변 항에서 $\frac{\partial}{\partial t}\int_{CV} \eta\rho dV$는 검사체적 내 N의 시간변화율이며, $\int_{CS} \eta\rho\vec{V} \cdot d\vec{A}$는 검사표면을 흘러나가는 N의 시간변화율이다. 이와 같은 변환식을 레이놀즈 수송정리(Reynolds transport theorem)라고 부른다.

2.1.1 검사체적 내 질량 보존법칙

질량 m인 계의 단위 질량당 M의 η는 1이다. 이는 다음과 같이 표현할 수 있다.

$$M_{system} = \int_{M(system)} dm = \int_{V(system)} \rho dV$$

이를 2.1절에서 유도했던 레이놀즈 수송정리에 대입하면 아래와 같이 질량 보존에 대한 검사체적 공식을 얻을 수 있다.

$$\left.\frac{dM}{dt}\right)_{system} = \frac{\partial}{\partial t}\int_{CV} \eta\rho dV + \int_{CS} \eta\rho\vec{V} \cdot d\vec{A} = \frac{\partial}{\partial t}\int_{CV} \rho dV + \int_{CS} \rho\vec{V} \cdot d\vec{A} = 0$$

위 식은 검사체적 내 질량변화율($\frac{\partial}{\partial t}\int_{CV} \rho dV$)과 검사표면을 흘러나가는 질량 플럭스율($\int_{CS} \rho\vec{V} \cdot d\vec{A}$)로 구성된다. 즉, 검사체적 내 질량변화율과 검사표면을 흘러나가는 질량 플럭스율의 합이 0임을 의미한다.

2.1.2 검사체적 내 운동량 보존법칙

질량이 m 이고 순수 힘 $\sum\vec{F}$ 가 작용하는 계에 대한 Newton의 제2법칙은 다음과 같다.

$$\sum\vec{F} = m\vec{a} = m\frac{d\vec{V}}{dt} = \frac{d}{dt}(m\vec{V})$$

여기서 $m\vec{V}$ 는 계의 선형운동량이며 순수 힘 $\sum\vec{F}$ 은 밀도와 속도가 계 내의 위치에 따라 다를 수 있으므로 보편적으로 다음과 같이 표현한다.

$$\sum\vec{F} = \frac{d}{dt}\int_{system}\rho\vec{V}\,dV$$

$\rho\vec{V}\,dV$ 는 질량이 ρdV 인 미소 체적요소 dV 의 운동량이다. 즉, Newton의 제2법칙에 따르면 계에 작용하는 모든 외력의 합은 계의 선형운동량의 시간변화율과 같다. 계와 검사체적 공식은 레이놀즈 수송정리에 의해 연결되며 N 에 운동량 $\vec{P}$ 를 대입하면 다음과 같다.

$$\left.\frac{d\vec{P}}{dt}\right)_{system} = \frac{\partial}{\partial t}\int_{CV}\vec{V}\rho dV + \int_{CS}\vec{V}\rho\vec{V}\cdot d\vec{A}$$

Newton의 제2법칙에 따르면 $\left.\frac{d\vec{P}}{dt}\right)_{system} = \left.\vec{F}\right)_{system}$ 이므로 다음과 같이 표현된다.

$$\vec{F} = \frac{\partial}{\partial t}\int_{CV}\vec{V}\rho dV + \int_{CS}\vec{V}\rho\vec{V}\cdot d\vec{A}$$

위 식은 정지하거나 등속 운동하는 검사체적에 대한 Newton 제2법칙의 검사체적 공식으로 검사체적에 작용하는 모든 외력의 합은 검사체적 내 선형운동량의 시간변화율($\frac{\partial}{\partial t}\int_{CV}\vec{V}\rho dV$)과 질량유동에 의해 검사면의 외부로 유출되는 순수 선형운동량 유동률($\int_{CS}\vec{V}\rho\vec{V}\cdot d\vec{A}$)로 구성된다.

2.2 경계층(boundary layer)의 개념

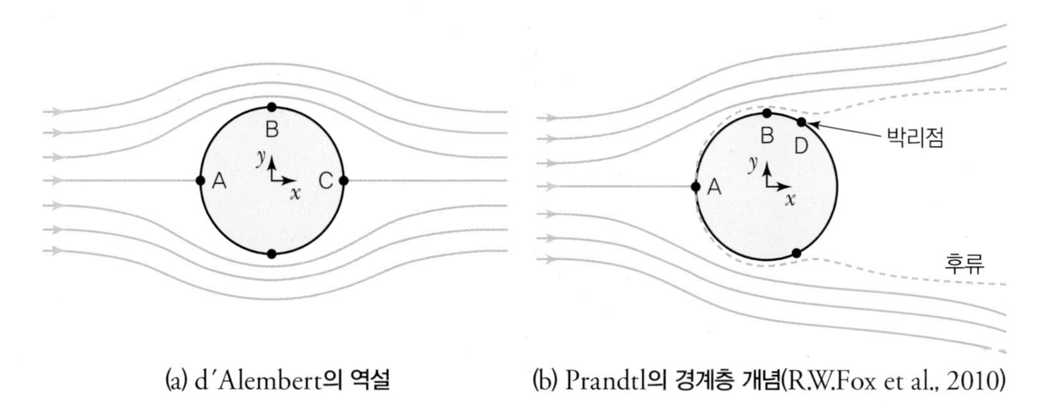

(a) d′Alembert의 역설 (b) Prandtl의 경계층 개념(R.W.Fox et al., 2010)

Figure 2.4 (a) d'Alembert의 역설, (b) Prandtl의 경계층 개념(R.W.Fox et al., 2010)

1752년 프랑스의 수학자이자 물리학자 달랑베르(d'Alembert)는 완전유체 속을 등속직선운동하는 물체에는 어떠한 저항도 작용하지 않는다는 원리를 발표하였다(실제로는 그렇지 않으므로 이를 d'Alembert의 역설이라 한다). Fig 2.4(a)는 원통에 대하여 U의 속도로 흘러들어오는 이상유동을 도시한 것이다. 유선들은 정체점 A의 부근에서 갈라져 원통을 중심으로 위아래 대칭을 이루는데 이때 유선의 간격이 처음에 비해 좁아지는 것은 속도가 증가된 것을 의미하므로 점 B의 속도는 빠르다고 볼 수 있다. 반대로 유선의 간격이 넓어지는 것은 이전보다 속도가 감소된 것을 의미하는데 정체점 C를 지나 다시 만나는 유선들의 간격이 처음과 같아지는 것은 처음과 동일한 속도 U로 회복한다는 것을 의미한다. 이는 점 A 부근와 점 C 부근에서의 압력 차가 없음을 의미하고 압력으로 인한 유효항력이 없음을 의미한다. 원통과 유동 간의 마찰은 이상유동의 가정 하에 무시하였기에 d'Alembert의 이론은 비현실적이지만 논리적으로는 모순이 없었다.

한편 1904년 독일의 Prandtl(1875~1953)은 점성유체 속의 원통 근처에는 항상 얇은 경계층이 존재하며 경계층을 따라 유동속도가 분포된다고 설명하였다[31]. 경계층이란 물체의 표면에 매우 근접하게 존재하면서 층을 이루는 유동으로 물체 근처로 갈수록 점성에 의해 유동의 속도는 감소한다. Fig 2.4(b)를 보면 점 A에서의 유동속도는 d'Alembert의 역설과 같은 원리로 0이

31 L. Prandtl, Verhandlungen Des Dritten Internationalen Mathematiker-Kongresses, in Heidelberg, 1904.

지만 점 B를 포함한 원통 표면의 모든 점의 유동속도는 점성에 의해 0이 되는데, 이를 무활조건(no slip condition)이라고 한다. 이후 유체가 점 B 부근에서 원통 뒤쪽으로 움직이면 압력이 점점 높아지는 역압력구배가 발생하는데 경계층으로 인한 영향과 역압력구배의 영향을 받아 입자들은 마침내 정지하고 점 D에서는 물체에서 떨어지는 박리현상이 나타난다. 박리점에서 떨어져 나간 유체입자들은 후류를 형성하고 낮은 압력을 유지하기 때문에 d'Alembert의 역설과는 달리 점 A 부근과 원통 뒤의 압력차로 인한 압력항력이 발생한다. 한편 경계층 외부의 경우 경계층 바깥 속도는 초기 속도 U 와 거의 같기 때문에 압력변화가 없는 비점성 유동의 형태를 보인다.

이처럼 Prandtl의 경계층 이론은 점성유동을 고체 경계 부근의 유동과 그 외 영역의 부근으로 나누어 해석하였고 이는 조선공학, 기계공학, 항공공학 등 여러 분야에서 유체의 움직임을 이해하는 데 널리 활용되고 있다. Fig 2.5는 Fig 2.4(b)의 경계층 속도 분포를 자세히 보여준다. 원통 표면 유동의 압력이 하강할 시 표면 근처에 경계층이 생성되기 시작하여 압력 상승 시 경계층이 급격히 발달하고 이후 박리점에서 유동이 박리된다. 원통 뒷면으로 갈수록 경계층이 점점 두꺼워지는 것을 확인할 수 있다.

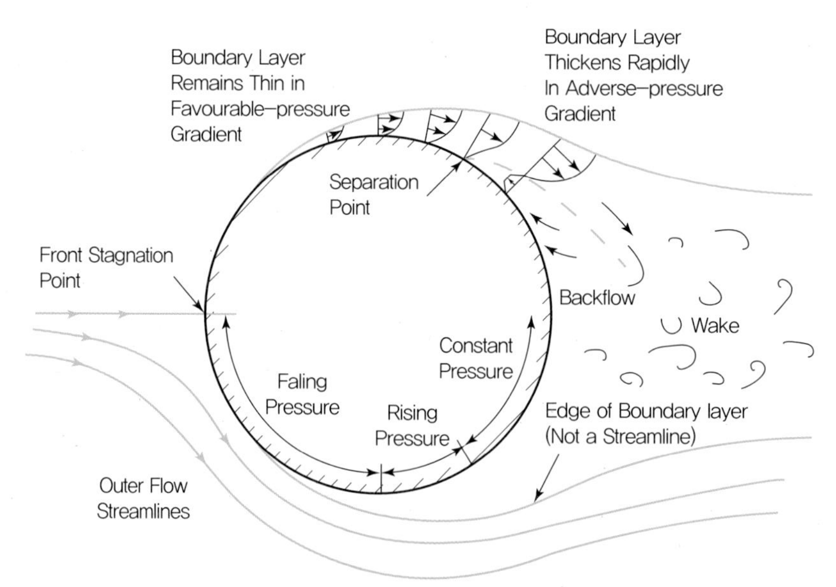

Figure 2.5 **외부유동에서의 구 주위 경계층 속도 분포**

(https://aerospaceengineeringblog.com/boundary-layer-separation-and-pressure-drag/)

앞에서 이해하기 쉽도록 경계층의 두께를 두껍게 나타내었으나 실제로 경계층은 매우 얇다. 그럼에도 경계층의 두께를 확인할 필요가 있는 이유는 모형시험에서 모형선에 붙여지는 부가물이 경계층 내부에 있는지 또는 외부에 있는지에 따라 주변 유동에 미치는 영향이 달라지기 때문이다. 즉, 유동의 박리 여부에 따라 부가물에 작용하는 저항이 달라지기 때문에 부가물 장착 위치를 바꾸어 주어야 하므로 경계층 두께를 확인하는 것은 매우 중요한 일이다.

한편, Fig 2.6(a)와 같이 경계층 교란두께(disturbance thickness) δ는 속도 분포를 갖는 경계층 유동의 바깥 속도가 상류의 유동속도 U의 99%까지 되는 y까지의 수직거리로 정의된다(경계층 발달을 이용한 공학적 해석을 위해서는 $y=\delta$에서 $u \to U$에 수렴한다고 가정하여 문제를 단순화하기도 한다).

$$\delta = y \quad where \quad u = 0.99U$$

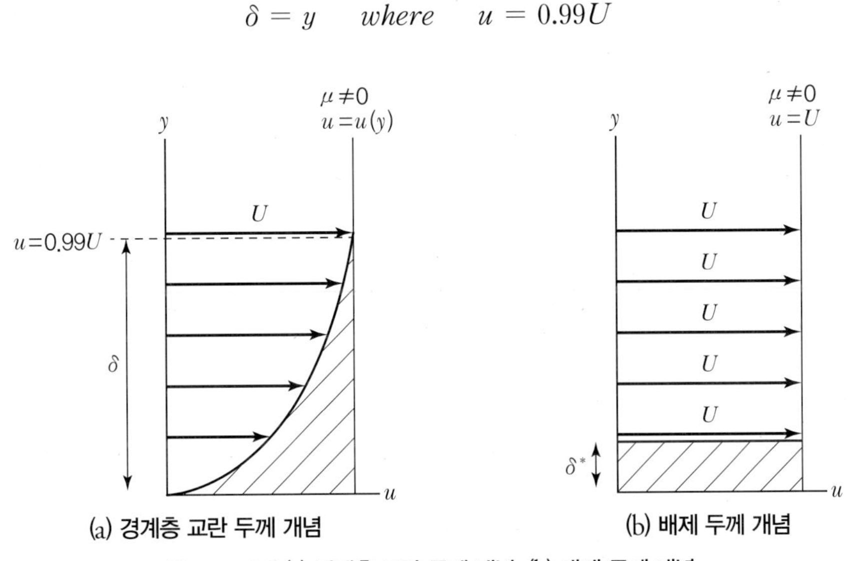

Figure 2.6 (a) 경계층 교란 두께 개념, (b) 배제 두께 개념

물체 표면을 따라 움직이는 유동은 경계층 교란 두께의 바깥으로 작지만 유한한 양의 유량을 밀어내게 되고 Fig 2.6(a)와 같이 유량이 줄어드는 부분(흑색 빗금 부분)이 발생한다. 이 부분은 유체에 완전히 잠긴 외부유동의 연속조건을 만족시키지 못하는 것을 의미하므로 이를 만족시키기 위해 Fig 2.6(b)와 같이 유선이 빗금 부분과 같은 면적을 가지는 일정 거리만큼 멀어져야 하는데 이 수직거리를 배제 두께(displacement thickness) δ^*라고 한다. 즉, 배제 두께 δ^*는 질량유량 손실을 보상하는 개념으로 어찌보면 물체가 두꺼워지는 것처럼 보이

게 한다. Fig 2.6(a)에서 질량유량 손실 $\int_0^\infty \rho(U-u)\,dy\,w$ (w는 평판의 폭이다.)는 질량유량 손실을 보상하는 배제 두께를 통과하는, 즉 경계층이 없을 때 배제 두께를 통과하는 질량유량과 같다.

$$\int_0^\infty \rho(U-u)\,dy\,w = \rho U \delta^* w$$

비압축성 유동일 때 밀도는 일정하므로 위 식을 다시 정리하면 다음과 같다.

$$\delta^* = \int_0^\infty \left(1-\frac{u}{U}\right)dy \approx \int_0^\delta \left(1-\frac{u}{U}\right)dy$$

또한 경계층 두께를 운동량 두께 θ로 표현할 수 있는데 경계층 내의 유동이 감속되는 만큼 운동량이 손실된 것으로 보았다. 손실운동량은 $\int_0^\infty \rho u(U-u)\,dy\,w$이고 배제 두께의 개념과 마찬가지로 이 같은 운동량을 보상하는 가상의 거리를 운동량 두께(momentum thickness) θ로 표현한다. 운동량 두께에서 보상되는 운동량은 $\rho U^2 \theta w$이므로 이들의 식은 다음과 같다.

$$\int_0^\infty \rho u(U-u)\,dy\,w = \rho U^2 \theta w$$

비압축성 유동일 때 밀도는 일정하므로 위 식을 다시 정리하면 다음과 같다.

$$\theta = \int_0^\infty \frac{u}{U}\left(1-\frac{u}{U}\right)dy \approx \int_0^\delta \frac{u}{U}\left(1-\frac{u}{U}\right)dy$$

여기까지 경계층의 두께 개념을 간략하게 살펴보았다. 경계층 두께는 초기 속도에 큰 영향을 받으며 배제 두께 개념이나 운동량 두께 개념 모두 질량유량 손실이나 운동량 손실과 같이 보상하기 위한 개념이라는 것도 알게 되었다. 하지만 무엇보다도 경계층 두께는 일반적으로 매우 얇다는 것을 알아두길 바란다.

2.3 항력과 양력

2.3.1 항력

물체와 외부유동 사이에 상대적인 움직임이 있을 때 물체는 유체에 의한 힘을 받는다. 물체에 작용하는 이 힘을 이론적으로 구하는 것은 일부 아주 단순한 경우를 제외하고는 큰 노력을 필요로 하기 때문에 대부분은 실험적 방법을 이용한다.

항력계수는 $C_D = \dfrac{F_D}{\frac{1}{2}\rho SV^2}$ ($\frac{1}{2}$은 동압의 형태로 나타내기 위하여 삽입된 것이다.)로 정의되며 유동방향에 평행한 평판 주위의 유동에 의한 마찰항력과 유동방향에 수직한 평판 주위의 유동에 의한 압력항력으로 나뉜다. 하지만 평판 위의 유동의 경우는 유동방향에 압력의 변화가 없기 때문에 총 항력은 마찰항력과 같다.

$$F_D = \int_{plate\ surface} \tau_w dA$$

따라서, $C_D = \dfrac{F_D}{\frac{1}{2}\rho SV^2} = \dfrac{\int_{PS} \tau_w dA}{\frac{1}{2}\rho SV^2}$로 쓸 수 있다. 이처럼 유동에 평행한 평판의 항력계수는 평판의 길이에 따라 변하는 전단응력분포의 함수로 표현되며, 평판 위의 층류유동에 대한 전단응력계수는 다음과 같다.

$$C_f = \frac{\tau_w}{\frac{1}{2}\rho U^2} = \frac{0.664}{\sqrt{Re_x}}$$

길이 L, 폭 b인 평판 위 균일유동속도가 V인 유동의 항력계수 C_D는 여기서 구한 τ_w를 대입하면 다음과 같이 구해진다.

$$C_D = \frac{1}{A}\int_A 0.664 Re_x^{-0.5} dA = \frac{1}{bL}\int_0^L 0.664\left(\frac{V}{\nu}\right)^{-0.5} x^{-0.5} b dx = \frac{1.33}{\sqrt{Re_L}}$$

또한 경계층이 leading edge로부터 난류라고 가정하면 전단응력계수는 다음과 같이 주어진다.

$$C_f = \frac{\tau_w}{\frac{1}{2}\rho U^2} = \frac{0.0594}{Re_x^{\frac{1}{5}}}$$

이를 층류에서와 동일한 방식으로 구하면

$$C_D = \frac{0.0742}{Re_L^{\frac{1}{5}}}$$

(이는 $5 \times 10^5 < Re_L^{\frac{1}{5}} < 10^7$일 때 유효하다.)

로 쓸 수 있다. $Re_L^{\frac{1}{5}} < 10^9$에서 Schlichting이 제시한 경험식은 $C_D = \frac{0.455}{(\log Re_L)^{2.58}}$인데 이는 실험 결과와 아주 근사한 값을 제공한다.[32]

압력항력은 Fig 2.7과 같이 유동방향에 수직한 평판에 작용하는 압력으로 형성되는 총 항력을 의미한다.

$$F_D = \int_{surface} p dA$$

유동에 수직한 평판 주위의 유동은 평판이 끝나는 지점에서 박리되는데 박리된 유동은 복잡한 후류를 형성한다. 때문에 평판 뒤의 유동의 움직임은 실험으로밖에는 계측할 수 없다. 유체 속에 잠겨 있는 물체 주위의 유동에 대한 항력계수는 일반적으로 물체의 투영면적을 기준으로 하며 평판의 폭과 길이에 대한 레이놀즈 수에 따라 항력계수가 결정된다.

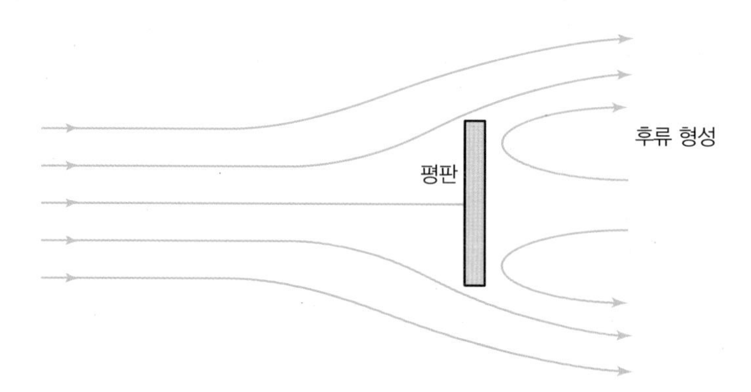

Figure 2.7 **유동방향에 수직한 평판 주위의 유동**(R.W.Fox et al., 2010)

32 H. Schlichting, Boundary-Layer Theory, 7th ed.New York : McGraw-Hill, 1979.

앞서 다룬 마찰항력과 압력항력을 구 주위의 유동의 예로 함께 생각해보자. 구는 둥그스름한 형상의 특성상 유동 내 마찰항력과 압력항력이 동시에 발생한다. 이들의 합이 총 항력이 되므로 구의 문제에선 총 항력의 개념으로 접근한다. 레이놀즈 수가 매우 작은(1보다 작은) 경우에는 유동박리가 생기지 않기 때문에 마찰저항에 의한 영향이 대부분이다. 하지만 레이놀즈 수가 커짐에 따라 유동박리가 생길 수밖에 없으며 항력은 마찰항력과 압력항력의 합이 된다. 마찰항력계수는 레이놀즈 수가 증가함에 따라 감소하다가 약 $Re \approx 10^3$에서 총 항력의 약 95% 정도가 되며 $10^3 < Re < 3 \times 10^5$에서는 항력계수 곡선이 변하지 않다가 3×10^5의 임계 레이놀즈 수에서 갑자기 떨어진다. Fig 2.8의 파란색 선은 Stokes 이론의 결과이고[33] 빨간색 선은 매끈한 구의 항력계수로 앞선 설명을 잘 나타낸다. 구 주위 층류 경계층의 박리는 기준 $\theta = 90°$ 바로 앞 쪽에서 발생하며 박리된 유동은 후류를 형성하는데, 후류에는 주위 유동에 비해 낮은 압력이 생성되고 구의 앞과 뒤의 압력차가 점성압력항력이 발생하는 원인이 된다. 후류는 층류보다 난류에서 적게 발생하는데, 그 이유는 난류경계층이 유동의 박리현상을 늦추기 때문이다.

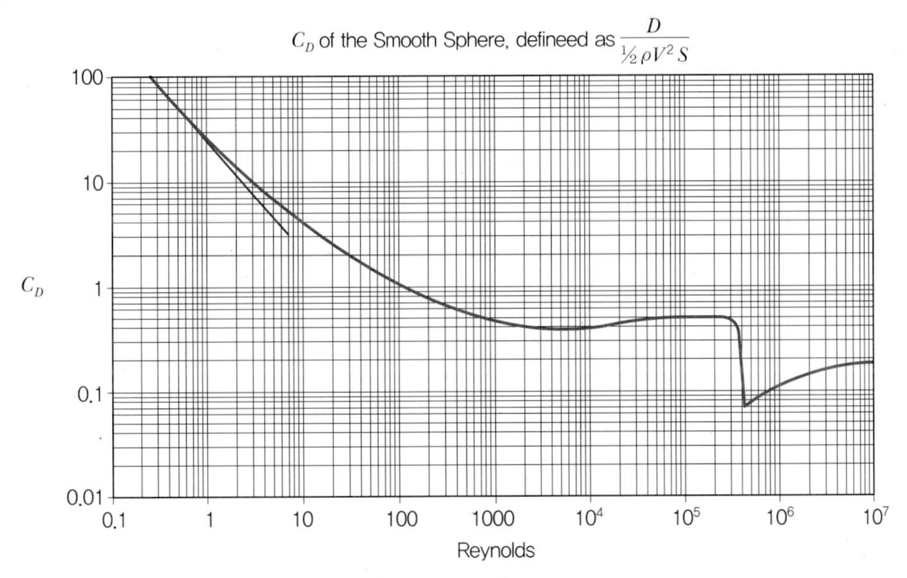

Figure 2.8 레이놀즈 수의 함수로 나타낸 매끈한 구의 항력계수

(자료제공 : Wikimedia, 저자 : Bernard de Go Mars)

33 G. G. Stokes, On the Effect of the Internal Friction of Fluids on the Motion of Pendulums, Cambridge Philosophical Transactions, Vol 8, 1851.

그렇다면 표면이 매끄러운 구와 거친 구의 항력에는 어떤 차이가 있을까? 골프공은 400개 내외의 딤플(dimple)을 가지는데, 딤플이 없는 매끄러운 공보다 훨씬 멀리 나간다. 그 이유는 매끄러운 공과 달리 딤플이 있는 공은 앞 표면에서 난류가 발생해 공기의 섞임이 활발하게 이뤄져 공기의 흐름이 바뀌는 현상이 공의 뒤쪽에서만 발생하기 때문이다. 즉, 박리점과 후류가 훨씬 뒤쪽에서 형성이 되고 전면부와 후면부의 압력 차이가 현저하게 줄어들고 줄어든 압력 차이만큼 압력저항이 줄어들어 공이 멀리 날아갈 수 있게 된다(Fig 2.9). 이러한 박리현상은 난류를 발생시켜 지연시킬 수 있고 물체를 유선형으로 만들어 물체 뒤쪽에 발생하는 역압력구배를 감소시켜 지연시킬 수 있다. 그러나 유선형의 물체는 원래의 둥근 물체보다 표면적이 증가하므로 표면 마찰항력이 증가하는 단점이 있다. 때문에 유선형화를 하려면 전체적인 항력의 저감을 기대할 수 있는 최적 형상을 찾아야 한다.

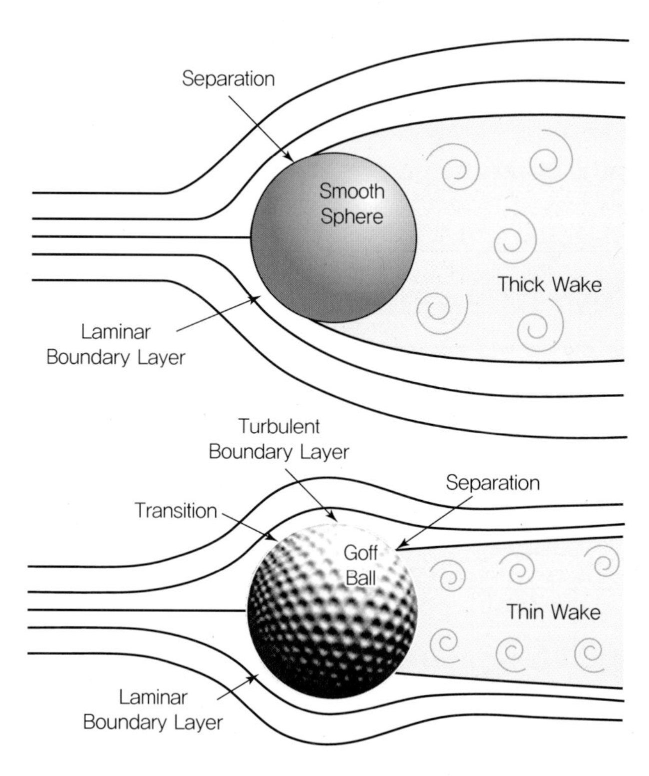

Figure 2.9 **매끄러운 공과 딤플이 있는 골프공**

(자료제공·저자: PHYSICS.UDEL.EDU)

2.3.2 양력

양력은 유동방향에 수직한 유체역학적 힘의 성분으로 양력계수는 $C_L = \dfrac{F_L}{\frac{1}{2}\rho V^2 A_p}$ 로 정의된다(평면 투영면적 A_p은 날개의 양 · 항력계수를 정의하는 데 사용된다). 양력을 이용한 대표적인 예가 비행기의 날개이다. 날개 윗면과 아랫면을 지나는 공기의 진행경로를 다르게 하고 이로 인해 발생하는 압력차를 이용하여 비행기가 뜨게 된다.

Fig 2.10과 같이 일정한 속도로 유입되는 공기는 날개 단면(airfoil)과의 받음각(angle of attack)에 의해 압력 중심(center of pressure)에서 합력이 발생하고 이는 항력과 그에 수직한 양력으로 나눌 수 있다. 항력과 양력에 대한 기본 자료들은 일반적으로 스팬(span)이 긴 날개 단면을 풍동 안의 균일한 흐름 속에서 실험한 결과로부터 얻어진다. Kerwin(2010)은 실험 결과 아래와 같은 흥미로운 성질들을 밝혀냈다.[34]

1) 작은 입사각에서 양력계수 C_L은 받음각 α에 비례하여 증가한다.
2) α가 어떤 값을 넘어서면 양력계수는 α에 비례하지 않게 된다.
3) 양력이 0이 되는 받음각은 0°가 아니라 0 — 양력각(angle of zero lift) α_0라 불리는 작은 음(−)의 각도이다.

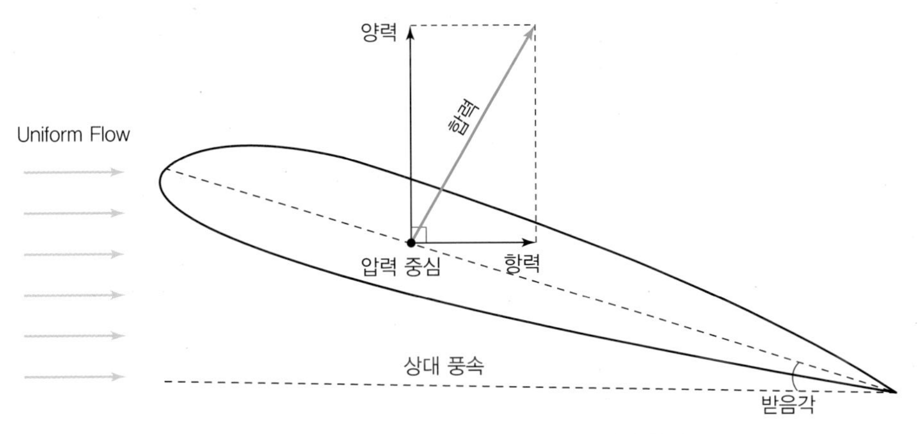

Figure 2.10 **받음각에 의해 생성되는 양력과 항력**

34 J. E. Kerwin, J. B. Hadler, Principles of Naval Architecture Series : Propulsion, The Society of Naval Architects and Marine Engineers, 2010.

날개 단면에 발생하는 양력은 날개 단면에 작용하는 압력의 분포와 연관된다. Fig 2.11와 같이 날개 윗면에는 주변압력보다 낮은 압력(음압 혹은 부압, negative pressure)이 발생하여 윗면이 빨려 올라가게 되고, 아랫면에는 주변보다 높은 압력(정압, positive pressure)이 발생하여 아랫면을 밀어준다. 이 두 가지 압력의 합이 날개에 생기는 양력이 되는 것이다. 그림에서 보듯이 양력의 대부분은 윗면에서 발생한다.

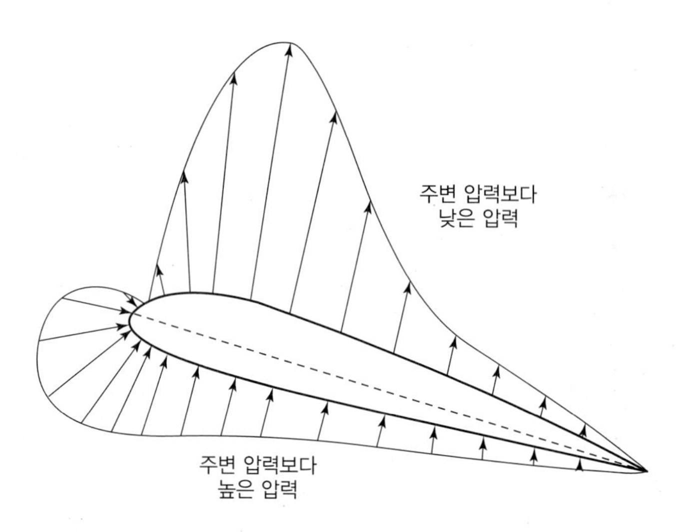

Figure 2.11 **날개단면의 압력분포**

항력과 양력은 외부유동에서 가장 중요한 현상이며 그에 대한 정확한 이해가 선박저항추진론의 학습에 핵심적인 요소가 된다.

CHAPTER 3

선체 저항의 성분과 그 특성

CHAPTER

3 선체 저항의 성분과 그 특성

선체저항은 여러 저항 성분의 합으로 구성된다. 1장에서 언급했듯이 W. Froude는 총 저항이 등가평판의 마찰저항과 잉여저항으로 이루어졌다고 했다. 저항의 성분을 이해한다는 것은 저항 성분요소들을 분석할 수 있음을 의미하고 이로써 특정 저항 성분을 줄이면 선박의 전체 저항이 줄어들어 소요동력을 낮출 수 있고, 결국 연료 소비의 감소로 이어진다. 이처럼 조선공학자들은 전체 저항을 저항 성분으로 나누고 각각을 세부적으로 분석하였는데, 이에 대해 살펴보자.

3.1 저항의 성분

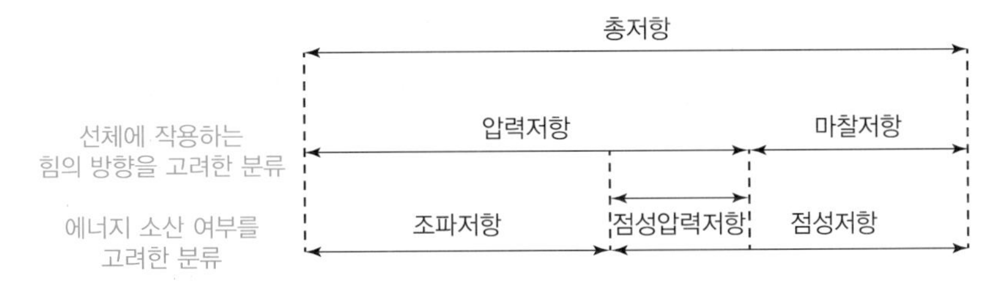

Figure 3.1 **저항의 기본적인 성분들**

Fig 3.1은 선박저항을 기본적인 유체역학적 성분으로 요약하여 나타내었다. 물이 선체표면에 작용하는 힘의 작용방향을 기준으로 압력저항과 마찰저항으로 나눌 수 있고, 선박이 공급한 에너지가 소모되는 메커니즘에 따라 조파저항과 점성저항으로 나눌 수 있다. 압력저항은 선체표면에 수직방향으로 적분하는 압력(P)을 선체표면에 대하여 적분한 값이고 마찰저항은 표면에 접선방향으로 작용하는 전단응력(τ)을 선체표면에 대하여 적분한 값이다. 그 동안의 연구결과에 따르면 새로 건조되어 선체표면이 매끄러운 저속선은 마찰저항이 전체저항의 80~85%에 달하고 고속선일 때는 50%에 달한다.

조파저항은 배가 전진할 때 파를 일으키면서 사용한 에너지에 기인한다. 조파저항의 크기는 선체가 일으킨 파형을 측정하면 알아낼 수 있다. 점성저항은 점성 경계층이 형성되어 선체표면을 따르는 방향(접선방향)으로 작용하는 마찰 성분과 선체 후반부에서 점성 경계층이 두꺼워지고 반류가 형성됨에 따라 유속이 떨어져 선체표면에 걸리는 압력의 감소에 따른 압력으로 인한 저항 성분(점성압력저항)을 포함한다. 점성의 영향으로 수두(H)[35] 손실이 일어나므로 Fig 3.2와 같이 선체 뒤쪽 반류 영역에서 피토관(Fig 3.3)을 사용하여 수두 손실을 측정하여 적분하면 전체 점성저항을 구할 수 있다.

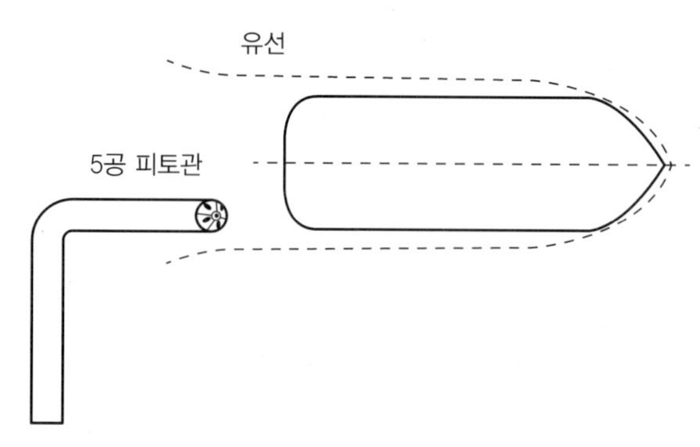

Figure 3.2 **선체 뒤 반류에서 전체 수두 손실 측정**

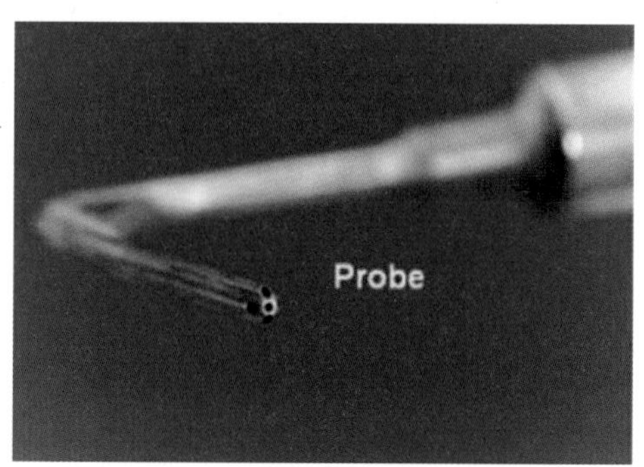

Figure 3.3 **피토관** (pitot tube)
(자료제공 : https://www.grc.nasa.gov/www/k-12/airplane/tunp5h.html)

점성압력저항은 3차원 형상 물체의 점성저항에서 선체표면에 작용하는 접선응력 성분을 뺀 값이다. 점성이 있으면 선수부에 작용하는 압력은 이상유체 유동일 때와 비슷하지만, 선미부에 작용하는 압력은 점성 경계층이 두꺼워지므로 이상유체일 때에 비하여 작아지는 특성을 가진다. 전체적으로 보면 진행을 거스르는 방향으로 힘이 발생하기 때문에 생긴다고 볼 수 있다. 점성압력저항은 2장에서 언급한 골프공의 딤플 효과로도 설명할 수 있다. 매끄러운 공일 때는 공의 앞 쪽에서 높은 압력이 나타나고, 뒤쪽에서는 앞쪽보다 항상 상대적으로 낮은 압력이 나타나므로 저항이 형성되어 공을 멀리 보낼 수 없다. 반면 딤플이 있는 골프공에서는 후면의 압력 저하가 일어나는 만큼 저항이 줄어들어 공을 더 멀리 보낼 수 있다.

---

35 수두란 베르누이 방정식 '$\frac{P}{\rho g} + \frac{u^2}{2g} + z = H =$ 일정'으로 표현되는 값으로서 밀도가 일정한 유체의 비점성 유동이 정상상태(steady)일 때 유효하다. 여기서, H는 전체 수두(total head) 혹은 전체 에너지를 나타내며 압력수두 $\frac{P}{\rho g}$, 속도수두 $\frac{u^2}{2g}$, 포텐셜수두 z로 구성된다.

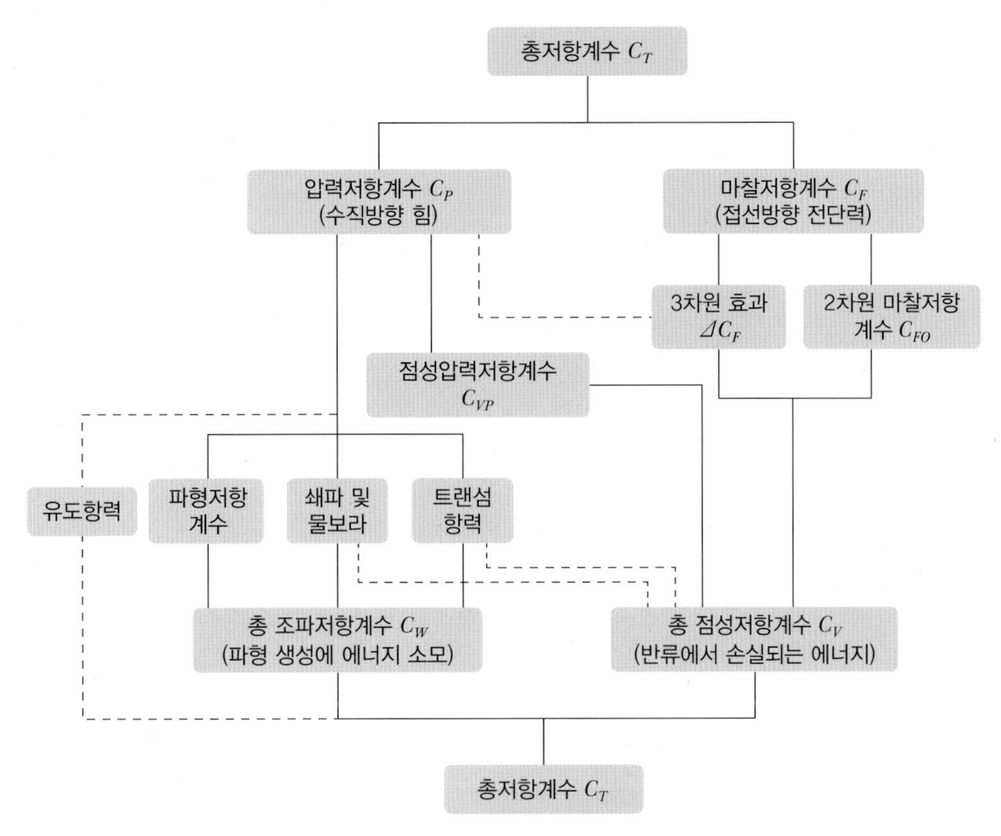

Figure 3.4 **저항의 세부적 성분들**(A. F. Molland et al., 2015)

Molland 등(2015)은 Fig 3.4와 같이 저항의 성분을 세부적으로 나누어 표시하였다[36]. 총 저항계수 C_T는 총 저항 R_T를 $\frac{1}{2}\rho SV^2$로 무차원한 값이다. 마찰저항은 2차원 평판의 마찰저항으로 나타낼 수 있는 부분과 3차원 효과로 나타낼 수 있는 부분으로 나뉜다. 실제 3차원인 선박의 마찰저항을 2차원 등가 평판의 마찰저항만으로 나타낼 수 없어서 선체의 3차원 형상으로 인한 압력분포와 전단력의 변화에 따라 발생하는 마찰저항을 포함하여야 한다. 압력저항계수는 파형저항(wave pattern resistance)과 쇄파 저항(wave breaking resistance), 물보라 저항(spray resistance), 트랜섬 저항(transom resistance) 등으로 나뉘는데 파형저항이 제일 크고 쇄파 저항과 물보라 저항은 작은 부분을 차지한다. Fig 3.5와 같이 배는 전진할 때 수면에 배와 함께 이동하는 파형을 만드는데 파형저항은 이로 인한 저항을 말한다. 배의 입장에서는 파를 만드느라 에너지를 뺏기는 것이고, 파의 입장에서는 에너지를 공급받아 배 주위의 파형을 유지하는 것이다.

36 A. F. Molland 외, 선박 저항과 추진, 텍스트북스, 2011.

Figure 3.5 **선박의 파형과 반류**

(자료제공 : Wikimedia, 사진촬영 : Arpingstone)

쇄파는 선박의 선수부에서 파도가 부서지는 현상이다. 이때 에너지 소멸이 일어나는데 Fig. 3.6에 구상선수(bulbous bow)[37] 주위의 쇄파현상을 보이고 있다. 즉, 쇄파는 파고가 지나치게 커지거나 파 상단의 유체입자 속도가 과대하여 파도의 원래 형상을 유지하지 못하고 깨져 포말(air bubble) 등을 형성함으로써 에너지의 손실이 있음을 보여주는 현상이다.

Figure 3.6 **구상 선수로 인해 부서지는 쇄파**

(자료제공 : Wikimedia, 사진촬영 : Aah-Yeah (Wulstbug))

37 구상 선수란 파도상쇄효과를 이용하여 선수에서 발생하는 파를 줄여 조파저항을 감소시키기 위해 고안된 에너지 저감장치이다. 1960년대 초반 일본의 MHI Nagasaki 조선소에서 처음 상선에 도입하였으며, 당시 25% 이상의 에너지 절감 효과를 본 것으로 보고된 바 있다. 최근에 건조되는 선박 중 고속으로 운항하는 선박은 대부분 구상 선수를 채택하고 있다(출처 : 최희종, 박일흠, 김종규, 김옥삼, 전호환, 자유수면을 관통하는 거위목 벌브를 가진 선박 주위의 포텐셜 유동해석, 한국해양공학학회지, 제25권, 제4호, page 18-22, 2011.).

물보라는 고속으로 유체입자가 자유수면으로부터 떨어져 나가면서 선체 측면에 생기는 현상이다. Fig 3.7은 모터 보트의 배 바닥을 아래에서 위로 보며 찍은 것으로 정체점으로부터 유동이 물보라처럼 떨어져 나가며 퍼져나가는 것을 볼 수 있다. 쇄파와 물보라 현상은 고속선에서 매우 중요한 현상이고 쌍동선일 때는 특정 속도에서 현저한 쇄파현상이 발생할 수 있다. 이들은 조파현상의 일부지만 실제 쇄파 현상으로 인한 에너지 손실은 반류에서 포착되기 때문에 Fig 3.4에서는 점선으로 표시하고 있다.

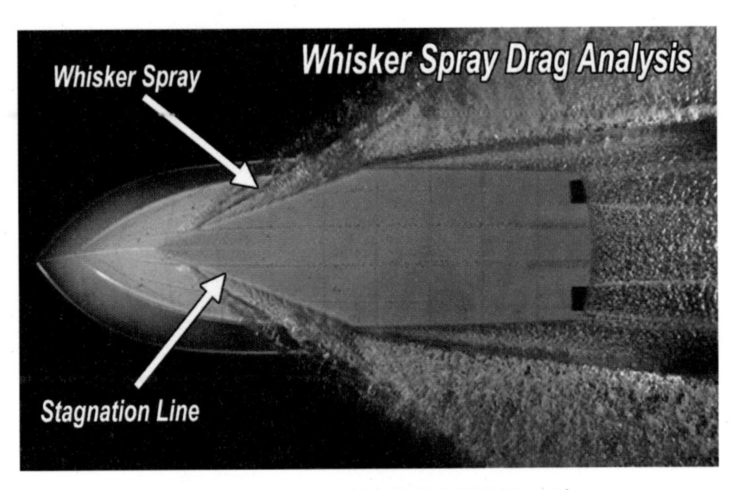

Figure 3.7 spray 파(아래에서 위를 본 모습)

(자료제공 및 사진촬영 : www.aeromarineresearch.com/whisker_spray_drag.html)

최근, 많은 선박에서 채택되는 트랜섬 선미는 일부 압력저항의 원인이 된다. 트랜섬의 바로 뒤에서는 넓은 영역에서 압력이 낮게 유지되는데 이로 인해 파, 쇄파 그리고 물보라가 멀리 전파되지 못한다. 이때 소모되는 에너지도 역시 반류에서 소모되는 에너지로 Fig 3.4의 또 다른 점선이 이를 의미한다.

선박의 속도가 느려지면 트랜섬 선미(Fig 3.8)는 갑작스러운 곡률 변화가 있는 곳에서 유동 박리가 발생하므로 트랜섬 후방의 자유 수면에 발생하는 선미파 형태는 매우 복잡하며 불안정하다. 반면 선박의 속도가 빨라지면 유동이 선미 부분을 잘 따라가며 선미 끝을 지나 연장되므로 트랜섬이 공기 중에 드러나는 dry transom을 형성한다(Fig 3.9[38]). 이후 선미 후방에 수탉꼬리(rooster tail) 모양의 파형이 나타나고 트랜섬 끝 단면에서는 선체표면을 따르는 부드러운

38 김우전, 박일룡, 트랜섬 선미 후방의 점성 유동장 Topology 관찰, 대한조선학회 논문집, 제42권, 제4호, page 322-329, 2005.

유선을 유지하는 특징이 있다.[39] 트랜섬 후방의 유동현상은 선미파의 형성에 중요한 역할을 하기 때문에 조파저항 크기에 영향을 끼치며, 주행 중 선미 수면의 높이에 따라 배의 전진방향으로 작용하는 트랜섬 끝 단면에서 압력 기여분이 달라지므로 선박의 저항성능에 선미파의 형상과 높이가 매우 중요한 인자로 작용한다.[40]

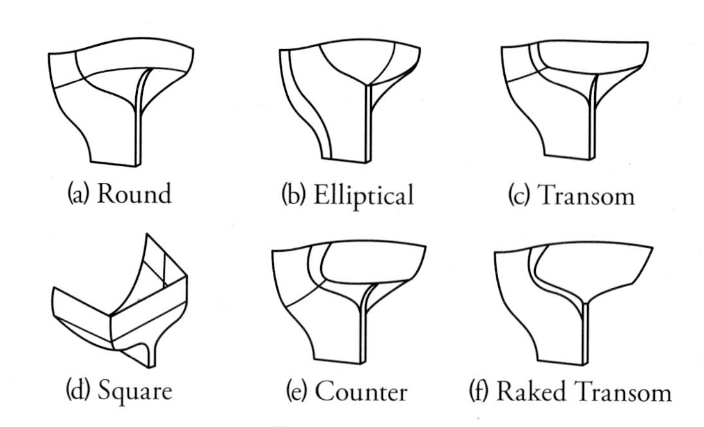

Figure 3.8 **다양한 선미의 종류**(British Columbia Shipwreck Recording Guide, 1983)

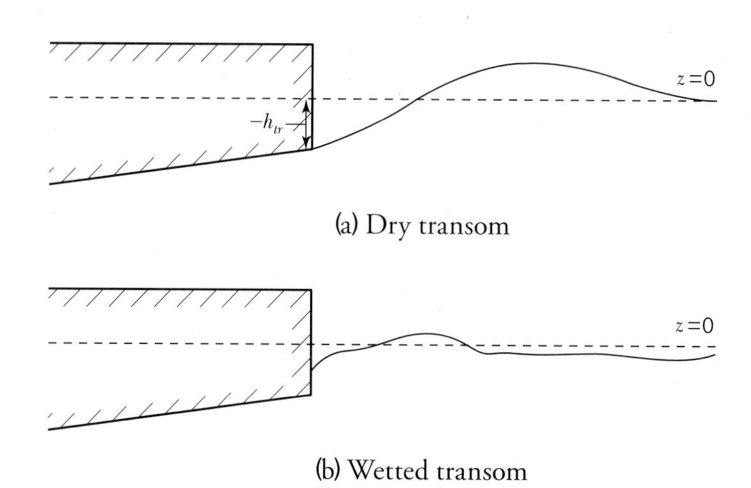

Figure 3.9 (a) Dry transom**에서 선미 유동,**
(b) Wetted transom**에서 선미 유동 (김우전 등,** 2005)

---

39 T. Yamano, T. Ikebuchi, I. Funeno, On Forward-oriented Bwave Breaking just Behind a Transom Stern, J. SNAJ, Vol 187, page 25-32, 2000.

40 T. Yamano, Y. Kusunoki, F. Kuratani, T. Ogawa, T. Ikebuchi, I. Funeno, On Effect of Bottom Profile Form of a Transom Stern on Its Stern Wave Resistance, IMDC, page 81-94, 2003.

Fig 3.10은 서로 다른 선미를 가진 두 선박이 전진할 때 측면에서 파의 생성과 그로 인한 압력의 차이를 나타낸 것이다. 트랜섬 선미를 가진 선박에서는 선수와 선미 사이의 압력차가 작고 이로 인해 수탉 꼬리 형상의 파가 생성되는 것을 알 수 있다. 트랜섬 선미는 주로 고속에서 유리한 선형으로 고속 성능이 필요한 요트, 군함 등에 자주 쓰인다.

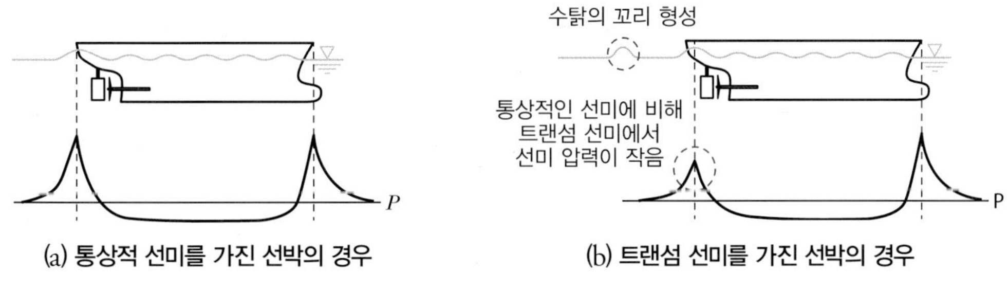

Figure 3.10 (a) 통상적 선미를 가진 선박의 경우, (b) 트랜섬 선미를 가진 선박의 경우

마지막으로 유도저항(induced resistance)은 선체에 작용하는 양력으로 인하여 형성되는 와류의 영향으로 인해 유효 받음각이 감소하여 생기는 저항으로 주로 요트에서 발생한다.

3.2 선체 주위 유동의 운동량 변화로부터 저항 성분의 계산

선체 주위 유동의 운동량 변화를 선박과 함께 움직이는 검사체적(control volume, CV)의 운동량 변화로 계산하여 선박에 작용하는 저항을 구할 수 있다. 이를 위해 Fig 3.11과 같이 자유수면의 높이는 $z = \zeta(x, y)$, 유동 교란량은 $q = (u, v, w)$, CV의 폭을 b라고 가정하고 선박에 작용하는 저항값 R을 구하는 방법은 아래와 같다.

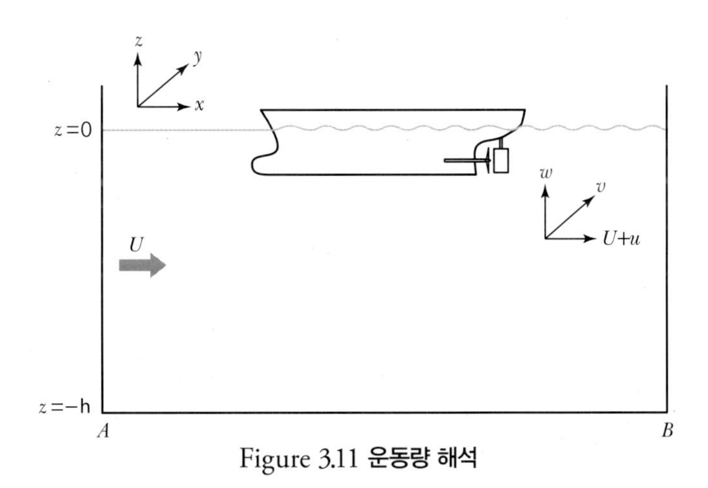

Figure 3.11 운동량 해석

연속방정식(continuity equation)에 의해 단면 A를 흐르는 유동과 단면 B를 지나는 유동의 유량은 같다. 이는 아래의 식으로 나타낼 수 있다.

$$\rho \cdot U \cdot b \cdot h = \rho \int_{-\frac{b}{2}}^{\frac{b}{2}} \int_{-h}^{\zeta_B} (U+u)\, dz dy \quad \cdots\cdots (1)$$

이때 $\zeta_B = \zeta(x_B, y)$는 단면 B에서의 자유수면의 높이이다. 한편, 단위시간당 A와 B를 흘러나가는 운동량은 각각 다음 식과 같다.

$$M_A = \rho U^2 bh \quad \cdots\cdots (2)$$

$$M_B = \rho \int_{-\frac{b}{2}}^{\frac{b}{2}} \int_{-h}^{\zeta_B} (U+u)^2 dz dy \quad \cdots\cdots (3)$$

단위시간당 A를 흘러나가는 운동량(2)에 (1)식을 대입하면 아래와 같이 표현할 수 있다.

$$M_A = \rho \int_{-\frac{b}{2}}^{\frac{b}{2}} \int_{-h}^{\zeta_B} U(U+u)\, dz dy \quad \cdots\cdots (4)$$

따라서 CV를 들고 나는 운동량의 변화율 $M_B - M_A$는 식 (3) – 식 (4)의 차이로서 다음과 같이 표현된다.

$$M_B - M_A = \rho \int_{-\frac{b}{2}}^{\frac{b}{2}} \int_{-h}^{\zeta_B} u(U+u)\, dz dy \quad \cdots\cdots (5)$$

즉, 운동량 변화는 검사체적 내의 유체에 걸리는 힘을 나타내고 이는 선체에 걸리는 저항과 A면과 B면의 압력 힘의 합과 같다. 다음 F_A와 F_B는 각각 A와 B면의(압력)×(면적)이다.

$$\therefore M_B - M_A = -R + F_A - F_B \quad \cdots\cdots (6)$$

A와 B면의 압력 P_A와 P_B는 베르누이(Bernoulli) 방정식을 이용해서 구할 수 있는데, 다음과 같은 관계식이 성립된다.

$$H = \frac{P_A}{\rho} + \frac{1}{2}U^2 + gz = \frac{P_B}{\rho} + \frac{1}{2}[(U+u)^2 + v^2 + w^2] + gz_B + \frac{\Delta P}{\rho}$$

(여기서, ΔP는 경계층 내에서 마찰에 의한 압력 손실이다.)

만약 $P_A = 0, z = 0$으로 두면 $H = \frac{1}{2}U^2$로 일정하다. 그러므로

$H = \frac{1}{2}U^2 = \frac{P_A}{\rho} + \frac{1}{2}U^2 + gz$를 풀면

$$P_A = -\rho gz \text{ 이다.} \quad \cdots\cdots (7)$$

따라서 $F_A = P_A \times (area)$는

$$\begin{aligned} F_A &= \int_{-\frac{b}{2}}^{\frac{b}{2}} \int_{-h}^{0} P_A dzdy \\ &= -\rho g \int_{-\frac{b}{2}}^{\frac{b}{2}} \int_{-h}^{0} zdzdy \\ &= \frac{1}{2}\rho g \int_{-\frac{b}{2}}^{\frac{b}{2}} h^2 dy \\ &= \frac{1}{2}\rho gbh^2 \quad \cdots\cdots (8) \end{aligned}$$

한편 $H = \frac{1}{2}U^2 = \frac{P_B}{\rho} + \frac{1}{2}[(U+u)^2 + v^2 + w^2] + gz_B + \frac{\Delta P}{\rho}$를 풀면

$$P_B = -\rho\{gz_B + \frac{\Delta P}{\rho} + \frac{1}{2}[2Uu + u^2 + v^2 + w^2] \text{이 된다.} \quad \cdots\cdots (9)$$

이제 $F_B = P_B \times (area)$는

$$F_B = \int_{-\frac{b}{2}}^{\frac{b}{2}} \int_{-h}^{\zeta_B} P_B dzdy = \int_{-\frac{b}{2}}^{\frac{b}{2}} \int_{-h}^{\zeta_B} \text{식(9)}\, dzdy$$

$$= \frac{1}{2}\rho g \int_{-\frac{b}{2}}^{\frac{b}{2}} (h^2 - \zeta_B^2)\, dy - \int_{-\frac{b}{2}}^{\frac{b}{2}} \int_{-h}^{\zeta_B} \Delta P dzdy - \frac{\rho}{2} \int_{-\frac{b}{2}}^{\frac{b}{2}} \int_{-h}^{\zeta_B} [2Uu + u^2 + v^2 + w^2] dzdy$$

$$\cdots\cdots (10)$$

선체에 걸리는 저항은 CV를 들고 나는 운동량의 차이와 CV 표면에 작용하는 힘의 균형에

서 생기는 차이로 표현할 수 있으므로 $R = F_A - F_B - (M_B - M_A)$로 쓸 수 있다. 이 식에 식 (8), 식 (10), 식 (5)를 대입하면

$$R = \left\{ \frac{1}{2}\rho g \int_{-\frac{b}{2}}^{\frac{b}{2}} \zeta_B^{\,2} dy + \frac{1}{2}\rho \int_{-\frac{b}{2}}^{\frac{b}{2}} \int_{-h}^{\zeta_B} (v^2 + w^2 - u^2)\, dzdy \right\} + \int_{-\frac{b}{2}}^{\frac{b}{2}} \int_{-h}^{\zeta_B} \Delta P dzdy \text{이 된다.}$$

이때 첫 번째와 두 번째 항은 조파와 경계층 형성에 의한 자유수면과 유동의 교란에 기인한 항이며 세 번째 항은 점성에 의한 마찰로 인한 항력을 나타낸다.

3.3 파형저항에 있어서 파계의 간섭효과

Kelvin 파형은 깊은 물(deep water)의 자유수면에서 압력점(moving pressure source)이 이동할 때 생성되는 파계를 수학적으로 나타낸 것이다. 이 파형은 Fig 3.12와 같이 가로파(transverse waves)와 발산파(divergent waves)로 구성되는데 가로파는 발산파에 비해 빨리 소실되고 발산파는 오래도록 더욱 뚜렷하게 보이는 특징이 있다. 발산파의 수렴각도는 약 19.47°이다.

파 이론에 의하면 wave velocity, c는 다음과 같이 정의되는데

$$c = [g\frac{\lambda}{2\pi}\tanh\Big(\frac{2\pi h}{\lambda}\Big)]^{\frac{1}{2}}$$

(여기서, h는 수심, λ는 파장)

깊은 수심의 경우($\frac{h}{\lambda} \geq 0.5$), $\tanh\Big(\frac{2\pi h}{\lambda}\Big) \rightarrow 1$이므로 다음과 같이 쓸 수 있다.

$$c = \sqrt{g\frac{\lambda}{2\pi}}$$

한편, 배와 함께 움직이는 파의 wave velocity는 배의 속도와 같으므로 파계의 속도와 선속은 $V = \sqrt{g\frac{\lambda}{2\pi}}$ 이고 가로파의 파장은 $\lambda = \frac{2\pi V^2}{g}$ 이다. 일반적인 선박의 파계는 선체 주위 압력 분포의 최대 · 최소 점들에 의해 결정되며 선박의 전체 파계는 몇 개의 이동하는 압력점에 의해 생겨나는 것으로 간주할 수 있다.

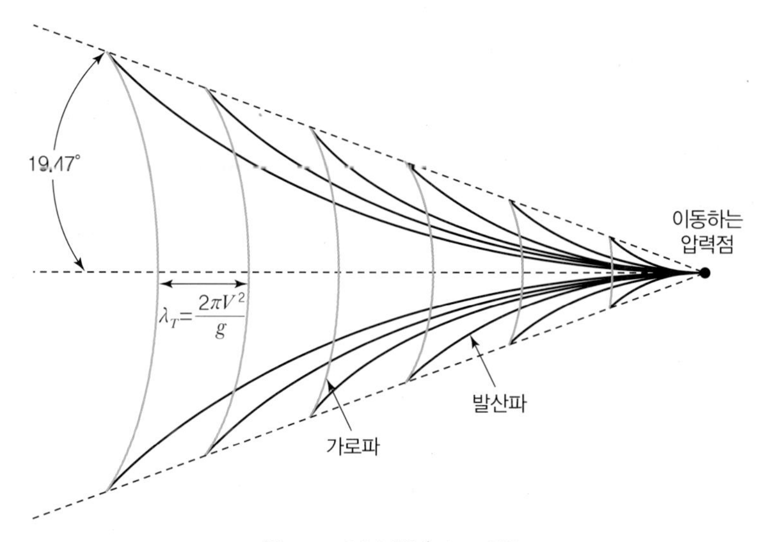

Figure 3.12 Kelvin 파형

한편, 천수(shallow water)의 경우($\frac{h}{\lambda} \leq \frac{1}{20}$), $\tanh\left(\frac{2\pi h}{\lambda}\right) \rightarrow \frac{2\pi h}{\lambda}$ 이므로 $c = \sqrt{gh}$ 이고 이를 임계속도(critical velocity)라고 한다. 즉, 천수에서 파의 진행속도는 파장이 아닌 수심에 연관된다. 한편, 선체의 이동으로 생성된 모든 파는 동일한 속도 c 로 이동하므로 속도 V의 범위를 수심기준 프루드 수로 표현하면 다음과 같다.

$$Fr_h = \frac{V}{\sqrt{gh}}$$

임계속도는 $Fr_h = 1.0$ 이고 $Fr_h < 1.0$ 일 때 아임계(sub-critical) 속도, $Fr_h > 1.0$ 일 때 초임계(super-critical) 속도라 한다. 아임계 속도와 초임계 상태의 파형은 Fig 3.13과 같으며 초임계 상태에서는 가로파계가 없어진다.

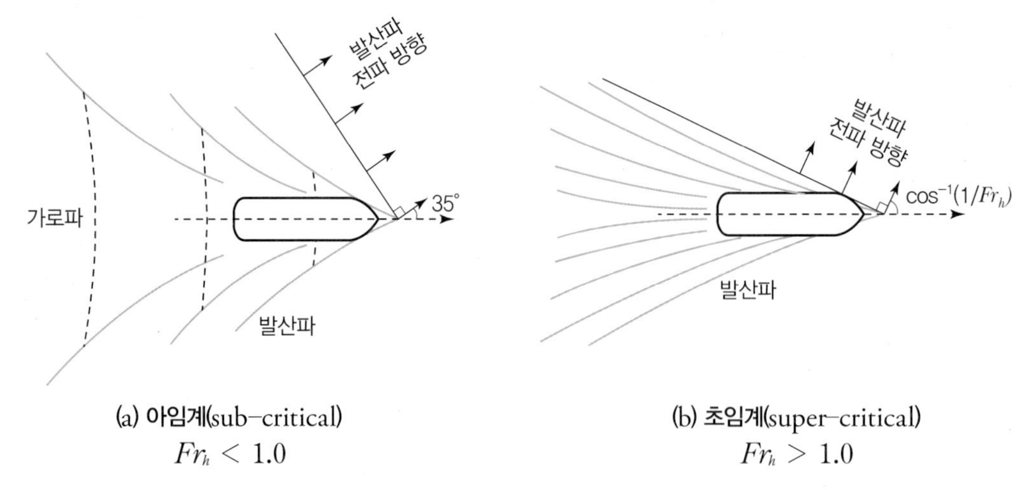

(a) 아임계(sub-critical)
$Fr_h < 1.0$

(b) 초임계(super-critical)
$Fr_h > 1.0$

Figure 3.13 아임계 상태와 초임계 상태의 파형

선체가 만들어내는 파계의 간섭은 크게 Fig 3.14와 같이 해석할 수 있다.[41]

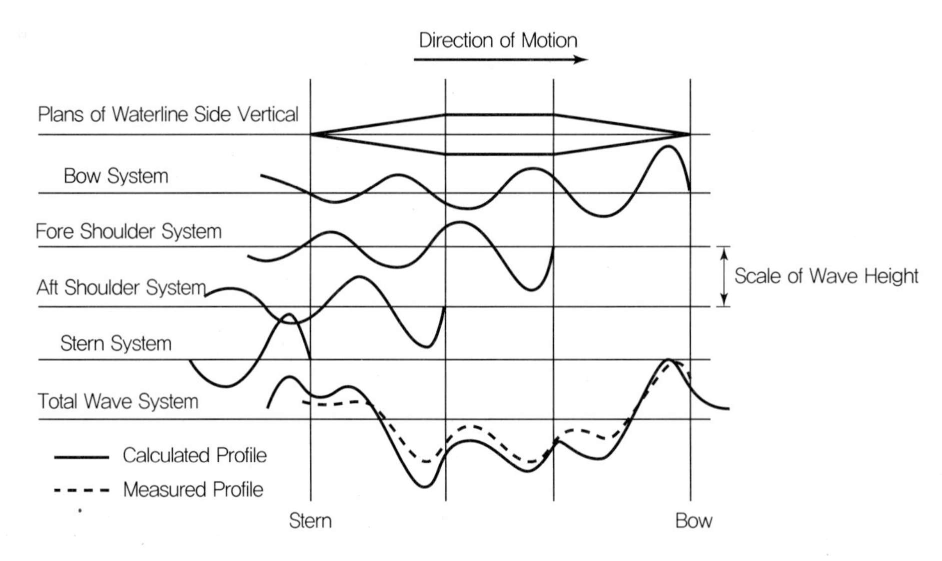

Figure 3.14 파계의 성분 (PNA, 1988)

1) 선수부의 고압영역에서 발생하며 파정(crest)으로 시작하는 선수파계(bow wave)
2) 선수부와 중앙부 사이의 저압영역에서 발생하는 앞 어깨파계(forward shoulder wave)
3) 중앙부의 저압영역과 선미부의 고압영역 사이에서 발생하는 뒤 어깨파계(after shoulder

41 E.V. Lewis, Editor, Principles of Naval Architecture Second Revision(PNA), Vol III, Resistance, Propulsion and Vibration, 1988.

wave)

4) 선미부에서의 압력구배 증가와 속도 감소로 인해 발생하는 선미파계(stern wave)

선수파계와 선미파계는 고정된 위치에서 발생하며 앞 어깨파계와 뒤 어깨파계는 어깨의 위치에 따라 변한다. 형성된 선미파계는 선수파계와 중첩이 되는데 이는 Fig 3.15와 같이 선미를 싱크(sink)로 보고 선수를 소스(source)로 둔 파계의 간섭으로 설명이 가능하다. 정확히는 싱크와 소스가 선체의 선미, 선수에 위치하는 것이 아니고 소스가 있으면 밀어내는 효과 때문에 소스는 선수보다 약간 뒤쪽, 싱크는 선미보다 약간 앞쪽에 위치한다.

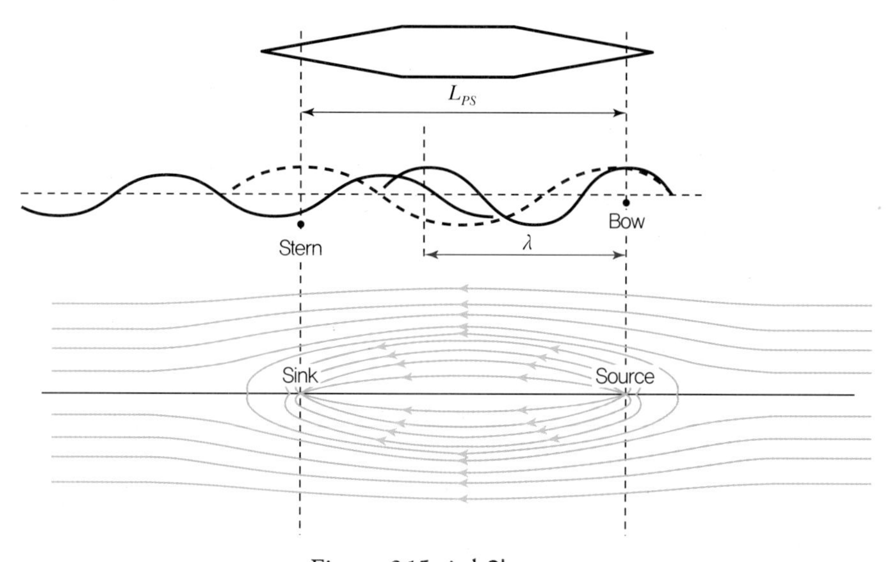

Figure 3.15 sink와 source

파는 파정과 파정 또는 파저와 파저 간의 중첩을 통해 wave 진폭이 증가하여 조파저항이 증가하거나 파정과 파저 사이의 감쇄효과로 조파저항이 감소하는 효과를 얻을 수 있다. 전자와 같이 보강간섭으로 조파저항의 증가가 Fig 3.16과 같은 저항곡선에서 상승점(hump)으로 나타나며 후자와 같이 상쇄간섭으로 조파저항의 감소는 감쇄점(hollow)으로 나타난다.

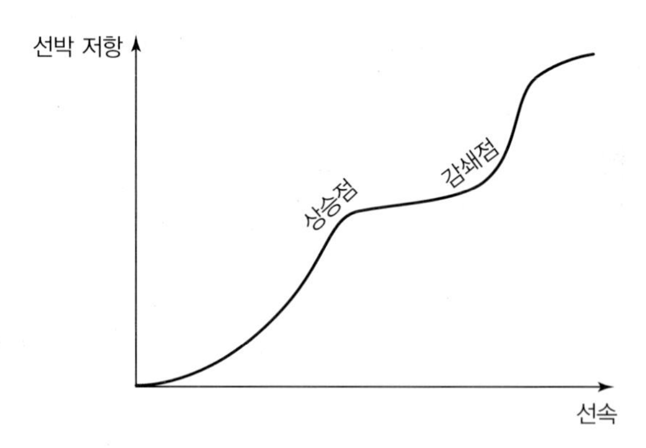

Figure 3.16 **선박저항곡선에서 상승점과 감쇄점**

그렇다면 상승점과 감쇄점이 나타나는 속도는 어떻게 계산할까. 선수파계와 선미파계의 해석에 기초하여 Fig 3.15와 같이 L_{PS}를 압력점 사이의 간격(pressure source distance)으로 보고 파정과 파정(또는 파저와 파저) 사이를 파장 λ라고 정의하자. 상승점이 되려면 선수파가 선체를 타고 지나가 선수파의 파저가 선미파의 파저와 동일 지점에 왔을 때로 다음을 만족해야 한다.

$$\frac{\lambda}{L_{PS}} = \frac{2}{1}, \frac{2}{3}, \frac{2}{5}, \frac{2}{7}, \cdots$$

감쇄점이 되려면 선수파의 파정이 선미파의 파저와 동일 지점에 왔을 때로 다음을 만족해야 한다.

$$\frac{\lambda}{L_{PS}} = 1, \frac{1}{2}, \frac{1}{3}, \frac{1}{4}, \cdots$$

통상 $L_{PS} = k \times L_{BP}$로 k는 선박의 비대한 정도에 따라 보통 0.80~0.95 사이의 값이다. 선박의 프루드 수 $Fr = \frac{V}{\sqrt{g \cdot L_{BP}}}$를 속도에 관해 다시 정리해보면 다음과 같이 쓸 수 있는데

$$V^2 = Fr^2 g L_{BP} = Fr^2 g \frac{L_{PS}}{k}$$

파장 $\lambda = \frac{2\pi V^2}{g}$에 위 식을 대입하면 $\lambda = \frac{2\pi V^2}{g} = \frac{2\pi}{g} Fr^2 g \frac{L_{PS}}{k} = 2\pi Fr^2 \frac{L_{PS}}{k}$이므로 이에 해당하는 프루드 수는 다음과 같이 쓸 수 있다.

$$Fr = \sqrt{\frac{k}{2\pi}} \sqrt{\frac{\lambda}{L_{PS}}}$$

위 식에 상승점과 감쇄점이 되는 배수 $\frac{\lambda}{L_{PS}}$와 k를 대입하면 상승점과 감쇄점이 일어나는 속도 및 프루드 수를 알 수 있다. 이를 이용하여 선박이 주로 운항하는 설계속도에서는 상승점을 피하도록 설계하는 것이 좋다. 피치 못할 때는 부가물을 장착하거나 배수량의 배치를 달리하여 파계의 간섭을 바꿔 이를 피할 수 있다.

3.4 부가물에 의한 저항

실제 선박에는 선체에 각종 부가물이 붙여지는데 부가물 저항은 선박의 종류나 부가물의 종류에 따라서 총 저항의 8~25% 정도를 차지하므로 무시할 수 없다. 부가물은 유동의 흐름에 큰 영향을 받는데 유동방향과 평행하게 놓이면 비교적 작은 저항이 걸리지만 유동방향에 평행하지 않으면 큰 저항이 나타난다. 그렇다면 이러한 부가물들은 대략 총 저항 대비 어느 정도의 저항을 가지며 실선 저항을 추정할 때는 어떤 점에 유의해야 하는가? PNA(Principles of Naval Architecture)에 따르면 알몸선체 저항의 백분율로 나타낸 부가물 저항은 아래 표와 같다.

Table 3.1 **알몸선체 저항의 백분율로 나타낸 부가물 저항**(PNA, 1988)

항 목	알몸 선체 저항의 백분율
빌지 킬(bilge keel)	1~3
보싱(bossing)	선체 마찰저항의 5~9%
스트럿(strut)	선체 마찰저항의 6~9%

빌지 킬은 Fig 3.17과 같이 선저 만곡부 외판에 직각에 가깝도록 장착되어 선체 길이방향으로 길게 붙이는 부착물로 선박의 횡동요를 감쇠시켜 주는 부가물로서, 유동의 흐름과 평행하게 장착되어 있어 저항이 크지 않다. 러더는 보통 프로펠러 뒤에 장착되어 선박이 원하는 방향으

로 갈 수 있도록 조절해주는 장치로 직진할 때는 유동의 흐름방향과 평행하게 놓이므로 저항이 크진 않으나 타각이 커지면 타에 걸리는 양력이 증가하여 회전 모멘트로 배를 선회시킨다. 핀 안정기(fin stabilizer)는 Fig 3.17과 같이 배 양쪽에 비행기 날개모양으로 장착되어 날개의 움직임에 의해 발생하는 양력을 이용하여 횡동요를 감쇠시키는 부가물이다. 사용하지 않을 때는 선내로 접어 넣을 수 있어 외부 손상의 위험을 줄일 수 있으며 이때의 저항은 0이라 볼 수 있다. 축 및 브래킷(bracket), 보싱은 프로펠러를 지지하는 부가물로 비교적 유동의 흐름방향에 평행이지만 뭉툭한 형상의 부가물이기 때문에 유동의 박리현상으로 비교적 큰 저항이 걸리는 부가물이다.

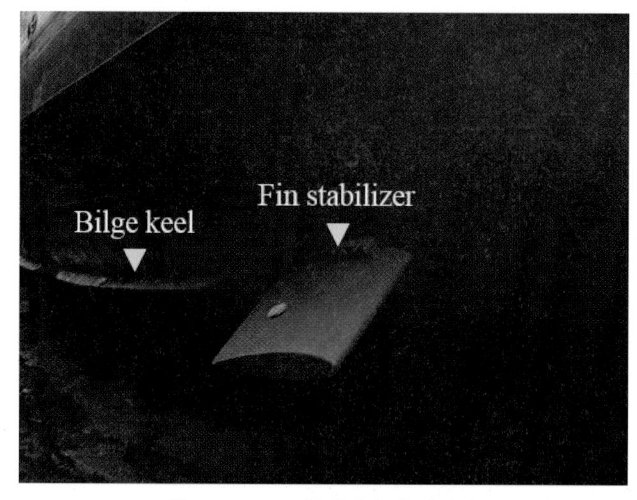

Figure 3.17 **빌지킬과 핀 안정기**

(자료제공 : Wikimedia, 사진촬영 : Templar52)

그렇다면 부가물들은 저항에 어떤 영향을 미치고 실선으로의 확장에서 유의점은 무엇일까. 먼저 알아두어야 할 것은 모형선 주위의 유동은 실선에 비해 작은 레이놀즈 수의 유동이므로 모형선은 층류에 가까운 난류유동이고 실선 주위 유동은 높은 레이놀즈 수의 난류유동이라는 점이다. 이로 인해 마찰저항 곡선에 따르면 층류에서 더 큰 마찰저항계수를 가지므로 실선 확장 시 유의해야 한다. 또한 같은 이유로 박리저항(separation resistance)은 층류에서 저항이 훨씬 크게 걸리므로 모형선의 부가물 저항이 훨씬 크게 계측된다. 따라서 실선 확장 시 이를 고려하여 부가물 저항을 추정해야 한다.

압력구배의 영향도 실선 확장에서 주의해야 하는데 실선의 상대적 경계층 두께는 모형선의 그것에 비해 작아서 Fig 3.18과 같이 선체에서 튀어나온 부가물(빨간색 빗금 부분)은 난류가 아닌 층류 속에 놓일 수 있기 때문에 때에 따라 저항의 크기가 달라질 수 있다.

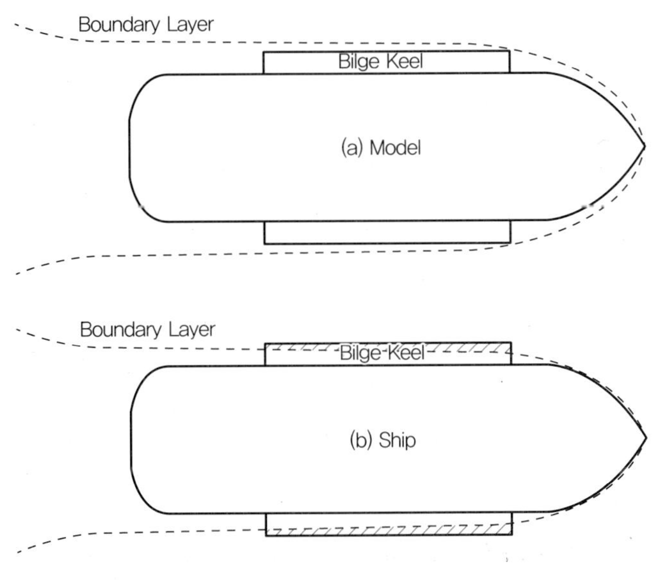

Figure 3.18 **모형선과 실선에서의 경계층**

3.5 기타 저항에 영향을 미치는 요소들

부착생물에 의한 영향과 공기저항에 의한 영향은 이전에는 중요하지 않았으나 최근에는 크게 주목받고 있다. 선박이 항구에 장기간 정박하면 선체나 프로펠러에 따개비 등이 달라붙어 저항을 증가시키고 추력을 감소시킨다. 이들은 점진적으로 그 양이 늘게 되어 매달 마찰저항계수가 2~4% 정도 증가한다고 한다. 또한 해양생물 부착으로 인한 연료 소모는 최대 40%까지 증가하는 것으로 보고되고 있다.[42] 때문에 anti-fouling 효과를 위해 선체 표면에 특수 도료를 발라 부착생물들에 의한 영향을 줄이려고 노력하고 있지만 완벽히 방지하는 데 한계가 있으므로 주기적으로 선저와 프로펠러를 청소해주어야 한다.

---

42 M. A. Champ, A Review of Organotin Regulatory Strategies, Pending actions, Related Costs and Benefits, Science of the Total Environment, Vol 258, Issue 1-2, page 21-71, 2000.

또한 수면 위 선박의 형상을 유선형으로 건조하여 공기저항을 최소화하려고 설계하고 있으나 악천후에서는 큰 영향을 받게 된다. 즉 거친 파도와 동반된 풍력은 선박의 침로 유지 및 동력에 치명적인 영향을 끼치는 등 선박 동력에 많은 영향을 끼친다. 때문에 선박에 대한 풍동시험을 수행하여 풍속으로 인한 속도 손실에 대한 데이터를 획득하여 사용하고 있는데 대표적인 예가 보퍼트의 풍력 단계이다. Fig 3.19는 보퍼트 풍력 단계에 대한 선속 감속률을 보여준다.

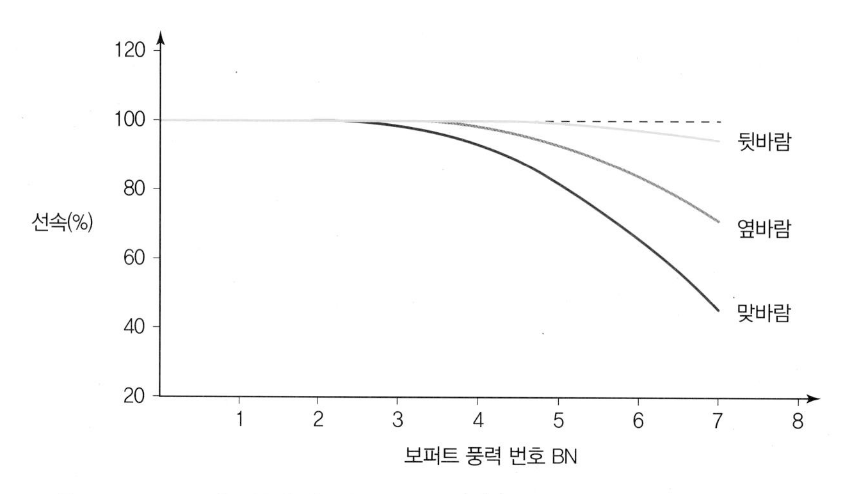

Figure 3.19 **보퍼트 풍력 번호에 따른 선속 (%)** (A. F. Molland et al., 2015)

이상에서 살펴본 요소 외에도 거칠기에 의한 영향(약 5~10%) 등을 바람과 파도에 의한 영향(20%)을 고려하여 전체 여유동력은 25~30% 정도로 정하게 되는데 이에 관한 정밀한 연구가 점점 중요해지고 있다.

CHAPTER 4

모형시험 결과를 이용한 실선 저항의 추정

CHAPTER

4 모형시험 결과를 이용한 실선 저항의 추정

3장에서 선체 저항을 구성하는 성분과 그 특성을 살펴보았다면 이번 장에서는 모형선 저항 시험에서 측정한 총 저항(R_{TM})을 이용하여 실선 동력을 어떻게 추정하는지 알아보자. 실선 동력 추정 방법에는 크게 2차원 외삽법과 3차원 외삽법이 있다. 우선 2차원 외삽법은 선체의 마찰저항은 선체와 길이가 같고 표면적이 동일한 평판의 마찰저항과 같다고 가정하여 실선 동력을 추정하는 방법이다. 3차원 외삽법은 2차원 외삽법과 비슷한 방법이지만 선박의 3차원 형상 영향을 보정하여 주는 형상계수 개념을 도입하여 실선 동력을 추정하는 방법이다. ITTC는 여러 시험 기관의 해석 기법을 조사하여 표준화된 동력 추정 방법을 제안하였고 이는 '1978 ITTC 성능 예측법'으로 알려져 있다.

4.1 2차원 외삽법

앞서 1장에서 '기하학적으로 상사를 이루는 실선과 모형선의 속도가 축척비의 제곱근에 비례하면 잉여저항은 축척비의 세제곱에 비례한다'는 W. Froude의 비교법칙을 언급하였었다. 우선 2차원 외삽법으로 알려진 Froude의 접근법을 살펴보자. Froude는 실선과 모형선의 속도비가 축척비의 제곱근에 비례한다면 수면에 상사관계가 성립하는 파형이 만들어지는 것을 관측했다. Froude 접근법에서는 모형선을 실선이 만드는 파형과 상사관계가 성립하는 예인속도 V_M으로 예인하며 총 저항 R_{TM}를 구한다. 여기서 아래첨자 M은 모형선(model)을 의미한다. 모형시험과 동력 추정은 차원해석을 바탕으로 하기 때문에 총 저항은 다음과 같이 총 저항 계수인 C_{TM}으로 무차원한다.

$$C_{TM} = \frac{R_{TM}}{\frac{1}{2}\rho_M V_M^2 S_M}$$

Froude는 총 저항계수 C_{TM}을 아래와 같이 마찰저항계수 C_{FM}과 잉여저항계수 C_{RM}으로 구성된다고 가정하였다.

$$C_{TM} = C_{FM} + C_{RM}$$

이때 2차원 외삽법에서 C_{FM}은 모형선과 길이와 표면적이 같은 평판의 마찰저항계수임에 유의하여야 한다. W. Froude는 예인수조에서 다양한 크기의 매끄러운 평판을 예인하면서 마찰저항을 계측하였고 그의 아들 R. E. Froude는 실험 결과를 다음과 같은 경험식으로 나타내었다.[43]

$$R_F = f \cdot S \cdot V^{1.825} = \frac{\rho g \lambda}{1,000} \cdot S \cdot V^{1.825}$$

여기서 계수 f는 표면의 형태와 길이에 영향을 받는 마찰계수이고, λ는 저항계수로서 Le Besnerais에 의해 다음과 같이 정리되었다.

$$\lambda = 0.1392 + \frac{0.258}{2.68 + L}$$

(여기서, L은 배의 길이(m))

이를 근거로 R. E. Froude의 평판마찰공식을 레이놀즈 함수로 나타내고 다음과 같이 차원을 가진 속도의 함수로 정리할 수 있다.

$$C_F = \frac{R_F}{\frac{1}{2}\rho V^2 S} = 0.002\lambda g V^{-0.175}$$

위 식은 ITTC에 의해 채택되어 20세기 중반까지 사용되었다.

한편, C_{RM}은 모형시험에서 구한 총 저항계수에서 평판의 마찰저항계수를 뺀 값으로 모형선-실선의 프루드 수가 같을 때 Froude 법칙에 의하여 모형선과 실선의 잉여저항계수는 같다

43 R. E. Froude, On the Constant System of Notation of Results of Experiments on Models Used at the Admiralty Experiments Works, INA, 1888.

고 가정한다. 잉여저항은 주로 조파저항으로 구성되어 있고, 3장에서 다룬 여러 저항성분들이 일부 포함되어 있다.

$$C_{RM} = C_{RS}$$

이후 실선의 마찰저항계수와 잉여저항계수의 합으로 실선의 총 저항을 구하고 유효동력을 추정한다.

$$C_{TS} = C_{FS} + C_{RS} = C_{FS} + (C_{TM} - C_{FM})$$

$$R_{TS} = \frac{1}{2}\rho_S V_S^2 S_S C_{TS}, \quad P_E = R_{TS} V_S$$

한편 Froude 법을 기준으로 평판의 마찰저항공식이 발전하면서 2차원 외삽법도 크게 발전하였다. Blasius(1908)[44]와 Prandtl(1921)[45]은 이론과 실험치에 대한 근거로 각각 층류와 난류 마찰공식을 수립하였고 Schoenherr(1932)[46]는 다양한 평판실험 결과를 모아 레이놀즈 수에 대한 마찰저항계수 C_F를 그래프로 도시하였다. 그는 마찰저항공식을 합리적인 물리법칙에 따라 표현하기 위해 Prandtl과 von Karman의 이론식에 비추어 표현하고자 했다.

$$\frac{A}{\sqrt{C_F}} = \log_{10}(Re \times C_F) + M$$

Schhoenherr는 위 식에서 M을 0으로 두고 A를 0.242로 두었을 때 실험값과 가장 근접하는 것을 확인하였고 마침내 다음과 같은 식에 도달했다.

$$\frac{0.242}{\sqrt{C_F}} = \log_{10}(Re \times C_F)$$

---

44 H. Blasius, Grenzschihten in Flussigkeiten Mit Kleniner Reibung, Zeitschrift Fur Mathematic Und Physik, band 56, 1908.

45 L. Prandtl, Ergebnisse Der Aerodynamicschen Versuchsanstalt Zu Gottingen, Abhandlungen Aus Dem Aerodynamicschen Institut, Vol 3, 1921.

46 K. E. Schoenherr, Resistance of Flat Surfaces Moving through a Fluid, SNAME Trans, Vol 40, 1932.

1946년 미국수조회의(American Towing Tank Conference, ATTC)는 표면마찰의 계산과 모형시험 결과를 실선으로 확장하는 방법의 정립을 위해 Schoenherr의 곡선을 '1947 ATTC 곡선'으로 명명하고 당시 선박 건조 실적을 고려하여 Schoenherr의 곡선을 통해 얻어진 값에 +0.0004의 여윳값을 추가하였다. 그러나 Schhoenherr의 곡선은 기존의 여러 실험 결과들 사이의 기하학적 상사관계를 고려할 수 없었으며, Froude의 평판실험곡선에는 평판의 종횡비의 영향이나 앞날의 기하학적 형상의 영향이 포함되어 있어 완전한 2차원 평판의 마찰저항으로 보기 어려웠다.

Hughes는 평판의 종횡비를 넓은 범위에 걸쳐 변화시켜 종횡비가 무한한 경우를 외삽법으로 추정하였고 다음과 같이 2차원 유동의 표면마찰저항공식을 제안하였다.

$$C_{FO} = \frac{0.066}{(\log_{10} Re - 2.03)^2}$$

1957년에는 ITTC가 마찰저항계수 공식을 추정하는 데 다음 식을 사용하도록 권고하였다.[47] 이 식은 'ITTC 1957 모형선-실선 상관곡선(ITTC 1957 model-ship correlation line)'이라 하는데, 사실상 Hughes의 평판마찰저항곡선에 선체의 3차원 형상을 고려해 12%를 증가시킨 값과 동일하다. 이후에 다룰 3차원 외삽법은 이러한 보정치를 더욱 적극적으로 이용하는 방식이다.

$$C_F = \frac{R_F}{\frac{1}{2}\rho V^2 S} = \frac{0.075}{(\log_{10} Re - 2)^2}$$

이 식의 값은 평판이나 곡면의 마찰저항을 직접적으로 나타내지 않으며, 실제 공학적 목적으로 사용하기 위한 해석법을 잠정적으로 사용하는 것에 지나지 않기 때문에 마찰저항곡선이라고 명명하지 않고 모형선-실선 상관곡선이라고 부르고 있다.

---

47 ITTC, Proc. 8th ITTC, Madrid, Spain, 1957.

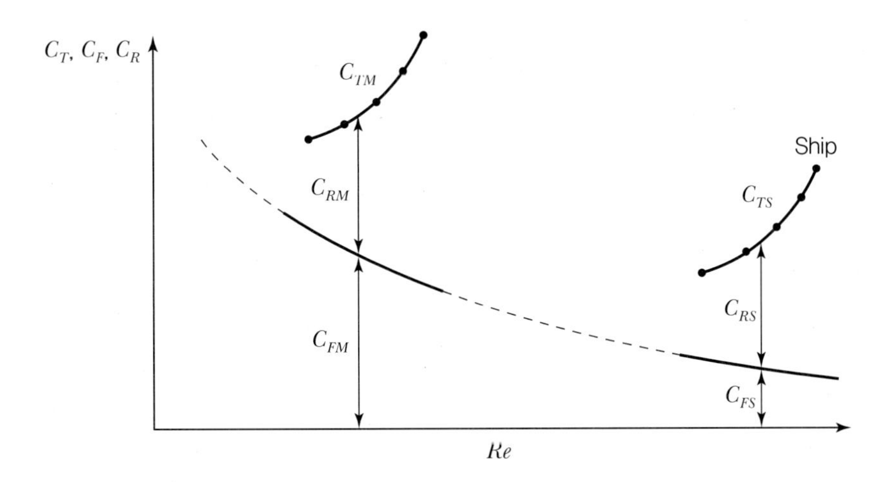

Figure 4.1 **모형선의 실선 확장 : Froude 법**

Fig 4.1은 레이놀즈 수에 따라 표시한 ITTC 1957 모형선-실선 상관곡선을 바탕으로 실선 저항을 추정하는 2차원 해석법을 도식적으로 나타낸 것이다. 모형선 레이놀즈 수가 실선에 비해 작으나 마찰저항계수는 모형선이 실선보다 큰 값을 가진다. 또한 실선의 표면 거칠기 등을 반영한 모형선-실선 상관계수 C_A를 고려하는 것이 일반적이다.

$$C_{TS} = C_{FS} + C_{RS} + C_A$$

2차원 외삽법의 한계는 잉여저항 성분에 대해 조파저항과 다른 저항 성분이 함께 포함된다는 것이다. 동일 프루드 수에 대해 C_R은 배수량에 비례한다고 Froude가 가정하였다. 이 가정은 C_R의 구성 요소 중 조파저항 성분에 적용되지만 C_R에 포함되는 점성압력(형상)저항은 레이놀즈 수에 따르므로 적용되지 않는다.

4.2 3차원 외삽법

1954년 Hughes는 영국조선학회에 발표한 논문에서 실선 확장 과정에서 형상계수(form factor)를 고려할 것을 제안하면서 총 저항계수가 점성저항계수와 조파저항계수로 구성된다고 가정하였다.[48] 다시 말해 점성저항이 평판의 마찰저항과 형상저항으로 구성된다고 본 것이다.

$$C_{TM} = (1 + k)\,C_{FM} + C_{WM} = C_{VM} + C_{WM} \quad \cdots\cdots\cdots\cdots (1)$$

이때 C_F를 구하기 위한 마찰저항공식으로 다음과 같은 식을 제안하였다.

$$C_F = \frac{R_F}{\frac{1}{2}\rho V^2 S} = \frac{0.066}{(\log_{10} Re - 2.03)^2}$$

그런데 Froude 가정에 따르면 $C_{WS} \approx C_{WM}$으로 가정할 수 있으므로 실선의 총 저항계수는 다음과 같이 구할 수 있다.

$$C_{TS} = C_{TM} - (1 + k)(C_{FM} - C_{FS})$$

그렇다면 선체의 형상에 따라 좌우되는 형상계수 k를 어떻게 구할 수 있을까. 가장 직접적인 방법으로는 선체 주위 파형과 주위 유속을 각각 계측하여 조파저항과 점성저항을 구하는 것이다. 하지만 이는 복잡한 실험을 요구하므로 실용적이지 않다는 문제가 있어, 모형시험에서의 전저항 계측에 근거한 해석법이 주로 사용된다.

첫 번째 방법은 Hughes의 이론을 따르는 것이다. Fig 4.2의 별표를 한 속도, 즉 프루드 수가 충분히 작아서 조파저항이 0에 수렴하는 속도에서는 총 저항이 거의 전부 점성저항이이라고 볼 수 있으므로 이때 모형선의 총 저항은 다음과 같이 표현할 수 있다.

$$C_{TM} = (1 + k)\,C_{FM}$$

---

48 G. Hughes, Friction and Form Resistance in Turbulent Flow and a Proposed Formulation for Use in Model and Ship Correlation, Trans. RINA, Vol 96, page 314-376, 1954.

$$(1 + k) = \frac{C_{TM}}{C_{FM}}$$

이론적으로는 위 식으로 형상계수를 구할 수 있지만 얼마나 낮은 속도에서 조파저항을 무시할 것인지에 대한 기준이 명확하지 않고 저속에서 계측한 저항값 자체가 매우 작다 보니 작은 실험 오차도 큰 비중을 차지하게 되므로 적용에 많은 어려움이 있다.

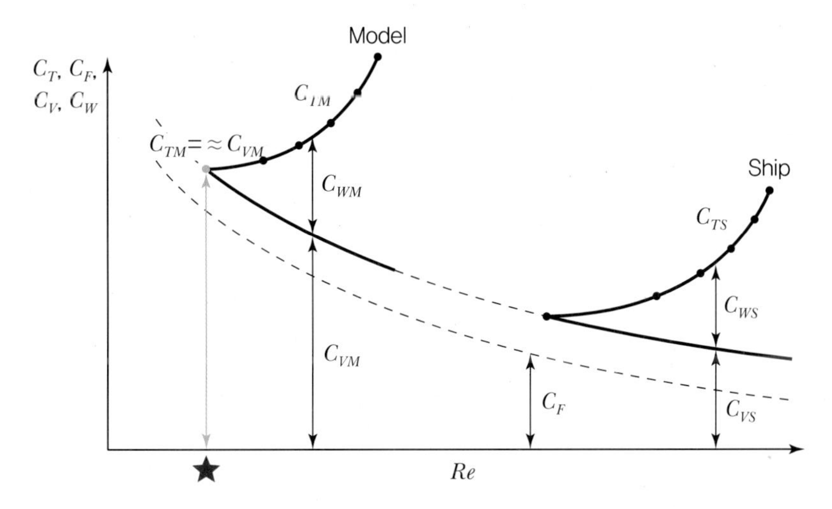

Figure 4.2 **모형선의 실선 확장 : 형상계수 유도방법 첫 번째**

두 번째 방법은 Prohaska 법으로 조파저항은 프루드 수를 사용하여 Fr^n 으로 간단히 표시할 수 있다고 가정한다. 즉, 저속일 때는 $C_W = AFr^4$ 의 관계가 있다는 조건을 사용하여 외삽하는 방법이다. 이제 식 (1)을 다시 쓰면 다음과 같이 나타낼 수 있다.[49]

$$C_T = (1 + k)\,C_F + AFr^4 \text{ (이때 } A\text{는 상수이다.)}$$

Prohaska는 이 식을 사용하여 실험결과를 다음과 같이 1차식으로 정리하였을 때, y 절편이 $(1 + k)$, 기울기가 A가 된다(Fig 4.3).

49 C. W. Prohaska, A Simple Method for the Evaluation of the Form Factor and Low Speed Wave Resistance, Proc, 11th ITTC, 1966.

$$\frac{C_T}{C_F} = (1 + k) + A\frac{Fr^4}{C_F}$$

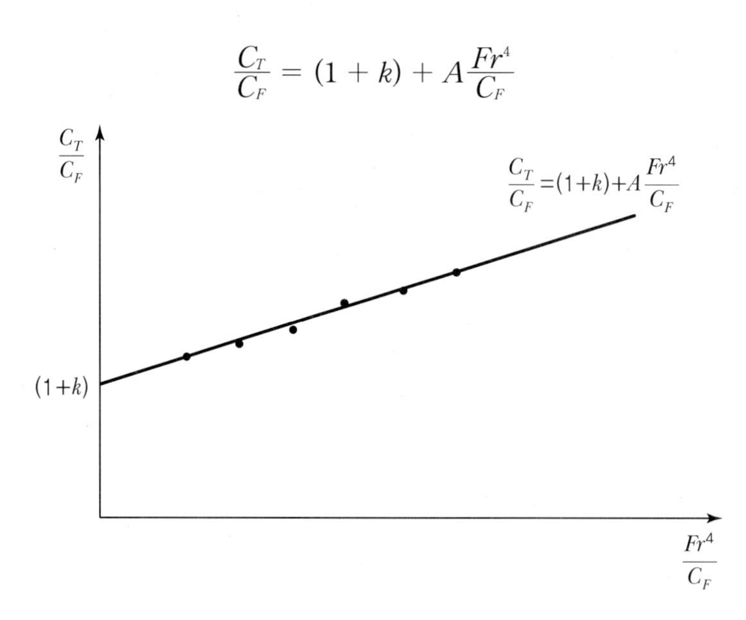

Figure 4.3 **모형선의 실선 확장 : 형상계수 유도방법 두 번째**

하지만 이 방법 또한 방형계수 C_B가 큰 선박에서는 $C_W = AFr^4$ 가정이 맞지 않아 직선이 아닌 곡선으로 주어지는 문제점이 있다. 이후 ITTC는 n을 다음과 같이 2~8 사이 정수 중 식을 가장 잘 나타내는 정수를 실험결과로부터 선정할 것을 권장하였다.

$$\frac{C_T}{C_F} = (1 + k) + \frac{AFr^n}{C_F}$$

3차원 외삽법의 한계로는 점성저항이 레이놀즈 수에만 관계된다고 가정하여 점성저항과 조파저항의 상호작용을 무시한다는 점이 있다. 실제로는 선체 주위에 파형이 형성되면 그에 따라 흐름이 형성되고, 그 흐름은 점성의 영향을 받게 된다. 이러한 현상으로 인한 저항 성분은 레이놀즈 수와 프루드 수 조건의 영향을 함께 받는 물리현상에 근거하므로, 3차원 외삽법에서는 이를 제대로 다룰 수 없다. 또한 형상계수의 추정이 자의적으로 이뤄질 수 있어, 많은 경험을 바탕으로 일관성있는 형상계수 추정이 필요하다는 단점이 있다. 다만 3차원 외삽법은 현실적으로 2차원 외삽법보다 선체의 저항 성분 분리를 합리적으로 설명하고 있다는 점이 있기 때문에 최근에는 3차원 외삽법을 활용하는 경우가 많다.

4.3 Geosim series(Telfer의 방법)

총 저항이 레이놀즈 수와 프루드 수의 지배를 받는 미지의 계수들로 구성된다고 보고 Telfer는 동일 선형을 축척비가 다른 다수의 모형으로 저항시험을 수행하였다. Fig 4.4의 점선은 동일한 프루드 수에서 실험한 크기가 다른 모형선들의 데이터를 이은 것이다.

$$\frac{V_A}{\sqrt{gL_A}} = \frac{V_B}{\sqrt{gL_B}} = \frac{V_C}{\sqrt{gL_C}} = \frac{V_S}{\sqrt{gL_S}}$$

그 결과 동일한 프루드 수에서 측정된 총저항 계수는 $\log Re$가 커질수록 줄어들고 프루드 수에 따른 저항계수곡선들은 마찰저항곡선과 대체적으로 평행한 경향을 보임을 알 수 있었다. 여기서 $Fr = 0$이라도 3차원 형상이기 때문에 평판의 마찰저항계수와 다르다는 점에 유의한다. Telfer 방법은 총 저항을 평판의 마찰저항과 잉여저항으로 분리하지 않고 직접 예측하는 방법으로 한 가지의 선형 해석에 집중하여 사용한다면 다른 방법들에 비해 해석 오차를 줄일 수 있다. 하지만 축척비가 다른 모형선을 다수 만들어야 하므로 시간과 비용이 많이 든다는 단점이 있다.[50] [51]

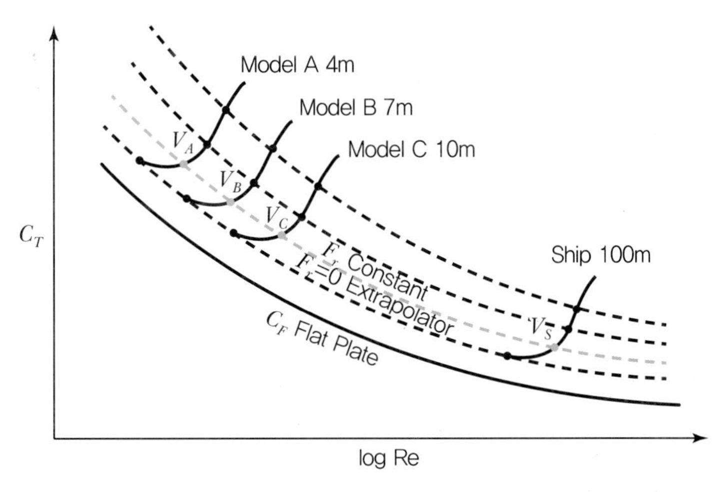

Figure 4.4 Telfer 방법

---

50 E. V. Telfer, Frictional Resistance and Ship Resistance Similarity, Transactions of the North East Coast Institution of Engineers and Shipbuilder, 1928/29.

51 E. V. Telfer, Further Ship Resistance Similarity, Transactions of the Royal Institution of Naval Architectures, Vol 93, page 205-234, 1951.

4.4 ITTC 1978 방법

1978년 ITTC는 3차원 외삽법과 Prohaska가 제안한 형상계수 결정법을 기본으로 통일된 동력 예측법을 제안하였다.[52] ITTC Recommend Procedures and Guidelines 7.5-02-03-01.4에 따르면 빌지킬이 없는 실선의 총 저항계수 C_{TS}를 다음과 같이 표현한다.

$$C_{TS} = (1 + k)C_{FS} + C_W + \Delta C_F + C_A + C_{AA}$$

이때 C_F는 ITTC 1957 모형선 실선 상관곡선을 사용한다.

$$C_F = \frac{R_F}{\frac{1}{2}\rho V^2 S} = \frac{0.075}{(\log_{10} Re - 2)^2}$$

조파저항계수 C_W은 다음 식으로 주어진다. 만약 2차원 해석법을 적용한다면 $k = 0$으로 가정한다.

$$C_W = C_{TM} - (1 + k)C_{FM}$$

거칠기 여유 ΔC_F는 Bowden-Davison 식을 사용하며 다음과 같이 주어진다.

$$\Delta C_F = [105\left(\frac{k_S}{L}\right)^{\frac{1}{3}} - 0.64] \times 10^{-3}$$

만약 거칠기를 측정할 수 있다면 Bowden-Davison 공식은 Townsin 공식으로 대체되어야 한다고 19차 ITTC 회의에서 권고한 바 있는데[53] Townsin은 Re의 영향을 포함시킨 다음의 식을 제안하였다.

---

52 ITTC, Proc. 15th ITTC, The Hague, The Netherlands, 1978.

53 ITTC, Proc. 19th ITTC, Madrid, Spain, 1990.

$$\Delta C_F = [44\{\left(\frac{k_S}{L_{WL}}\right)^{\frac{1}{3}} - 10\, Re^{-\frac{1}{3}}\} + 0.125] \times 10^{-3}$$

이 식에서 k_S는 표면 거칠기로, 측정값이 없을 경우에는 $k_S = 150 \times 10^{-6}$ m를 권장한다.

한편, 19차 ITTC에서는 위 거칠기 여유를 사용할 때 상관계수 $C_A = (5.68 - 0.6 \log Re) \times 10^{-3}$를 더할 것을 권고하여 모형선-실선 스케일 간 상관관계를 유지하도록 하였다.[54] 실선의 레이놀즈 수가 아주 큰 경우가 아니라면 일반적으로 C_A는 양수 값을 보인다.

마지막으로 C_{AA}는 공기저항계수로서 아래와 같이 사용한다.

$$C_{AA} = 0.001 \times \frac{A_T}{S}$$

(여기서, A_T는 수선 위 횡방향의 투영면적이고 S는 침수표면적이다.)

한편, 빌지킬이 있는 실선의 총 저항계수 C_{TS}는 아래와 같다.

$$C_{TS} = \left(\frac{S_S + S_{BK}}{S_S}\right)[(1+k)\,C_{FS} + \Delta C_F] + C_R + C_{AA}$$

이때 S_S, S_{BK}는 각각 실선과 빌지킬의 침수표면적이다. 이외 부가물이 추가적으로 장착되어 저항시험을 하는 경우 ITTC Recommend Procedures and Guidelines 7.5-02-03-01.4를 참고한다.

54 ITTC, ITTC-Recommended Procedures and Guidelines 1978 ITTC Performance Prediction Method, 7.5-02-03-01.4 page 1-9, 2011.

CHAPTER 5

모형선 저항시험

CHAPTER

5 모형선 저항시험

1장에서 선박의 설계단계에서 실선의 저항과 소요동력을 추정하기 위하여 예인수조에서 모형으로 저항시험, 프로펠러 단독성능시험, 자항시험을 하나의 세트로 구성하여 수행한다는 것을 설명하였다. 이 3가지 실험은 각각 선체 자체의 특성, 추진기의 특성, 선체-추진기 상호작용을 확인하는 데 그 목적이 있다. 선체-추진기 상호작용을 자항시험을 통해 따로 분석하는 이유는 선체의 특성과 프로펠러의 특성이 상호작용을 일으켜 선체나 추진기의 특성이 모두 변하기 때문이다. 아무리 우수한 프로펠러일지라도 모든 선형에서 항상 우수한 것이 아니므로 선체와 프로펠러 성능과는 별도로 상호작용을 분석하여야만 최종적으로 해당 선형에 맞는 프로펠러를 선정할 수 있다.

예인수조에서 예인수조의 길이방향으로 이동할 수 있는 예인전차(towing carriage)에 모형선이나 모형 프로펠러를 달고 예인하며 실험을 수행한다. 저항시험은 부가물이 붙지 않은 알몸선체(bare hull)의 모형을 프로펠러 없이 일정 속도로 끌면서 선체에 걸리는 저항과 항주 자세의 변화를 계측하는 실험이다. 계측된 모형선 저항으로부터 실선의 저항을 추정하여 실선 유효동력을 추정한다. 프로펠러 단독성능시험은 균일한 유동 중에서 작동하는 프로펠러 모형의 성능을 측정하여 설계값과의 차이를 규명하고 실선 프로펠러의 성능을 추정한다. 프로펠러를 일정한 회전수로 돌려주면서 전진할 때 계측된 추력과 토크로부터 프로펠러 단독효율을 추정한다. 이후 모형선에 프로펠러를 설치 및 구동시키고 예인하여 자항시험을 수행하면 선체와 프로펠러 사이의 상호작용을 밝힐 수 있어서 실선의 추진성능 추정의 근거로 사용할 수 있게 된다.

같은 모형선과 추진기를 사용하더라도 모형시험 결과와 선박성능 추정 결과는 각 기관마다 조금씩 다르게 나타난다. 그 이유는 기관별 예인 수조의 크기, 연간 수온 변화, 계측 장비와 실험 절차의 차이가 있기 때문이며 결과 해석에서도 2차원, 3차원 해석법의 적용 등의 차이가 있기 때문이다. ITTC에서는 이러한 차이를 고려하여 기관별 차이 없이 균일한 실험 계측과 해석 결과가 얻어지도록 실험 권장기준(recommendation)을 제정하였으나 각 기관들의 예인수조 시설의 상황에 맞는 변형을 허용하고 있다.

저항시험은 복잡하고 어려운 시험은 아니지만 결과의 정확도가 굉장히 중요한 시험이다. 정확도에 영향을 주는 요인으로는 제작 오차로 인한 실선과 모형선 사이의 기하학적 형상 오차, 저항계측시스템의 교정시험(calibration) 오차, 모형선 예인 속도의 정확도 등 다양한 요소가 있기 때문에 실험에서 발생할 수 있는 오차들을 사전에 고려해야 한다.

이번 장에서는 저항시험을 계획하고 결과 해석을 위해 모형과 실선 사이의 상사 관계를 이해하며 차원해석으로부터 저항시험이 실제로 실선의 성능과 어떤 관계인지를 알아보고 이후 계측된 값을 다양한 방법을 이용하여 실선 추정값으로 확장해보겠다.

5.1 상사성(similarity)

설계단계에서 실선의 저항을 알아보려면 실선과 같은 크기의 모형시험으로 실험하는 것보다 정확한 것은 없다. 하지만 모형선 한 척을 만드는 데는 많은 돈과 시간이 소요되고 이를 시험할 장소 또한 제한적이다. 따라서 선체, 프로펠러, 타의 형상을 계속해서 바꾸어가며 우수한 것을 찾아야 하는 설계단계의 특성을 고려했을 때 처음부터 실선 규모의 모형선을 건조하여 그 성능을 평가할 수는 없다. 때문에 일정한 축척비의 모형선으로 모형시험을 수행하게 되는데, 실험의 설계에서는 상사성을 우선 고려해야 한다.

상사성은 크게 기하학적 상사(geometric similarity), 운동학적 상사(kinematic similarity), 동역학적 상사(dynamic similarity)로 나뉜다. 기하학적 상사란 실선과 모형선 형상이 전체적으로 같은 비율로 축소되어 형상의 상사관계가 성립한다는 것을 뜻한다. 예를 들어 길이가 100m이고 폭이 10m인 실선의 기하학적 상사 모형선을 제작할 때 길이가 5m인 모형선이라면 폭은 당연히 0.5m가 된다. 즉, 모형선을 제작할 때 특정 치수만을 축소하는 것이 아니라 모든 기하학적 치수 비가 일정할 경우를 가리켜 '기하학적 상사하다'고 말한다.

$$\frac{L_M}{L_S} = \frac{B_M}{B_S} = \frac{T_M}{T_S} = \lambda = \text{일정}$$

(여기서, 아래첨자 S, M 은 실선과 모형선을 뜻하고

L, B, T 는 각각 길이, 폭, 흘수를 나타낸다.)

하지만 실선에 붙여지는 작은 부가물이나 표면 거칠기와 같이 축척비에 맞추어 모형선에 표현하는 것은 사실상 불가능하다. 그러므로 모형시험 결과를 실선으로 확장할 때 이러한 차이까지 고려해주어야 한다.

운동학적 상사란 공간[L] 차원의 기하학적 상사관계를 만족하면서 동시에 시간[T] 차원의 상사관계도 만족한다는 것을 의미한다. 쉽게 말해 속도에 대한 상사이다. 다시 말해 실선과 모형선에 대응되는 점의 속도비가 일정하다는 뜻으로 Fig 5.1과 같이 실선과 모형선의 중점을 좌표계 원점에 놓았을 경우 x축 방향으로 이동하는 속도의 비와 y축 방향으로 이동하는 속도의 비, z축 방향으로 이동하는 속도의 비는 각각 같아야 한다는 것이다. 반대로, 유체의 운동속도 또한 실선과 모형선의 상사관계를 충족하여야 한다.

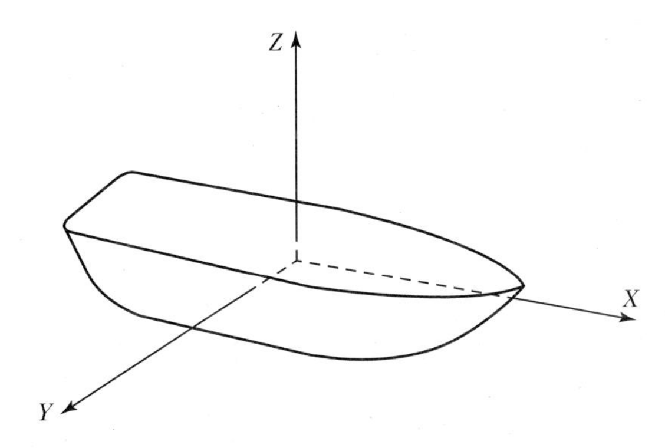

Figure 5.1 **선박의 좌표계 설정**

$$\frac{(V_X)_M}{(V_X)_S} = \frac{(V_Y)_M}{(V_Y)_S} = \frac{(V_Z)_M}{(V_Z)_S} = \text{일정}$$

(여기서, V 는 속력이고 아래첨자 X, Y, Z 는 축 방향이다.)

하지만 실선이 바다 위를 운동할 때는 조류, 파도, 해풍 등 자연적 요인으로 완전한 정수 상태가 될 수 없다. 그러므로 모형시험은 실선이 정수 중에서 움직인다는 가정하에 수행하며 모형시험 결과 검증을 위한 실선 시운전도 가능한 한 해상 상태가 좋을 때 수행하여 모형시험으로부터 추정한 결과를 검증한다.

동역학적 상사란 실선과 모형선의 중점을 좌표계 원점에 놓았을 때, 작용하는 힘들의 방향이 같고 그 크기의 비가 같아지는 상사관계를 말한다.

$$\frac{(F_X)_M}{(F_X)_S} = \frac{(F_Y)_M}{(F_Y)_S} = \frac{(F_Z)_M}{(F_Z)_S} = \text{일정}$$

(여기서, F는 힘을 나타낸다.)

위 세 가지 상사관계를 종합하면 기하학적 조건을 우선 만족하여야 운동학적 상사를 말할 수 있고, 이 두 조건을 만족하면 대부분의 경우 동역학적 상사관계는 자동적으로 만족한다.

5.2 차원 해석

모형시험을 하는 기관의 예인수조 크기는 서로 다르므로 모형시험에 사용하는 모형의 크기도 각기 다르다. 모형선의 크기는 예인수조의 크기에 영향을 받기 때문이다. 일반적으로 모형선의 크기에 따라 저항의 크기가 달라지므로 기관별 계측값을 직접 비교하는 것은 적절하지 않다. 그러므로 계측값을 비교할 수 있게 하려고 차원해석을 하여 무차원화한다. 여기서 '무차원'이란 어떤 데이터를 관련된 변수들로 조합하여 차원이 없는 값으로 나타내는 것을 의미한다. '차원해석'이란 차원을 같게 하여 해석하는 것으로 이러한 차원해석으로 물리적 스케일이 다른 실선과 모형선의 저항을 비교할 수 있게 된다. 뿐만 아니라 다른 기관에서 수행한 다른 크기의 모형선의 계측값과도 비교가 가능하게 되었다. 또 적절한 차원해석으로 계측 결과를 무차원 양으로 나타내면 실험 횟수를 최소화할 수 있다. 그렇다면 이러한 변수들의 조합은 어떻게 구하는 것일까?

1914년 Buckingham은 무차원화하는 방법을 제시하며 문자 Π를 사용했는데, 이를 계기로 'Buckingham의 pi 정리'라고 하게 되었다[55]. Buckingham의 pi 정리는 의존 변수가 M개이고 독립 변수가 N개이면 무차원 변수는 M−N개가 된다는 것이다. 여기서는 선박의 모형시험을 예로 살펴보면 선박의 저항 R은 기본적으로 선박의 길이 L, 선박의 속도 U, 중력가속도 g의 영향을 받으며 물의 밀도 ρ와 동점성계수 μ의 영향도 고려해야 한다. 따라서 저항 R은 아래와 같은 함수의 형태로 쓸 수 있다.

$$R = f(L, U, g, \rho, \mu)$$

위 식에 포함된 각각의 물리량은 독립변수인 길이 L과 시간 T, 그리고 질량 M 차원을 사용하여 $\frac{ML}{T^2}$, L, $\frac{L}{T}$, $\frac{L}{T^2}$, $\frac{M}{L^3}$, $\frac{M}{LT}$로 나타낼 수 있다. Buckingham의 pi 정리에 따르면 의존변수는 6개, 독립변수는 3개이므로 무차원 개수는 3개가 된다.

반복변수를 선택하는 방법으로는 서로 다른 차원을 갖는 의존변수를 선택하거나 한 가지 독립변수를 공유하면서 서로 다른 차원을 추가한 물리량을 선택하면 되는데, 위 문제에서는 후자의 방법을 사용하여 반복변수로 L, U, ρ를 정할 수 있다.

$$L^{\alpha_1} U^{\alpha_2} \rho^{\alpha_3} R = L^{\alpha_1} \left(\frac{L}{T}\right)^{\alpha_2} \left(\frac{M}{L^3}\right)^{\alpha_3} \left(\frac{ML}{T^2}\right) = L^{\alpha_1 + \alpha_2 - 3\alpha_3 + 1} T^{-\alpha_2 - 2} M^{\alpha_3 + 1}$$

$$L^{\alpha_1} U^{\alpha_2} \rho^{\alpha_3} g = L^{\alpha_1} \left(\frac{L}{T}\right)^{\alpha_2} \left(\frac{M}{L^3}\right)^{\alpha_3} \left(\frac{L}{T^2}\right) = L^{\alpha_1 + \alpha_2 - 3\alpha_3 + 1} T^{-\alpha_2 - 2} M^{\alpha_3}$$

$$L^{\alpha_1} U^{\alpha_2} \rho^{\alpha_3} \mu = L^{\alpha_1} \left(\frac{L}{T}\right)^{\alpha_2} \left(\frac{M}{L^3}\right)^{\alpha_3} \left(\frac{M}{LT}\right) = L^{\alpha_1 + \alpha_2 - 3\alpha_3 - 1} T^{-\alpha_2 - 1} M^{\alpha_3 + 1}$$

위 식의 각각의 항이 무차원이 되려면 각각의 위 첨자 항은 0이 되어야 한다.

55 E. Buckingham, On Physically Similar Systems: Illustrations of the Use of Dimensional Equations, Physical Review, Vol 4, Issue 4, page 345-376, 1914.

R에 대한 첫 번째 식으로부터는 $\alpha_1 = -2, \alpha_2 = -2, \alpha_3 = -1$이 성립해야 하므로 $\Pi_1 = \dfrac{R}{\rho U^2 L^2}$,

g에 대한 두 번째 식으로부터는 $\alpha_1 = 1, \alpha_2 = -2, \alpha_3 = 0$이 성립해야 하므로 $\Pi_2 = \dfrac{gL}{U^2}$,

μ에 대한 세 번째 식으로부터는 $\alpha_1 = -1, \alpha_2 = -1, \alpha_3 = -1$이 성립해야 하므로 $\Pi_3 = \dfrac{\mu}{\rho UL}$ 가 얻어진다.

Π_1의 분모에서 L^2을 차원이 같은 차원의 침수표면적 S로 바꾸어 사용하면 다음과 같이 정리할 수 있다.

$$C_T = \frac{R}{\frac{1}{2}\rho U^2 S} = f\left(\frac{gL}{U^2}, \frac{\mu}{\rho UL}\right)$$

우변의 함수 안의 두 항은 조선공학에서 가장 잘 알려진 무차원 수로서 각각 프루드 수와 레이놀즈 수에 해당하며 모형시험에서는 위의 관계를 실험계획에 사용하게 된다. 이처럼 관련된 변수들만 파악하면 pi 정리를 적용하여 고려해야 하는 무차원 변수를 쉽게 찾을 수 있다. 결국 특정 현상에 영향을 주는 많은 변수 중에서 어떤 변수가 실질적인 영향을 주는 변수인지 판별하는 것이 중요하다.

프루드 수로 이름 붙여진 무차원값은 관성력/중력의 비에 해당하는 값이다.

$$Fr = \frac{V}{\sqrt{gL}} = \frac{\text{관성력}}{\text{중력}}$$

레이놀즈 수로 이름 지어진 무차원값은 관성력/점성력의 비이고 선박유체역학을 포함한 대부분의 유체역학 분야에서 가장 중요하게 다루는 무차원 수다.

$$Re = \frac{\rho UL}{\mu} = \frac{UL}{\nu} = \frac{\text{관성력}}{\text{점성력}}$$

무차원화된 R은 프루드 수와 레이놀즈 수의 함수로 나타낼 수 있으므로, 모형시험 설계 시 프루드 수와 레이놀즈 수를 동시에 만족하도록 모형시험을 계획할 수 있다면 저항계측도 무차원화가 가능할 것이다.

우선 실선과 모형선의 속도를 프루드 수를 기준으로 맞춰 주면

$$Fr_S = Fr_M \rightarrow \frac{V_S}{\sqrt{g_S L_S}} = \frac{V_M}{\sqrt{g_M L_M}}$$

(여기서, V는 속력, g는 중력가속도, L은 길이)

동시에 레이놀즈 수를 맞춰 주면

$$Re_S = Re_M \rightarrow \frac{V_S L_S}{\nu_S} = \frac{V_M L_M}{\nu_M}$$

(여기서, ν는 동점성계수(kinematic viscosity))

에서 유일한 V_S와 V_M이 구해진다.

하지만 위의 두 식을 V_S와 V_M의 속도의 비로 나타내 보면 $\frac{V_S}{V_M} = \frac{\sqrt{g_S L_S}}{\sqrt{g_M L_M}} = \frac{L_M \nu_S}{L_S \nu_M}$를 만족해야 하는데, 정리하면 다음과 같이 바꾸어 쓸 수 있다.

$$\left(\frac{L_S}{L_M}\right)^{\frac{3}{2}} = \frac{\nu_S \sqrt{g_M}}{\nu_M \sqrt{g_S}}$$

즉, 동점성계수와 중력가속도를 축척에 맞게 조절한다면 완전한 모형시험 조건을 이룰 수 있다. 하지만 모형시험은 실선과 마찬가지로 지구상에서, 물을 이용해 수행되기 때문에 실질적으로 실험에서 프루드 수와 레이놀즈 수를 모두 맞춰 주는 것은 불가능하다. 그렇다면 프루드 수와 레이놀즈 수 중에서 어떤 무차원 수를 기준으로 모형시험을 계획하는 것이 좋을까? 모형선의 레이놀즈 수를 실선의 레이놀즈 수와 같아지도록 하려면 예인수조에서 모형선을 실선보다 빠른 속도로 예인해야 한다. 그와 같이 빠른 속도로 예인하면 조파저항이 급격히 증가하면서 실선과 전혀 다른 물리적 현상이 나타날 것이다. 반면 프루드 수를 기준으로 하면 실선보다 낮

은 예인속도로 모형선을 예인하게 되므로 낮은 레이놀즈 수 조건에서 실험이 수행되지만 난류 경계층의 발달 정도에 따른 영향은 어느 정도 신뢰성이 있는 보정이 가능하고 조파저항이 실선과 같은 양상을 보인다는 장점이 있다. 때문에 프루드 수를 기준으로 모형선 선속을 우선 결정하며 레이놀즈 수는 실선과 가능한 한 가깝도록 모형선을 되도록 크게 만들어주고 난류의 영향이 충분히 반영될 수 있도록 선수부에 스터드(stud), 사포(sand grain strip), 철사(wire) 등의 난류촉진장치 등을 붙여주게 된다. 붙이는 위치는 보통 선수수선 위치로부터 수선간길이(Length Between Perpendicular, LBP) 5% 후방이 일반적이다. 다만 프루드 상사관계는 수상선에 적용되고, 잠수함이나 어뢰와 같이 수면의 영향이 나타나지 않는 상태에서 수중체를 모형시험할 때는 일반적으로 가능한 한 높은 레이놀즈 수에서 실험한다.

5.3 모형시험 전 준비

본 교재에서는 서울대학교 조선해양공학과에서 실제로 수업 중에 수행하는 실험을 기준으로 모형선 저항시험 방법을 설명한다. 실험은 Fig 5.2(a)와 같이 길이, 폭, 깊이가 각각 110m, 8m, 3.5m인 서울대학교 예인수조에서 수행하였다. Fig 5.2(b)는 소파기로 시험 이후에 수면에 남아있는 파도를 소멸시켜 다음 실험이 가능한 정수조건이 좀 더 빨리 달성되도록 한다.

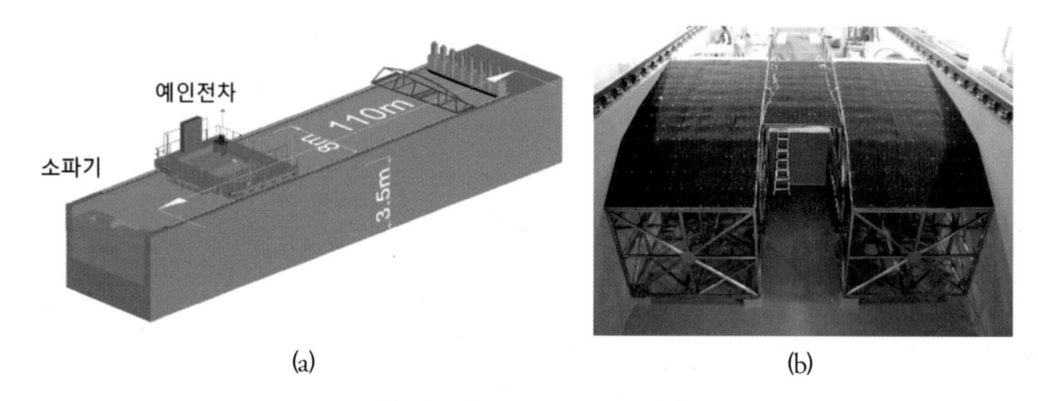

Figure 5.2 (a) 서울대학교 예인수조 전경, (b) 소파기

Fig 5.3은 서울대학교 수조의 예인전차이다. 예인수조 양쪽에는 높은 정밀도로 가공된 레일이 길이방향으로 설치되어 있어서 그 위로 예인전차가 일정한 속도로 이동한다. 최대 속도는 5m/s, 속도오차는 0.2%로 넓은 속도 범위에서 신뢰성 있는 속도를 얻을 수 있다. 예인수조 양

끝에는 비상시 예인전차가 정상적으로 정지하지 못하였을 때 강제로 정지시킬 수 있는 유압식 스토퍼(stopper)가 2개씩 총 4개가 설치되어 있다. 레일 위를 움직이는 예인전차의 핵심성능은 최대 예인속도와 정속유지 특성이다. 예인속도의 정확성과 가능한 한 긴 정속구간의 확보가 정속유지 특성을 결정한다.

Figure 5.3 서울대학교 예인전차

5.3.1 모형선

모형선 축척비는 예인수조의 크기를 고려하여 선정하는데 예인수조의 크기는 기관마다 다르므로 ITTC는 모형선의 크기를 별도로 지정하지 않는다. 다만 모형선의 크기가 너무 크면 측벽효과(blockage effect)로 인해 모형선 주위의 국부 유속이 모형선 예인속도보다 빨라지므로 마찰저항이 증가한다. 또 유속이 증가함에 따라 선체 주위 수면파의 파장도 길어지고 조파저항도 증가하므로 제한이 없는 무한수심일 때와 다른 조건이 된다. 모형선의 크기를 특별히 규정하고 있지 않으나 일반적인 상선일 경우에는 모형선에서 수조 벽면까지의 거리가 모형선의 길이 정도가 되도록 모형선의 크기를 정하는 편이다. 또 발생 파도가 수심의 영향을 받지 않도록 하기 위하여 모형선의 길이를 수심보다 작게 잡는다.

모형선의 재질은 일반적으로 특수 처리된 나무를 사용하며, 섬유강화 플라스틱(Fiber Reinforced Plastics, FRP) 등을 이용하기도 한다. 전자는 나무를 적층하여 개략적인 형상을 갖추고, 세부 형상을 깎는 방식으로 만든다. 이러한 목제 모형은 제작이 쉬운 반면 모형의 내구성이 좋지 못하다는 단점이 있어, 단기적인 저항/자항 시험에 주로 사용된다. 반면 후자는 제작비용은 많이 들지만 모형선체가 가볍고 내구성이 좋다는 장점이 있다. 어떤 재질로 모형선을 제작하든 요구되는 정밀도를 만족하면 실험 결과에는 차이가 없다.

본 실험에서 사용되는 모형선은 Fig 5.4와 같이 선박해양플랜트연구소에서 개발한 KCS 선형[56]으로 모형의 축척비가 1/57.5일 경우의 주요 제원은 Table 5.1과 같으며 선수에는 난류유동을 보장하기 위해 난류촉진장치를 부착한다. 모형선의 길이는 서울대학교 예인수조 폭을 고려하여 4m로 정하였다.

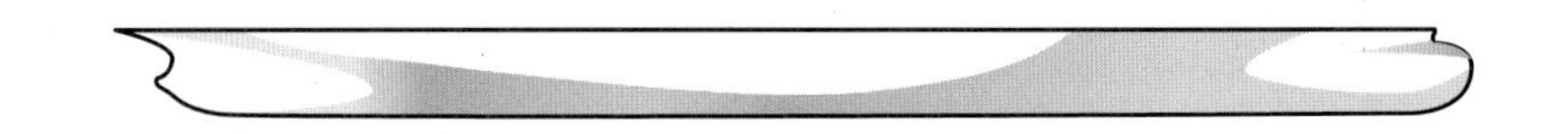

Figure 5.4 KCS 선형

Table 5.1 KCS 모형선 주요 제원

항 목	기 호	단 위	실 선	모형선
축척비	λ	-	1	1/57.5
수선 간 길이	L_{PP}	m	230	4
폭	B	m	32.2	0.56
흘수	T	m	10.8	18.8
침수 표면적	S	m^2	9,350	2.882
배수량	Δ	m^3	52,030	273.7
방형계수	C_B	-	0.651	

56 KCS 선형은 1997년 MOERI에서 연구목적으로 설계한 3600TEU급 컨테이너선 형상이다. 선형이 연구목적의 기준선형으로 채택되어 전 세계에서 사용하고 있으며 저항뿐만 아니라 조종, 내항 등 다양한 연구분야에서 사용되고 있다. 다만, 연구목적으로 설계했기에 실선은 건조되지 않아 모형시험 결과에 대한 실선 검증은 이루어지지 못하였다.

5.3.2 저항동력계

Fig 5.5에 보인 저항동력계는 선체를 예인하면서 모형선에 걸리는 저항을 계측하는 장비이다. 기존의 저항시험 계측자료를 바탕으로 해당 모형선에 어느 정도의 저항이 걸릴지 예상한 후 그에 '맞는' 용량의 저항동력계를 선택한다. 예를 들어 배수량 300kg의 모형선을 2m/s로 예인하였을 때 20N의 저항이 걸렸다는 실적 자료를 알고 있을 때 비슷한 배수량의 모형선을 같은 속력에서 실험하게 되었다고 하자. 사용 가능한 저항동력계의 용량이 100N인 것과 50N인 것 중에서 어떤 동력계를 사용하는 것이 좋을까? 이 경우 50N 용량의 저항동력계를 사용하면 계측 범위의 40%에서 사용되어 100N의 동력계보다 민감도가 높고 측정 정도가 높아지므로 유리하다.

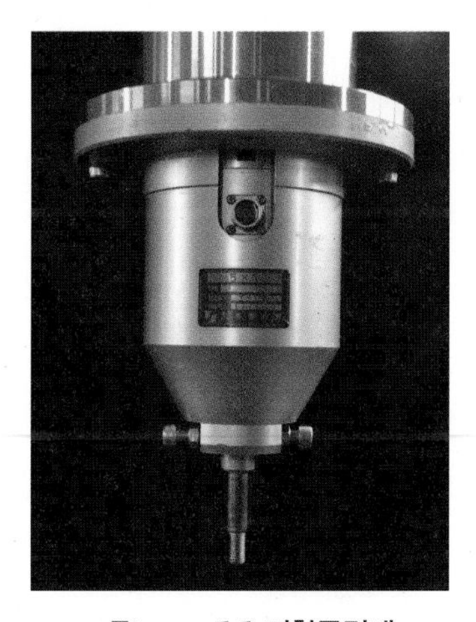

Figure 5.5 저항동력계

저항동력계 구조는 Fig 5.6과 같다. Fig 5.6(a)와 같이 힘이 걸리는 부분에 Fig 5.6(b)와 같이 스트레인게이지를 주응력 방향에 평행하게 설치한다. 스트레인게이지는 일정한 전기적 저항을 가지고 있으나 부재에 발생하는 변형에 비례하여 저항이 변화한다. 동력계의 스트레인게이지가 붙여지는 부분은 민감도를 높이기 위하여 변형이 집중되도록 설계되므로 최대 계측 범위를 넘어서는 경우 스트레인게이지와 구조물이 손상될 수 있으니 주의해야 한다.

Figure 5.6 (a) 스트레인게이지 부착 위치, (b) 인장방향으로 설치된 스트레인게이지

스트레인게이지는 구조물이 얼마나 늘어났는지를 전기저항의 변화로 계측하는 장비이므로 저항 변화가 어느 정도의 외력으로 발생되었는지를 알아야 모형에 작용하는 저항을 알 수 있다. 하중에 따른 전기저항의 변화를 알아보는 시험을 교정시험(calibration)이라고 한다. 교정시험에서 일정한 외력을 가하고 출력 신호를 측정하여 외력과 출력 신호의 관계를 알아내면 이를 사용하여 실제 모형에 작용하는 저항값을 알아낼 수 있다. 교정시험에서는 일정한 중량의 추를 사용하여 하중을 걸어준다. Fig 5.7과 같이 교정시험대의 중앙에 저항동력계를 설치하고 계측하려는 방향에 평행하게 와이어를 건 뒤 와이어 끝에 추를 올려 하중을 걸고 출력 신호를 계측한다. 추의 무게를 변화시켜가며 데이터 획득 시스템(Data Acquisition System, DAS)으로 계측하면 최대 계측 범위 안에서 하중과 출력 신호 사이의 관계가 선형으로 나오게 된다. 응답의 선형성, 동일 외력에 대한 응답의 반복성을 모두 주의 깊게 살펴야 한다.

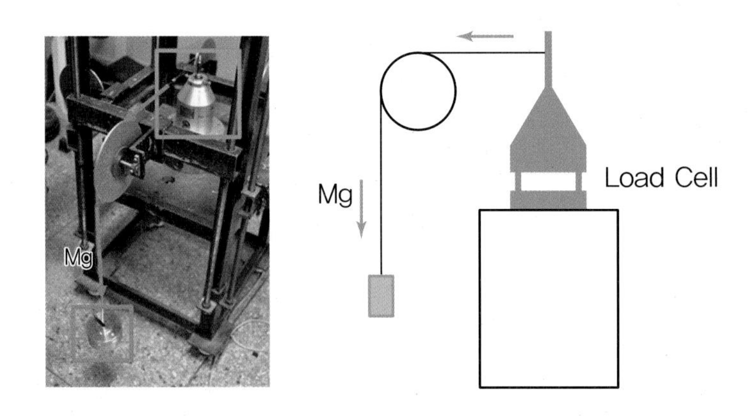

Figure 5.7 교정시험대에 장착된 저항동력계의 교정시험 원리

추 1kg 단위로 −10kg~+10kg를 계측했을 때 교정시험 결과 예시를 Fig 5.8에 나타내었다. 중력가속도는 9.81m/s²을 적용하였다. 가로축은 스트레인게이지가 계측한 전기적 신호(%)이고 세로축은 실제로 적용된 무게(N)를 의미한다. 반복 실험으로 얻는 점들로 추세선을 만들어 최종적인 교정시험 결과의 기울기를 구하는데 여기서 그 값은 1.2499로 나타났다. 이후 저항시험에서 얻어진 저항동력계의 출력 전압 신호에 교정값을 곱하면 실제로 모형선을 예인할 때 작용하는 저항을 알 수 있다.

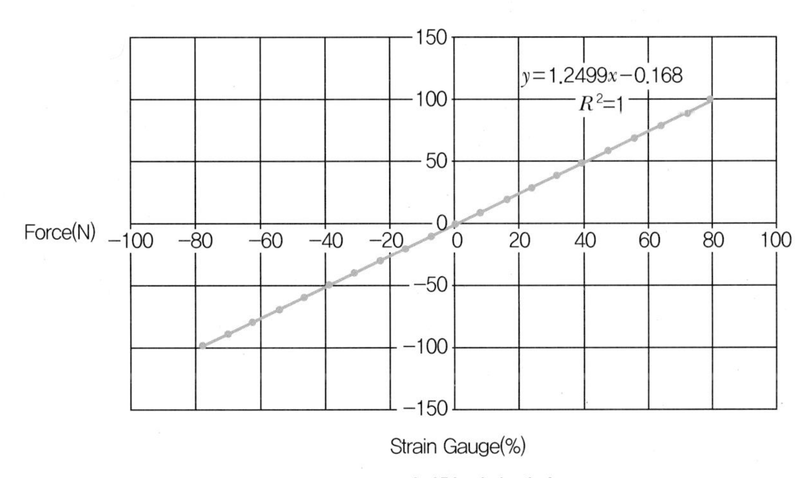

Figure 5.8 **교정시험 결과 예시**

모형선을 예인할 때 어떤 지점을 예인하는지도 저항시험을 수행하는 데 중요한 요소이다. 예인점(towing point)은 모형선의 길이방향 부심(Longitudinal Center of Buoyancy, LCB)과 추진축의 교점에 두는 것을 표준으로 한다. 예인 중인 모형선이 자유롭게 종동요(pitch), 상하동요(heave), 그리고 횡동요(roll)와 선수동요(yaw)가 일어날 수 있도록 Fig 5.9(a)와 같은 기구를 사용하는데 이해를 돕기 위해 Fig 5.9(b) 그림으로 도형화하였다. 파란색 원 부분은 저항동력계의 끝이 결합되어 예인되는 부분으로 선수 쪽에 위치하며, 빨간색 네모상자는 평형추로 기구가 수평방향으로 설치되도록 중심을 잡아준다. 녹색 원으로 표시된 부분은 모형선의 부심 위치에 설치되며 선수동요를 허용하게 된다.

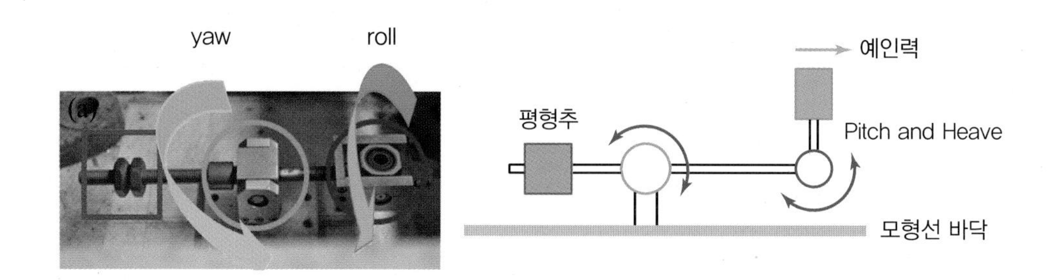

Figure 5.9 **예인봉 개념**

그렇다면 왜 종동요와 상하동요만 자유상태로 실험하였다고 하는 걸까. Fig 5.10과 같이 선박의 6자유도 운동이 모두 허용된다고 생각할 수 있지만 직진운동만 하는 저항시험에서 저항동력계는 고정 위치에 있으며 예인 방향은 일정하므로 모형선의 전후동요(surge)는 구속된다. 좌우동요(sway), 횡동요(roll), 선수동요(yaw) 운동이 발생할 수 있으나 5.3.4에서 별도로 설명하는 트림가이드에서 좌우동요와 선수동요를 구속하게 된다. 마지막으로 횡동요는 예인력의 작용선이 횡동요 중심과 일치하지 않을 뿐 아니라 트림가이드의 회전 중심 위치가 일치하지 않으면 횡동요 구속력이 발생한다. 특히 손상상태 등에서 횡동요를 허용하며 저항시험을 계획할 때는 동요 중심선 정렬을 세심하게 계획하여야 한다.

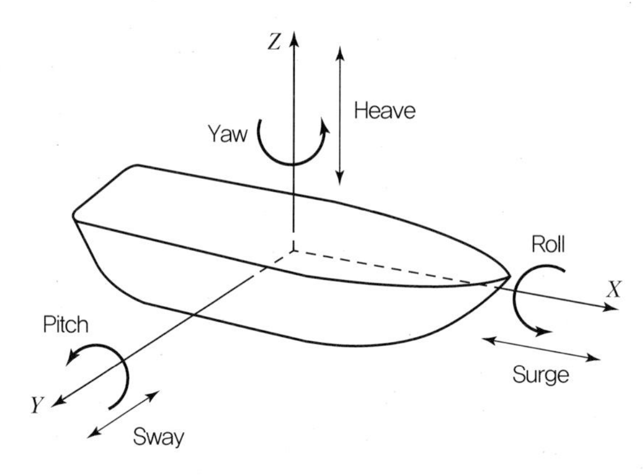

Figure 5.10 **선박의 6자유도 운동**

5.3.3 클램프(clamp)

모형선의 배수량에 비하여 저항시험에서 계측되는 저항은 매우 작은 값이다. 예를 들어 배수 중량이 3,200N 정도인 모형선으로 실험할 때 모형에 작용하는 저항의 크기는 수십 N에 지나지 않으므로 그에 적합한 계측기를 선정하게 된다. 하지만 예인시험에서 모형선을 시험속도까지 가속하거나 정지시키기 위하여 감속할 때는 저항동력계에 과도한 힘이 걸릴 수 있다. 모형선을 가 · 감속할 때 발생하는 관성력이 걸리더라도 저항동력계에 무리한 힘이 걸리지 않도록 하려면 클램프로 모형선을 잡아줄 수 있어야 한다. 클램프는 Fig 5.11과 같이 모형선의 상부 갑판에 붙여지는 구속부를 잡아주게 된다.

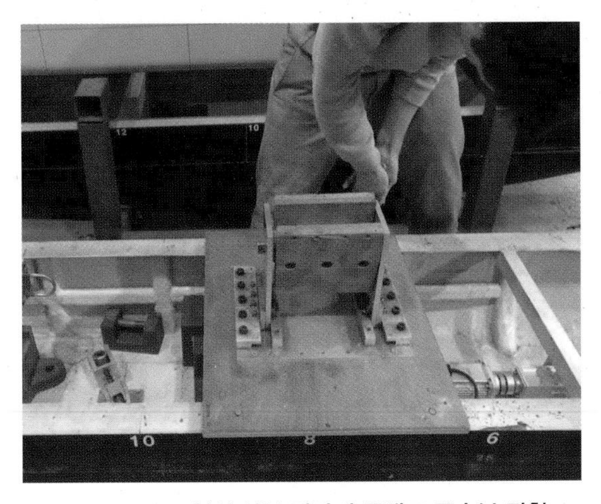

Figure 5.11 모형선 상부 갑판에 클램프 구속부 장착

클램프는 흔히 압축 공기로 구동하며 모형선을 가 · 감속할 때 잡아주고 정속 구간에 도달하면 구속을 풀어주고 저항을 계측한다. Fig 5.12에 보여준 클램프의 구속부는 모형이 횡경사를 일으킨 상태와 사항상태에서도 사용할 수 있도록 설계된 것이며 클램프를 풀어주었을 때와 구속했을 때를 보여 준다.

Figure 5.12 (a) 클램프를 푼 상태, (b) 클램프를 구속한 상태

5.3.4 트림 가이드(trim guide)

트림 가이드는 Fig 5.13과 같이 FP(Fore Perpendicular), AP(Aft Perpendicular) 위치 또는 적합한 위치에 장착하여 FP와 AP의 수직변위를 계측하는 장비로서 모형선이 항주하는 자세를 파악할 수 있다. 모형선의 FP, AP 위치에 설치할 수 없으면 다른 지점에 설치하여 수직변위를 계측하고, 이로부터 FP, AP에서의 위치 변화로 변환할 수도 있다.

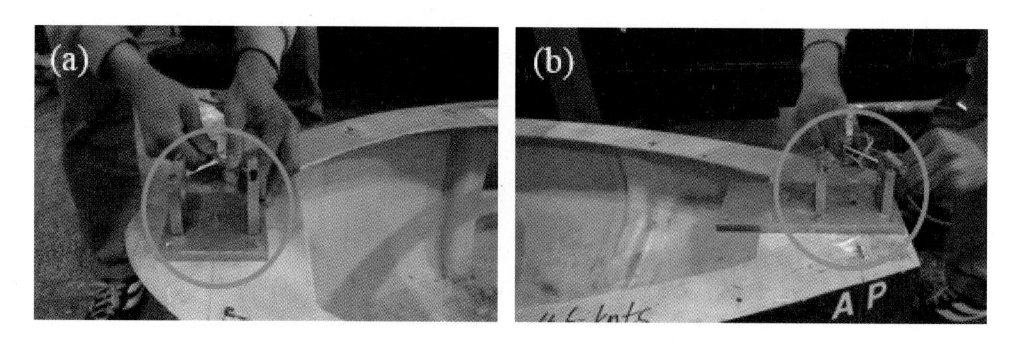

Figure 5.13 (a) FP에 트림가이드 연결부 설치, (b) AP에 트림가이드 연결부 설치

트림 가이드의 구조는 Fig 5.14와 같다. 왼쪽의 보라색 화살표 방향과 같이 수직으로 움직이는 거리를 녹색 원으로 표시된 위치에서의 각변위를 측정하여 잴 수 있다. 일반 상선일 때는 각변위가 크지 않으므로 각변위와 수직변위가 직선적으로 변화하지만, 각변위가 커지면 보정이 필요하다. 각변위 신호와 저항동력계의 저항 신호를 DAS/증폭기 및 노트북으로 구성되는 계측 시스템에서 수직변위와 저항값으로 변환한다.

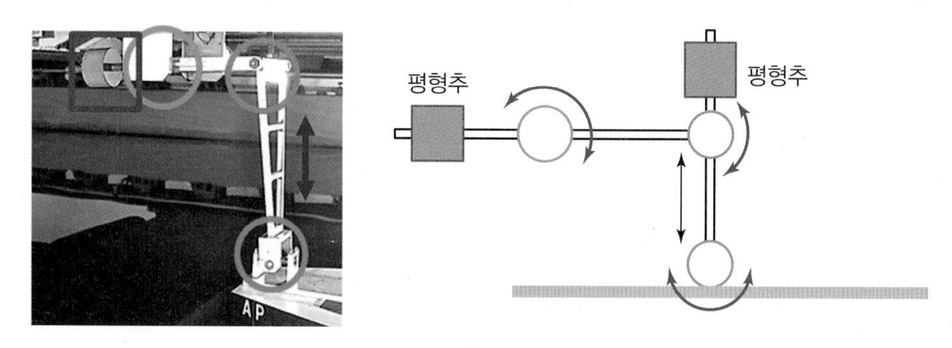

Figure 5.14 트림 가이드의 구성

트림 가이드는 Fig 5.15와 같이 항주할 때 녹색 원으로 표시된 위치에서 나타나는 수평 팔(arm)의 각 변화를 포텐셔미터(potentiometer)[57]의 저항변화로 측정한다. 계측오차를 줄이려면 수평 팔을 수평으로 설치하는 것이 유리하다.

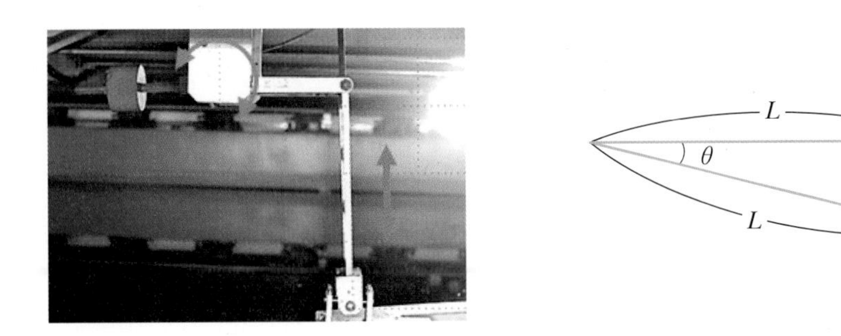

Figure 5.15 **트림가이드의 원리**

수평 팔의 길이를 L이라 하면 수직변위 Δz는 $\Delta z = L\sin\theta\cos\theta$의 관계가 있다. 다만 각 변위 계측 값이 작을 때에는 $\theta \backsimeq \sin\theta \backsimeq \tan\theta$이고 $\cos\theta \backsimeq 1$이므로 항주 자세 변화가 크지 않은 배수량형 상선 선형의 저항실험에서는 $\Delta z_{FP} = L \times \theta_{FP}$와 $\Delta z_{AP} = L \times \theta_{AP}$로 보아 교정시험을 수행한 후 선수와 선미의 수직변위를 결정해 사용한다. 다만 앞에서 지적한 바와 같이 FP 또는 AP 위치가 아닌 곳에서 측정하였을 때에는 수정하여 주어야 한다. 실험에서 측정한 FP, AP의 수직변위를 사용하여 Fig 5.16에 표시한 바와 같은 트림각을 구하면 선체의 항주 중 트림과 침하량을 구할 수 있다.

$$\Delta z_{sinkage} = \frac{(\Delta z_{FP} + \Delta z_{AP})}{2}, \quad \theta_{trim} = \arctan\left(\frac{\Delta z_{FP} - \Delta z_{AP}}{LBP}\right)$$

정수 중에서 정속 예인할 때 모형에 나타나는 일정한 자세 변화인 trim, sinkage는 동적인 자세 변화인 pitch, heave와 다르므로 혼동하지 않도록 주의해야 한다.

---

57 포텐셔미터는 변위를 가변저항의 저항변화로 측정하는 측정기기로서 각변위 측정용과 직선변위 측정용으로 나뉜다.

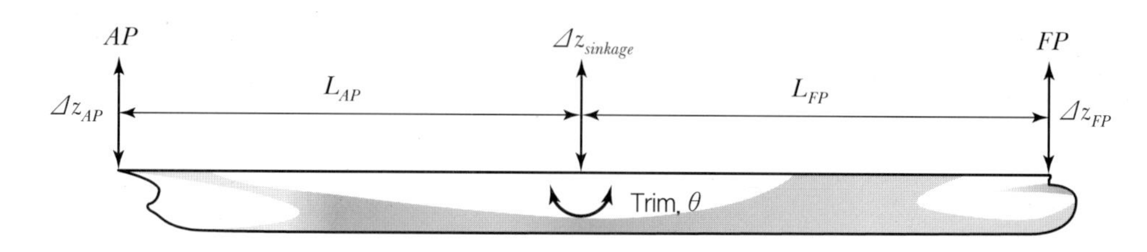

Figure 5.16 저항시험 결과를 이용한 선체 자세 계산

5.3.5 데이터 획득 시스템

모형선을 예인할 때 모형에 작용하는 저항과 선수 · 선미 부분의 침하량은 저항동력계와 트림 가이드에서 출력되는 아날로그 직류 전압으로 출력되어 신호케이블로 Fig 5.17(a)에 보인 DAS/증폭기에 전달되고 증폭과 잡음 제거 과정을 거쳐 디지털 신호로 변환한다. Fig 5.17(b)의 노트북 PC는 실험과정에서 실험 계측기기를 제어하며 각종 계측 프로그램으로 DAS의 각 채널과 연동하여 계측 정보의 관리와 디지털 신호를 생성하고 얻어진 신호를 처리하여 필요한 정보를 추출한다.

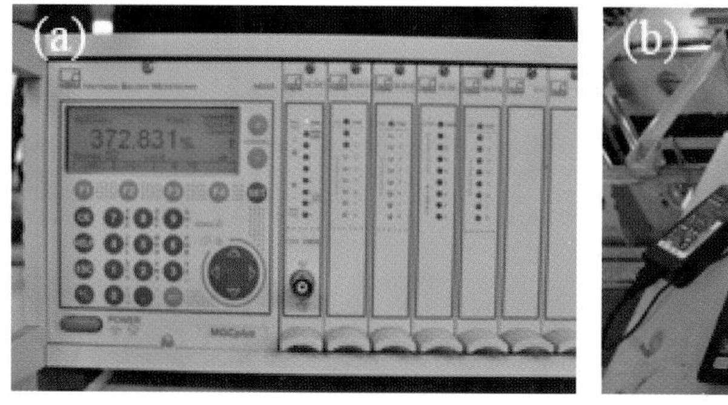

Figure 5.17 (a) DAS/증폭기, (b) 노트북(제어/계측 프로그램)

5.3.6 예인전차 아래 모형선 장착

알몸 선체의 중량을 측정하고 실험상태의 배수량이 되도록 추가로 모형선에 탑재하여야 하는 중량 추를 준비하고 모형선을 준비수조(trimming tank)로 옮긴다. 준비 수조에서 모형선의 흘수가 실험조건과 일치하도록 조정한다. 모형선 흘수를 측정하고 예정된 실험 흘수 조건과 일

치 여부를 최종적으로 확인하여야 한다. 모형상태가 정상적이라고 확인되면 Fig 5.18과 같이 예인전차 아래에 모형을 장착한다.

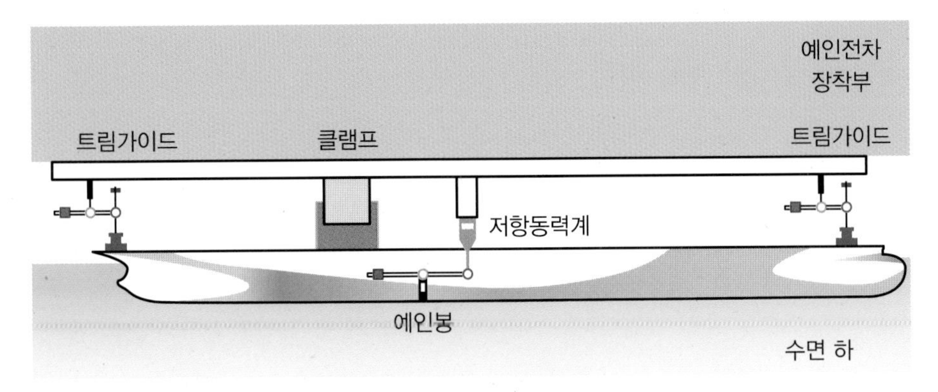

Figure 5.18 예인전차 아래 모형선 장착

5.4 모형시험 수행

저항시험은 수면에 파도가 없는 정수 상태임을 확인하고 수행하여야 한다. 정수 상태에서 얻어진 시험 결과로부터 추정한 실선의 저항은 기본값이 된다. 여기에 더하여 파랑 중 또는 기타 조건에서의 저항 증가를 추가로 반영하여 실선의 저항을 추정한다. 시험을 수행하며 발생된 파도가 후속하여 진행되는 실험에 영향을 주지 않도록 충분한 대기 시간을 갖는 것이 중요하다. 실험에서 계측된 수온은 밀도와 동점성계수를 구하는 기준값이 되므로 측정위치와 측정방법의 기준을 기관별로 일정하게 정해야 한다.

5.4.1 예인속도 설정

예인속도는 실선 선속에서의 프루드 수와 모형선의 프루드 수가 같아지는 예인속도이어야 한다. 모형시험 속도의 범위는 실선의 설계 속도 전후의 저항계수의 경향을 충분히 파악할 수 있도록 속도 범위를 정해야 한다. 앞장에서 설명한 증강구간(hump 구간)과 감쇄구간(hollow 구간)을 확인할 수 있도록 모형 예인 속도 범위를 선정하는 것이 바람직하다. 모형선의 크기가 수조에 비하여 크면 측벽효과의 영향을 받는다. 측벽효과가 예상될 때는 ITTC Recommended Procedures and Guidelines 7.5-02-02-01, Resistance Test, 2017에 따라서 예인속도 보정식을 구하고 모형선을 예인한다.

5.4.2 실험 중 물리량 계측 지점

1) 변위 계측 : 선수 수선 위치, 선미 수선 위치
2) 힘 계측 : 모형의 부심 위치를 지나는 추진축의 중심 위치
3) 속도 계측 : 예인전차의 대지속도(ground speed)
4) 수온 계측 : 수조 중심 선상 지정 위치에서 모형선 흘수의 1/2 깊이(수온에 따른 동역학적 점성계수 및 밀도는 ITTC Recommended Procedures and Guidelines 7.5-02-01-03, Fresh Water and Seawater Properties, 2011.을 참고한다.)

5.4.3 장비 사용법 및 계측

Fig 5.19는 DAS 시스템에서 계측 신호가 잘 수신되는 상태를 보여주는 노트북 PC의 GUI 화면이다. 녹색 네모상자를 보면 가장 위쪽에 Resistance(저항), 그리고 FP, AP 트림 가이드의 영점 신호를 받기 위하여 예인 수조의 수면이 잔잔할 때 클램프를 풀어준 상태에서 계측 장비의 영점을 조절한 상태의 신호를 보여주고 있다. 주황색 네모상자 버튼을 눌러 주면 무부하 상태의 신호를 20초간 받아 신호를 처리하여 무부하 출력을 고려한 영점을 구한다.

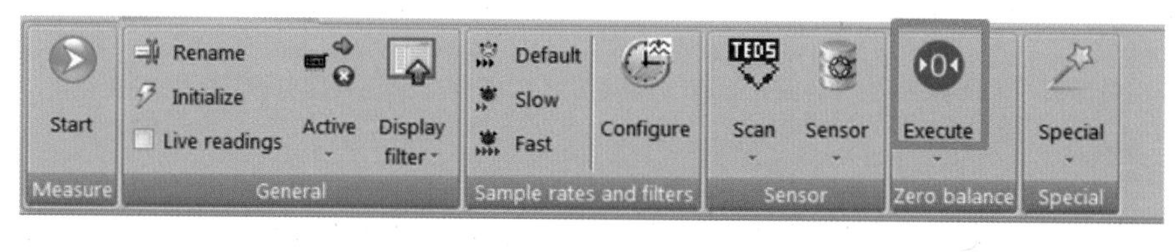

Channel name	Signal	Slot	Sensor/Function	Status/Reading
MGCplus 1 MGCplus (USB CP22p09268)				
Resistance	50 Hz / Filter: Auto	1	Strain gauge_1mV/V:100%	0.05182 %
potentio_FP	50 Hz / Filter: Auto	2-1	Potentiometer 1000mV/V 100%	0.06072 %
potentio_AP	50 Hz / Filter: Auto	2-2	Potentiometer 1000mV/V 100%	0.1023 %
MGCplus_1_CH 2-3	50 Hz / Filter: Auto	2-3	No sensor assigned	
MGCplus_1_CH 2-4	50 Hz / Filter: Auto	2-4	No sensor assigned	
MGCplus_1_CH 2-5	50 Hz / Filter: Auto	2-5	No sensor assigned	
MGCplus_1_CH 2-6	50 Hz / Filter: Auto	2-6	No sensor assigned	
MGCplus_1_CH 2-7	50 Hz / Filter: Auto	2-7	No sensor assigned	
MGCplus_1_CH 2-8	50 Hz / Filter: Auto	2-8	No sensor assigned	
Fx	50 Hz / Filter: Auto	3-1	Strain gauge_1mV/V:100%	
encoder	50 Hz / Filter: Auto	4-1	No sensor assigned	
resistance_Fx_2kN	50 Hz / Filter: Auto	5-1	No sensor assigned	
Computation channels				

Figure 5.19 DAS 정상작동 확인 및 영점 조정

영점을 구한 후 클램프를 다시 구속하고 실험하고자 하는 선속을 Fig 5.20에 보인 GUI 화면의 주황색 네모상자에 입력하고 노란색 네모상자에 대응되는 가속시간을 입력한다. 높은 가속도를 선정하면 모형선이 가속하는 동안 큰 관성력이 작용하여 계측기와 모형선이 손상될 수 있다. 예인 전차 설계에서는 통상적으로 0.6m/s²를 최댓값으로 허용하고 있으므로 실험속도를 고려하여 가속시간을 5초로 충분히 길게 설정하였다. 빨간색 네모상자 속 조종간을 앞으로 밀면 예인 전차가 가속을 시작하는데 파란색 네모상자에 표기되는 현재의 전차 속도를 확인하여 예인 전차가 정속 상태에 도달한 것을 확인한다. 정속상태에서 보라색 네모상자 속 클램프 버튼을 클릭하여 클램프를 풀어준다.

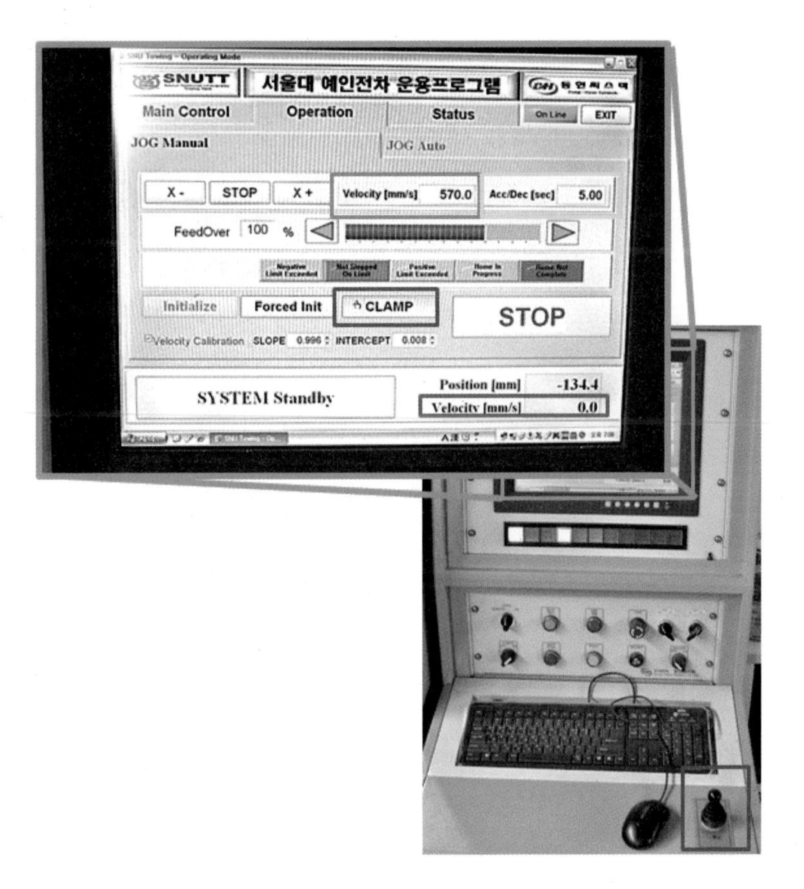

Figure 5.20 **예인전차 작동법**

클램프를 풀어주고 Fig 5.21에 녹색 네모상자로 표시된 시작 버튼을 누르면 선박의 저항과 선수부와 선미부의 침하량 변화를 계측한다. 충분한 계측값이 얻어지면 Fig 5.21의 빨간색 네모상자 안의 stop 버튼을 눌러 계측을 종료한다.

Figure 5.21 **계측 시스템**

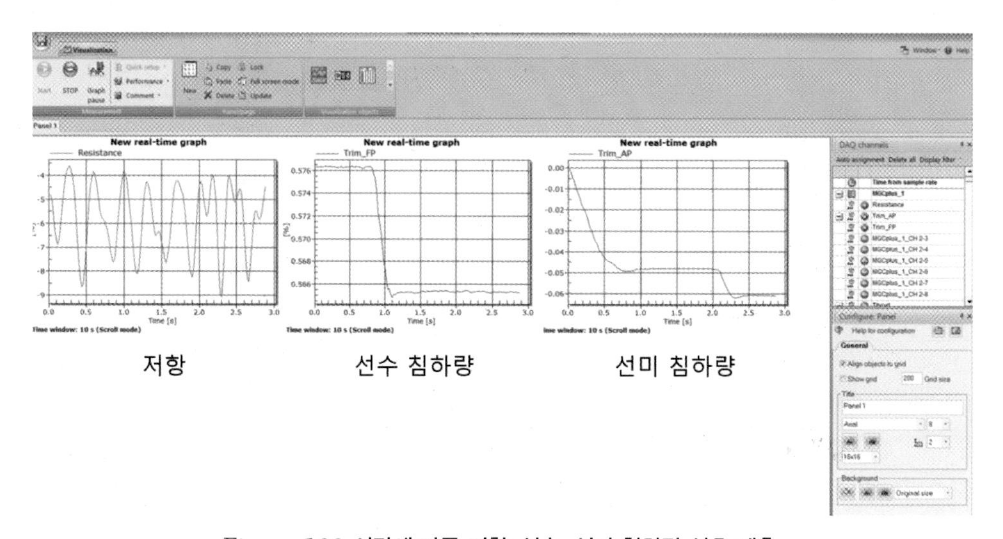

Figure 5.22 **시간에 따른 저항, 선수·선미 침하량 신호 계측**

계측 후 Fig 5.22의 계측자료를 디지털화하여 처리하면 시계열 데이터 파일로도 저장이 가능할 뿐 아니라 Fig 5.23에 보인 최솟값, 최댓값, 평균값, 표준편차 등을 구할 수 있다. 계측이 끝나면 다시 클램프 버튼을 눌러 모형선을 구속하고 조종간을 당겨 전차를 정지시킨다. 이후 초기 출발 위치로 예인전차를 복귀시킨 후 수면이 잔잔해질 때까지 기다린다. 기다리는 동안 실험 결괏값을 확인하는데 계측할 때 불규칙적인 특이현상이 발생하지 않았는지, 데이터가 비정상적으로 증가하거나 감소하는 경향이 발생하지 않았는지 확인한다. 이후 같은 절차로 다른 속도 조건에서 저항시험을 수행한다.

Name	Resistance	potentio_FP	potentio_AP
Test			
In preview	☑	☑	☑
Unit	%	%	%
Samples	1014	1014	1014
Min	-9.891	-0.7044	0.2182
Max	17.03	-0.4851	0.2936
Mean	2.179	-0.5893	0.2729
STD	5.587	0.05954	0.03010
Channel comment			

Figure 5.23 **데이터 획득**

저항시험으로 모형선의 총 저항, 선수와 선미의 수직변위의 시간에 따른 변화를 구하였으므로 이를 바탕으로 실선의 유효동력 및 항주 시 자세를 추정한다. 계측값들은 다른 시험 결과와 비교할 수 있도록 무차원값으로 변환하여 해석하는 것이 바람직하다.

예인 전차는 사고의 위험성이 있으므로 안내된 실험절차를 숙지하고 운행해야 한다. 전차 및 클램프를 잘못 조작하면 장비뿐만 아니라 인명 사고까지 일어날 수 있기 때문이다.

CHAPTER 6

국부유동 계측을 통한 저항 성분의 측정과 유동장 파악

6.1 마찰저항 계측

6.2 압력저항 계측

6.3 유동장 측정

CHAPTER

6 국부유동 계측을 통한 저항 성분의 측정과 유동장 파악

앞 장까지 설명한 예인수조 실험은 모형선의 총 저항을 계측하고 총 저항은 소파저항과 나머지 저항으로 구성된다는 Froude의 직관에 근거하는 방법으로 실선의 저항을 추정하는 과정이었다. 이 방법은 공학적으로 매우 효과적인 방법이지만 물리적 현상을 명확하게 설명하지 못하므로 물리적으로 타당한 저항 측정법을 찾으려는 노력이 계속되었다. 첫 번째 방법은 선체표면에 작용하는 유체력을 직접적으로 측정하는 방법으로 선체표면 요소에 접선 방향으로 작용하는 전단력과 수직하게 작용하는 압력을 측정하고 이들을 적분하여 표면 마찰저항과 압력저항을 구하여 선체 전체에 작용하는 총 저항을 구하는 선체 근접조사 방법(near field measuring method)이 있다. 두 번째 방법은 선체와 일정한 거리를 떨어져서 수면 형상의 변화를 계측하여 파형저항을 구하고 선체로부터 교란을 받아 나타나는 유체 내부의 유동변화 성분을 조사하여 반류저항을 구한 뒤 이들의 합으로 총 저항을 구하는 선체 원방조사 방법(far field measuring method)이 있다.

이번 장에서는 선체 주위에서 유동을 계측하여 저항성분의 크기를 추정하는 방법을 소개한다. 선체 주위의 유동 특성을 이해하는 것은 새로운 선형 및 추진기 설계를 위한 출발점이 되며 나아가 선체 형상 변화와 특정 저항성분 사이의 관계를 확인하는 길이 된다. 전진하는 모형선이나 유동 중에 계류된 모형선의 표면요소에 작용하는 압력 분포나 주위 유속의 변화를 계측하기 위해 어떤 계측 장비를 이용하는지 그리고 어떤 저항성분을 측정할 수 있는지 살펴보기로 한다.

6.1 마찰저항 계측

마찰저항은 물체 표면을 따라 흐르는 유동 방향으로 작용하는 전단력에 의해 발생하는 저항으로 모형선 표면 전체에 대하여 적분하면 마찰저항이 된다. 표면요소에 작용하는 저항을 측정하려면 유체 흐름에 영향을 주지 않으며 마찰력의 크기를 측정할 수 있는 기구가 필요하다. 표면 요소에 작용하는 전단응력을 직접 계측하는 방법이 물리적으로 가장 확실한 방법이지만 선체 전체에 걸쳐 국부 전단응력을 잴 수 있는 정밀한 계측기를 배치하여야 하는 어려움이 있어서 보통은 표면 근처의 속도 구배를 계측하여 전단응력을 구하는 간접계측방법이 사용된다.

간접계측방법으로 프랑스의 공학자 앙리 피토(1695~1771)가 창안한 피토관(pitot tube)은 차압을 계측하여 속도를 알아내는 계측기로서 경주용 자동차나 항공기 등에서 널리 사용되고 있다.[58] 피토관을 유체 중에 흐름의 방향으로 설치하였을 때 피토관 내·외부에서 계측되는 유체의 압력 차이를 베르누이 정리에 적용하면 유체속도를 구할 수 있다(Fig 6.1). 피토관의 형상에 따라 보정계수 k를 곱해주기도 한다.

$$p_T = p_S + \frac{1}{2}\rho u^2$$

(여기서, p_T는 전압, p_S는 정압, u는 유체 속도이다.)

$$u = \sqrt{\frac{2(p_T - p_S)}{\rho}}$$

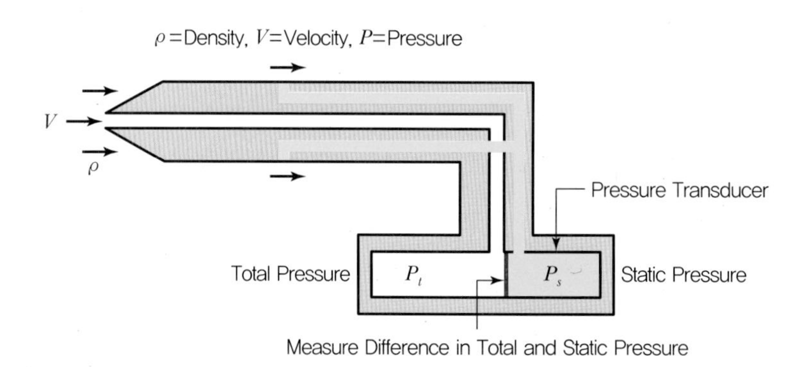

Figure 6.1 **피토관 기본 개념**

(자료제공 : NASA)

프레스톤관(preston tube) 계측법은 1950년대 Preston 교수가 제안한 간접계측방법이다. 이는 표면 근처에 피토관을 배치하고, 경계층 내의 속도를 얻어 전단응력을 계산하는 기법으로 사

---

58 잭 첼로너, 죽기 전에 꼭 알아야 할 세상을 바꾼 발명품 1001, 마로니에북스, 2010.

용이 간편하고 실용적이기 때문에 아직까지도 널리 사용되고 있다. 프레스톤관은 피토관을 선체 표면에 접촉시켜 사용하며 벽면 근처에서 측정되는 속도와 벽면에서 무활조건을 사용하면 속도가 0이 되는 조건이 되므로 표면에서의 속도 구배를 구할 수 있다. 표면에서의 전단응력은 그 지점에서의 속도 기울기를 구할 수 있으므로 마찰저항을 계산할 수 있다.

다시 말해 프레스톤관을 선체 표면을 따라 흐르는 유동 방향으로 설치하면 벽과 매우 가까운 위치에서 유동 방향으로 계측되는 동압과 국부 정압 사이의 차이를 계측할 수 있다. 경계층 이론에 의하면 고체 경계면의 유속 분포는 다음 식과 같다.

$$\frac{u}{u_\tau} = A\log\left(\frac{yu_\tau}{\nu}\right) + B$$

(여기서, A와 B는 상수이며 y는 경계면에서의 거리,

u는 거리 y에서 유속, u_τ는 전단속도이다.)

Ludwig & Tillman(1950)은 열전도를 이용한 평판 흐름의 전단응력 측정시험을 통해 다음 식과 같은 멱법칙의 유속분포식을 제시하였고[59]

$$\frac{u}{u_\tau} = C\left(\frac{yu_\tau}{\nu}\right)^{\frac{1}{n}}$$

Preston(1954)은 마찰 속도 식 $u_\tau = \left(\frac{u_\tau}{\rho}\right)^{\frac{1}{2}}$를 위 식에 대입하여 다음 관계식을 제안하였다.[60]

$$\frac{\Delta p d^2}{\rho \nu^2} = F\left(\frac{\tau_0 d^2}{\rho \nu^2}\right)$$

(여기서, Δp는 압력 차, d는 프레스톤관의 외부 직경이다.)

프레스톤관이 완전히 발달된 난류 영역에서 사용된다고 가정하면 벽면에서의 전단응력은 파이프의 길이 방향 x의 정압 구배로부터 계산된다. 프레스톤관의 검증은 보통 난류유동이 완

59 H. Ludwig, and W. Tillman, Investigation of the Wall-Shearing Stress in Turbulent Boundary Layers, National Advisory Committee for Aeronautics, Technical Memorandum 1285, May, 1950.

60 J. H. Preston, The Determination of Turbulent Skin Friction by Means of Pitot Tubes, Journal of the Royal Aeronautical Society, Vol 58, 109-121, 1954.

전히 발달한 직경 D의 관 속에서 이루어진다. 즉,

$$\Delta p \frac{\pi D^2}{4} = \tau_0 \pi D x \text{ 이므로 } \tau_0 = \frac{\Delta p}{x}\frac{D}{4} = \frac{D}{4}\frac{dp}{dx}$$

로 쓸 수 있는데, 여기서 압력차 Δp를 구할 수 있으면 τ_0를 계산하여 마찰응력계수도 구할 수 있다. 이를 이용해 마찰저항을 계산해 낼 수 있다.

간접계측의 다른 방법으로 열선 유속계(hot-wire probe)를 사용하는 방법이 있다. 열선 유속계는 Fig 6.2와 같이 도체 사이에 가는 금속 선을 설치하고 선의 온도가 일정 온도를 유지하기 위해 필요한 전류의 양은 유속에 따라 냉각되는 것을 보상해 주는 데 필요한 전기량이라는 것에 근거해 유속을 알아내는 장비이다. 표면의 전단응력을 계측할 때는 열선 대신 박판 금속으로 만든 유속계를 표면에 직접 붙여 사용한다. 외부 유동에 따라 유속계의 냉각이 빠르게 이루어지므로 온도를 일정하게 유지하는 데 필요한 전류량을 측정한 뒤 교정시험 결과를 이용하여 유속을 얻어낸다. 이 시스템은 온도 변화에 대해 높은 민감성을 가지며 수 cm/s에서부터 수백 m/s까지 넓은 속도범위를 계측할 수 있다. 또한 센서의 크기도 작아 유동 간섭을 최소화할 수 있으며 계측 신호를 지속적으로 확인할 수 있다는 장점이 있다. 하지만 정확한 유속을 계측하려면 교정시험을 주기적으로 수행해야 하며 열선이 고가이고 내구성이 약하여 쉽게 끊어지는 단점이 있다. 또한 유동 방향에 영향을 받으며 한 점에서만 측정할 수 있다는 제한을 감수해야 한다.

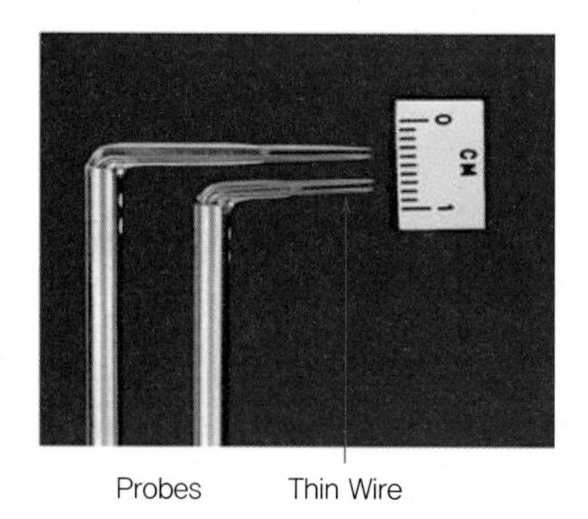

Figure 6.2 **열선 유속계**

(자료제공 : https://www.grc.nasa.gov/www/k-12/airplane/tunhwv.html)

6.2 압력저항 계측

압력저항의 추정을 위한 압력 계측은 원칙적으로 앞에서 언급한 마찰저항 추정을 위한 속도 계측점에서 동시에 이뤄져야 한다. 또한 수면 아래의 여러 깊이에서 자유수면의 변화까지 포함한 압력의 계측이 이루어져야 하므로 엄청난 수의 실험이 수행되어야 한다. 여기에서는 그중 활 주정에 활용될 수 있는 방법을 기술한다.

압력 p는 선체 표면에 수직으로 작용하는데, 이를 Fig 6.3과 같이 선체의 길이 방향으로 작용하는 힘과 깊이 방향으로 작용하는 힘으로 나누어 생각해보자. Fig 6.3(a)는 선체 표면에 수직으로 작용하는 힘의 길이 방향 성분을 나타낸 것으로 면적 ds에 작용하는 압력 p를 다음과 같이 나타낼 수 있다. 여기서 면적 ds는 선체 중심선과 θ_1의 각도를 이룬다.

$$pds \cdot \sin\theta_1 = pds'$$

같은 원리로 Fig 6.3(b)는 선체 표면에 수직으로 작용하는 힘의 깊이 방향 성분을 나타낸 것으로 면적 dv에 작용하는 압력 p를 아래와 같이 나타낼 수 있다. 여기서 면적 dv는 선체 중심선과 θ_2의 각도를 이룬다.

$$pdv \cdot \sin\theta_2 = pdv'$$

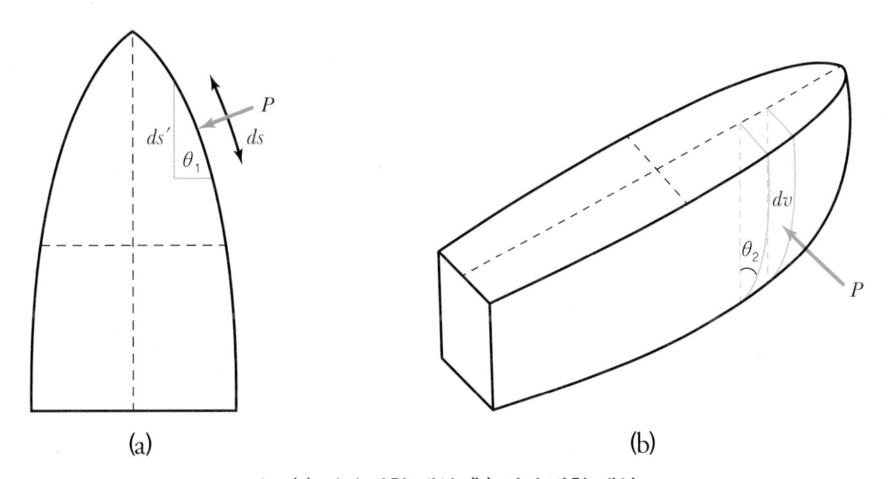

Figure 6.3 (a) 길이 방향 계산, (b) 깊이 방향 계산

이를 활용하여 선체가 트림 각 β의 자세로 항주할 때 Fig 6.4와 같이 수평방향과 수직방향의 힘을 계산하면 각각 다음과 같이 쓸 수 있다.

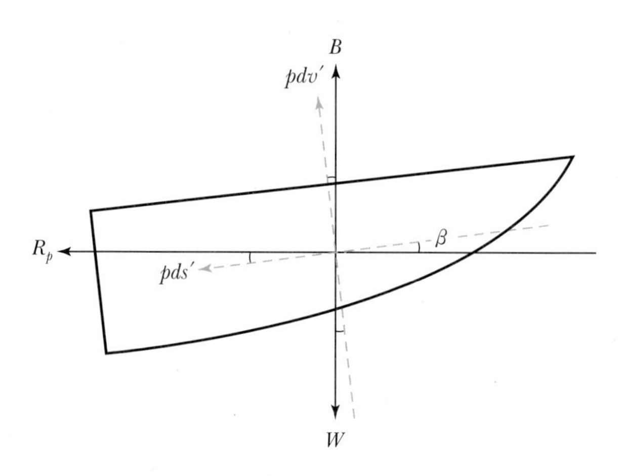

Figure 6.4 **트림 각을 갖는 선체**

$$R_{수평} = \int pds' \cos\beta + \int pdv' \sin\beta, \quad R_{수직} = \int pds' \sin\beta - \int pdv' \cos\beta = W(=-B)$$

(여기서, 수직방향 힘은 배의 무게와 같다. 즉, 부력과 크기는 같고 방향은 반대이다.)

전체 압력저항 R_p는 수평방향 힘과 같으므로 위의 두 식을 연립하여 수평방향만 정리하면 아래와 같이 표현할 수 있다.

$$R_{수평} = \int pds' (\cos\beta + \sin\beta \tan\beta) - W\tan\beta$$

여기서 W는 이미 알고 있는 값이고 선체 트림 각 β는 압력계측 시 동시에 계측하면 되므로 p와 ds만 구하면 된다. 압력 계측은 보통 선체 표면에 정압 측정공(static pressure tapping)을 선체의 수선(waterline)에 따라 설치하고 그 위치에서 계측된 전기신호를 압력으로 변환하여 사용한다.

이렇게 얻은 압력저항에 마찰저항을 더하면 총 저항을 얻을 수 있지만 여간 번거로운 작업이 아니다. 몇 백 개의 정압 측정공을 선체 표면에 설치해야 할 뿐만 아니라 무게 W에 비해 트림각 β가 매우 작으므로 작은 오차가 발생하여도 힘의 값은 크게 차이가 나게 된다. 하지만 특정 부위의 압력분포를 확인하고자 하는 경우 또는 CFD 검증 자료로서는 압력 계측으로 귀중한 데이터를 확보할 수 있다.

6.3 유동장 측정

선체 주위의 유동을 계측하는 것은 선형과 프로펠러 설계뿐 아니라 에너지 저감장치의 설계에서 매우 중요한 항목이 되었다. 특히 선미부에서는 경계층의 박리와 빌지 보텍스의 발생 등으로 복잡한 유동현상이 나타나고 후류에 영향을 주어 저항 변화의 주요한 원인이 되므로 정확한 유동의 측정과 분석이 필요하다.

선박모형시험에서는 오래전부터 페인트 테스트와 Tuft 테스트가 선체 주위 유동을 가시화하는 기법으로 사용되고 있다. 페인트 테스트란 Fig 6.5와 같이 선체 표면의 정해진 스테이션에 유성 페인트와 왁스, 그리고 시너를 적정비율로 조합한 특수 페인트를 칠한 직후 예인하여 페인트가 선체 표면을 따라 흐르는 흔적을 보고 유선을 확인하는 방법이다. 유동 가시화를 통하여 선수벌브의 영향을 유추할 수 있으며 빌지킬의 부착 위치를 결정할 수 있다. 또한 에너지 절약장치의 부착 위치 선정에 활용할 수 있으며 선체 후반부에서는 유동박리 위치를 확인할 수 있어서 프로펠러로 유입되는 유동의 방향과 크기를 짐작할 수 있고 추진효율 측면에서 바람직한 선미 형상을 도출할 수 있다. 그러나 페인트 테스트는 오로지 선체 표면을 지나는 유동의 가시화만 가능할 뿐, 유선의 속도나 난류 성분은 정량적 계측이 불가능하고 유동현상에 대한 정성적인 추론만 할 수 있다. Tuft 테스트란 Fig 6.6[61]과 같이 선체 표면에 매우 가벼운 실을 부착하여 예인하며 영상을 기록하여 선체 주위의 유동을 가시화하는 기법이다. 페인트 테스트와 마찬가지로 유동의 가시화만 가능하고 실험 수행을 위한 준비 과정에 많은 시간이 소요되며, 실과 핀에 의해 교란된 유동 흐름이 관측될 수 있다는 단점이 있다. 이 외에도 염료주입법이 있으나 선체에 구멍을 뚫거나 분출되는 염료가 유동과 간섭을 일으킬 수 있어서 잘 쓰이지 않는다.

61 H. C. Raven, B. Starke, Efficient Methods to Compute Steady Ship Viscous Flow with Free Surface, 24th Symposium on Naval Hydrodynamics, Fukuoka, Japan, 8-13, July, 2002.

Figure 6.5 페인트 테스트
(자료제공·사진촬영 : 서울대학교 선박저항성능 연구실)

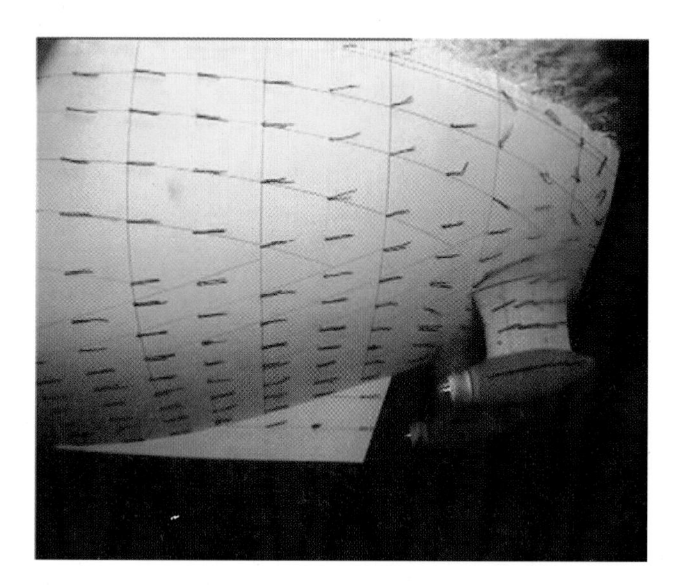

Figure 6.6 Tuft test (KCS model) (H. C. Raven et al, 2013)

지금까지 설명한 기법은 유동의 방향 등을 보이는 정성적인 유동 가시화만 가능하고 정량적으로 유동의 속도 정보를 표현하지 못한다. 유동의 속도 및 방향 등을 계산할 수 있는 기법으로 전통적이면서 아직도 널리 쓰이는 방법 중에 대표적으로 5공 피토관을 사용한 계측방법이 있다. 다섯 개의 구멍이 있는 피토관이라는 의미의 5공 피토관은, 3차원 속도를 측정할 수 있으며 좌우 혹은 상하 센서의 압력 차를 이용하여 유동의 속도와 방향을 계산한다. 가격이 비교적 저렴하며 간섭을 피해 다수의 피토관을 사용한다면 여러 지점의 유속을 동시에 계측할 수 있다.

최근에는 계측 장비와 해석 시스템의 비약적인 발전으로 새로운 유동 계측기법들이 시도되었는데 특히 광학적 계측 기법들은 유동장에 영향을 미치지 않고 데이터의 정밀도가 높기 때문에 예인수조에 적용할 수 있는 새로운 유동장 계측 시스템으로 주목받고 있다. 대표적으로 레이저 도플러 유속계(Laser Doppler Velocimetry, LDV)와 입자영상유속계(Particle Image Velocimetry, PIV)가 있다. Fig 6.7에 나타난 LDV의 원리는 다음과 같다. 일정한 주파수 차이를 두고 만들어진 두 개의 레이저 빔이 유동 중의 특정 위치에서 교차할 때 균일한 간격으로 간섭무늬가 발생한다. 작은 추적입자들(tracer particle)이 그 교차영역을 지나가면 간섭무늬가 반사되는데, 이 반사되는 무늬의 시간당 변화율을 이용해 추적입자의 속도를 추정할 수 있다.

Figure 6.7 서울대학교에서 보유 중인 LDV
(자료제공·사진촬영 : 서울대학교 선박저항성능 연구실)

입자영상 유속계(Particle Image Velocimetry, PIV)는 추적 입자들의 시간에 따른 분포 양상의 변화를 확인하여 유속을 구하는 방식이다. Pickering & Halliwell(1984)에 의해서 처음으로 언급되었는데,[62] 이후 다양한 광학적 기법이 적용되어 개선되고 있다. PIV는 한 지점의 유속을 계측하는 LDV와 달리, 한 개 이상의 카메라에서 찍은 사진을 활용하여 비교적 넓은 범위의 유동을 한 번에 계측하므로 실험 수행 시간이 짧다는 장점이 있다. 많은 예인수조에서는 Fig 6.8과 같이 두 대의 카메라를 이용하여 2차원 평면의 3차원 속도 성분까지 얻는 예인수조용 스테레오스코픽 입자영상 유속계(Stereoscopic Particle Image Velocimetry, SPIV) 시스템이 사용되고 있다.[63] Fig 6.9는 서울대학교 선박저항성능 연구실에서 SPIV를 이용하여 선박의 공칭반류

62 C. J. D. Pickering, N. A. Halliwell, Laser Speckle Photography and Particle Image Velocimetry : Photographic Film Noise, Applied Optics Vol 23, page 2961-2969, 1984.

63 B. Han, J. Seo, S.-J. Lee, D. M. Seol, and S. H. Rhee, "Uncertainty Assessment for a Towed Underwater Stereo PIV

를 계측하고 있는 실험 사진이다. 하지만 PIV는 기본적으로 고가의 장비이고 LDV와 마찬가지로 실험 전 추적 입자를 충분히 살포해야 한다는 번거로움이 있다.

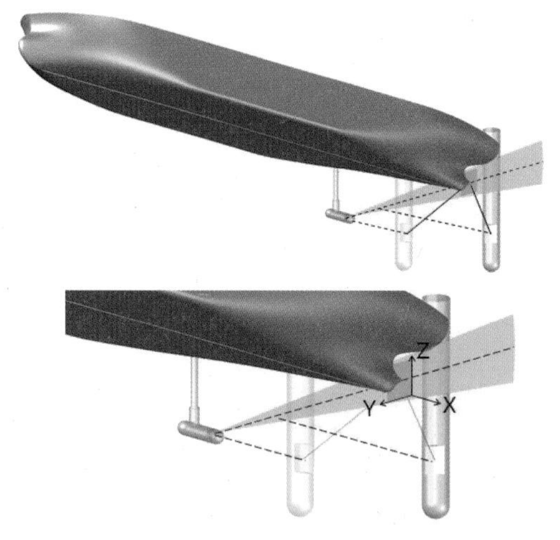

Figure 6.8 **스테레오스코픽 입자영상 유속계**
(Han et al., 2018)

Figure 6.9 **서울대학교** 3D SPIV
(자료제공·사진촬영 : 서울대학교 선박저항성능 연구실)

유동장을 계측할 때 특히 주의할 점은 오차의 원인이 되는 불확실성을 최소화해야 한다는 것이다. 예를 들어 모형의 정렬이나 고정에 많은 주의를 해야 하며, 광학적 방법을 쓸 때는 모형의 색상, 조명 그리고 예인수조에 살포되는 입자의 양과 질을 균일하고 일관되게 유지해야 한다.

System by Uniform Flow Measurement," International Journal of Naval Architecture and Ocean Engineering, Vol. 10, No. 5, pp.596-608, September 2018.

CHAPTER

7

전산유체역학 방법을 이용한 선박 저항의 예측

CHAPTER

7 전산유체역학 방법을 이용한 선박 저항의 예측

예인수조에서 모형시험을 실시하려면 기본적으로 많은 준비와 비용, 시간이 필요하다. 모형선의 축척비는 어떻게 할 것인지, 저항동력계의 용량은 어느 정도로 설정할 것인지, 실험에 필요한 부가적인 장비는 어떤 것이 필요한지 등을 축적된 경험과 데이터를 통해 면밀하게 검토하여야 한다. 이후 최종적으로 결정된 실험 계획은 비용 부담으로 이어진다. 모형선 제작에서부터 동력계를 비롯한 각종 실험 장비 구매에 많은 금액이 소요되고 시험 중 발생하는 추가비용도 예상해야 한다. 실험에 필요한 시간도 고려해야 하는데, 모형선 및 장비 주문 제작에도 상당한 시간이 필요하고 실험 준비기간 및 실제 실험기간, 해석에 이르기까지 추가적으로 최소 수 주는 소요된다. 이처럼 모형선 시험에는 실험을 준비하고 그 결과를 해석하는 데 많은 시간이 필요하므로 선형을 수정하는 등의 상황에 바로 대응하여 저항실험을 수행하고 데이터를 해석하는 것은 불가능하다.

이렇게 다양한 측면에서 발생하는 실험 비용을 줄일 수 있는 수치 해석 방법이 컴퓨터 계산능력의 비약적인 증대에 따라 발전되었으며 이제 단순한 형상의 유동장 해석은 CFD만으로도 가능하게 되었다. CFD는 유체역학의 기본적인 지배 방정식으로 해석 대상 주위의 공간을 세밀한 격자(mesh)로 나누어 이산적으로 계산하는 수치해석 방식으로, 실험유체역학(Experiment Fluid Dynamics, EFD)에 비해 비용 부담이 적으며, EFD에서는 계측하기 힘든(혹은 계측이 어려운) 선체 주위의 유동장을 다각도로 살펴볼 수 있다는 장점이 있다. 그럼에도 불구하고 CFD만을 이용한 선박 저항 예측이 아직 최종적인 검증 데이터로 받아들여지지 않는 이유는 복잡한 형상 및 상황에 대한 CFD 결과의 충분한 검증이 필요하다는 주장 때문이다. 따라서 현재는 주로 CFD만을 사용한 연구보다 EFD와의 상호 보완적인 검증을 진행하며 CFD 해석의 정확성을 높이기 위한 데이터를 축적하는 단계라고 볼 수 있다. 하지만 곧 CFD 해석만으로도 저항추진 성능의 예측이 가능하게 될 것이며 조선공학도 지금과는 사뭇 다른 모습의 학문이 될 것이다. 이번 장에서는 CFD에 대한 전반적인 개념을 이해하기로 한다.

7.1 CFD의 발전

CFD는 1960년대 이후 항공분야에서부터 시작하여 자동차, 조선공학, 기상학 등에 적용되었으며 최근에는 해양공학에도 적용되고 있다. CFD 이전의 수치해석은 컴퓨터 연산 능력이 부족하였고 수치해석 방법에도 한계가 있었기 때문에 복잡한 유동을 단순화하여 해석하였다. 즉, 실제 물체의 형상과 유동을 최대한 단순화하였고 모든 유동을 비압축성, 비점성, 비회전하는 포텐셜 유동(potential flow)으로 가정하여 라플라스(laplace) 방정식을 지배방정식으로 계산하였기에 실제의 유동과는 엄청난 차이가 있었다. 물론 대강의 힘과 모멘트, 운동의 양상을 다루는 데는 큰 문제가 되지 않았고 계산 자원도 클 필요가 없기 때문에 지금도 설계 단계에서는 많이 쓰이고 있다. 이후 CFD는 비약적인 발전을 이뤘고, 오늘날의 수치해석은 유동의 모든 물리적 현상을 설명하는 Navier-Stokes 방정식을 기반으로 실제에 가까운 복잡한 유동도 해석이 가능해졌다. 이로써 수치 해석의 역할이 점차 증대되었다. 초기에는 경계층에 대해서만 점성유동의 해석이 가능했다면 오늘날에는 프로펠러 성능, 파랑 중 선박의 운동까지 다룰 수 있을 정도로 발전하였으며 EFD와 비교하였을 때도 상당한 정확도를 보이게 되었다. 상용 소프트웨어인 WAVIS[64], SHIPFLOW, FLUENT, STAR-CCM+, CFX 등이 등장하여 정기적인 기술지원이 가능하고 범용성이 뛰어나며 GUI(Graphic User Interface)의 구현으로 사용이 편리해졌으며 저항 성능 추정뿐만 아니라 조종, 내항, 공동현상 등에 대한 연구도 진행되고 있다. 하지만 소프트웨어 라이센스의 유지비가 높아짐에 따라 비용 부담이 커지고, 소스 코드가 비공개로 설정되어 확장성에 한계가 있으며 외산 소프트웨어에 대한 기술종속이 심해지고 있다. 최근에는 공개 소스 CFD toolkit인 OpenFOAM 등의 등장으로 각자의 사용목적에 맞게 코드 개발이 가능해졌고 개발에 참여하는 개발자들과 사용자들이 점점 늘어나고 있다. 다음 절에서 CFD 해석 방법에 대해 좀 더 자세히 살펴보도록 한다.

7.2 CFD 해석 소프트웨어의 3요소

CFD 해석 소프트웨어는 전처리기(pre-processor), 솔버(solver), 후처리기(post-processor)로 구성된다. 이 중 전처리기는 풀고자 하는 유동 문제를 사용자 인터페이스를 통해 입력하는

64 WAVIS(WAve and VIScous flow analysis system)는 선박해양플랜트 연구소에서 만든 수치해석 시스템으로 현재 국내 대부분의 중·대형 조선소, 설계회사 등에서 선형 개발 및 평가에 활용하고 있다.

것으로 전체 해석에서 상당한 부분을 차지하는 중요한 단계이며 전처리 과정은 다음과 같다. 먼저 관심 있는 영역의 형상을 정의하고 형상에 맞게 격자를 생성한다. 그리고 모델링하고자 하는 물리 · 화학적 현상을 설정하고, 현상에 사용되는 유체의 특성을 정의한 후 최종적으로 경계조건을 설정한다. 격자를 조밀하게 하면 계산의 정확도는 높아지지만 계산 시간과 비용이 증가한다. 따라서 세부적으로 분석할 필요가 있는 영역에 대해서는 격자를 촘촘하게 하여 유동의 변화를 자세히 살펴보고, 상대적으로 덜 중요한 영역에 대해서는 격자를 성기게 하여 불필요한 계산 시간과 자원을 절약한다. 솔버는 전용 프로그램을 이용하여 수식을 계산하는 것으로 미지의 변수를 단순화하고 지배 방정식을 대입하여 반복법으로 대수 공식들을 해결하는 실제적인 계산 단계이다. 전처리 단계에서 적절한 격자 생성을 하지 못하면, 솔버 단계에서 계산이 너무 오래 걸리거나 계산 결과 값이 수렴하지 않고 발산할 수 있다. 이러한 경우에는 다시 전처리 과정으로 돌아가 수정 작업을 진행해야 하므로 숙련된 전문가가 필요하며 어떤 부분에서 어떤 문제가 생길지 주의 깊은 관찰력이 필요하다. 후처리기는 결과의 가시화 단계로, 해석 결과에 대해 애니메이션, 문자, 숫자 등으로 표현이 가능하며 자료의 출력 기능으로 소프트웨어의 외부에서 추가 작업이 가능토록 한다. 계산의 완료 이후 특정 영역이나 특정 현상을 자세히 보고 분석할 수 있는 독립적인 소프트웨어다.

7.3 유체역학의 지배 방정식

유체역학에서 현상을 설명할 수 있는 주요 물리량은 질량, 운동량, 에너지로, 이 세 물리량의 보존법칙을 만족시키는 것이 유체역학의 지배 방정식이 되며 CFD에서도 이들 방정식을 이용하여 근사해를 구한다. 연속방정식은 질량 보존의 법칙을 수학적으로 나타낸 것으로 고정된 미소 체적 내 질량 변화율은 경계면을 통과하는 질량 유속(mass flux)과 같다는 의미이며 다음 식과 같이 쓸 수 있다.

$$\frac{\partial \rho}{\partial t} + \nabla \cdot (\rho V) = 0$$

(여기서, ρ는 밀도, t는 시간, ∇는 미분연산자$\left(\frac{\partial}{\partial x}, \frac{\partial}{\partial y}, \frac{\partial}{\partial z}\right)$,

V는 유체의 속도(u, v, w))

비압축성 유체의 경우 시간에 따른 밀도 변화율이 0, 즉 $\frac{\partial \rho}{\partial t} = 0$이기 때문에 간략하게 아래와 같이 연속방정식(continuity equation)으로 나타낼 수 있다.

$$\nabla \cdot V = 0$$

이 식을 풀면 $\frac{\partial}{\partial x}u + \frac{\partial}{\partial y}v + \frac{\partial}{\partial z}w = 0$이 된다.

운동량 보존 방정식에서 이동하는 검사체적 내 운동량의 변화율은 운동량의 유 · 출입률과 내부에서의 변화율을 합한 것과 같다. 3차원 직교 좌표계에서 x, y, z 방향에 따른 운동량 보존 방정식은 아래와 같이 표현된다.

$$\frac{\partial(\rho u)}{\partial t} + \nabla \cdot (\rho u V) = -\frac{\partial p}{\partial x} + \frac{\partial \tau_{xx}}{\partial x} + \frac{\partial \tau_{yx}}{\partial y} + \frac{\partial \tau_{zx}}{\partial z} + \rho f_x$$

$$\frac{\partial(\rho v)}{\partial t} + \nabla \cdot (\rho v V) = -\frac{\partial p}{\partial y} + \frac{\partial \tau_{xy}}{\partial x} + \frac{\partial \tau_{yy}}{\partial y} + \frac{\partial \tau_{zy}}{\partial z} + \rho f_y$$

$$\frac{\partial(\rho w)}{\partial t} + \nabla \cdot (\rho w V) = -\frac{\partial p}{\partial z} + \frac{\partial \tau_{xz}}{\partial x} + \frac{\partial \tau_{yz}}{\partial y} + \frac{\partial \tau_{zz}}{\partial z} + \rho f_z$$

위의 식을 Navier(1785–1836)와 Stokes(1819–1903)의 이름을 딴 Navier–Stokes 방정식이라 하고 뉴턴 유체에 대한 힘과 운동량의 변화를 기술하는 비선형 편미분 방정식의 형태를 가진다. 쉽게 말한다면 뉴턴의 제2법칙인 $\vec{F} = m\vec{a}$를 유체역학의 검사체적에 적용한 것이라고 할 수 있다.

에너지 방정식에서 검사체적 내 에너지 변화율은 엔탈피(enthalpy)의 유 · 출입률과 내부에서 변화된 일률을 합한 것과 같으며 아래와 같은 식을 구성한다.

$$\frac{\partial}{\partial t}\left[\rho\left(e + \frac{V^2}{2}\right)\right] + \nabla \cdot \left[\rho\left(e + \frac{V^2}{2}\right)V\right]$$
$$= \rho\dot{q} + \frac{\partial}{\partial x}\left(k\frac{\partial T}{\partial x}\right) + \frac{\partial}{\partial y}\left(k\frac{\partial T}{\partial y}\right) + \frac{\partial}{\partial z}\left(k\frac{\partial T}{\partial z}\right) - \frac{\partial(up)}{\partial x} - \frac{\partial(vp)}{\partial y} - \frac{\partial(wp)}{\partial z}$$

$$+\frac{\partial(u\tau_{xx})}{\partial x}+\frac{\partial(u\tau_{yx})}{\partial y}+\frac{\partial(u\tau_{zx})}{\partial z}+\frac{\partial(v\tau_{xy})}{\partial x}+\frac{\partial(v\tau_{yy})}{\partial y}+\frac{\partial(v\tau_{zy})}{\partial z}+\frac{\partial(w\tau_{xz})}{\partial x}$$

$$+\frac{\partial(w\tau_{yz})}{\partial y}+\frac{\partial\,(w\tau_{zz})}{\partial\,z}+\rho f\cdot V$$

경계조건은 미분방정식을 풀기 위해 모든 경계에서 함수 또는 상수로 주어진 조건이다. 대표적으로 Dirichlet 조건과 Nuemann 조건이 있다.

$$\frac{\partial^2\phi}{\partial x^2}+\frac{\partial^2\phi}{\partial y^2}=0 \text{ 모든 경계에서 } \phi=0 \text{ 또는 } \phi=a$$

위와 같이 경계의 모든 점에서 함수 ϕ의 값 자체가 명시된 경계조건을 Dirichlet 조건이라고 하며 이때 나오는 해는 유일한 해이다. Nuemann 조건은 경계면에서 함수의 기울기로 조건이 주어지는 경계조건이다.

$$\frac{\partial F}{\partial x}=0 \text{ 혹은 } \frac{\partial F}{\partial x}=c \text{ 등}$$

7.4 난류 유동장 해석을 위한 방법

난류 유동장을 Navier-Stokes 방정식으로 풀어 난류유동을 해석하는 데는 RANS(Reynolds-Averaged Navier-Stokes equations), LES(Large Eddy Simulation), DNS(Direct Numerical Simulation) 등이 사용되고 있다.

RANS 방정식은 난류가 평균 유동에 미치는 영향에 관심을 두고, Navier-Stokes 방정식을 시간 평균하여 유도한 방정식이다. 시간 평균을 통해 난류 유동 사이의 상호작용으로 인한 6개의 추가적인 항들이 나타난다. 이 항들은 직접 풀 수가 없어 적절한 난류 모델을 적용하여 모델링한다. 그중에서 가장 널리 사용되는 것은 $k-\varepsilon$, $k-\omega$, RSM(Reynolds Stress Model) 등이다. RANS 기법에서 Reynolds stress항을 Newtonian fluid라고 가정하면 다음과 같이 표현할 수 있다.

$$U = u + u'$$

$$\tau_R = -\rho\overline{u'u'} = \mu_t\{\nabla u + (\nabla u)^T\} - \frac{2}{3}[\rho k + \mu_t(\nabla \cdot u)]I$$

특히 비압축성 유동에서는 앞의 식에 연속방정식을 적용하여 다음과 같이 정리한다.

$$\tau_R = -\rho\overline{u'u'} = \mu_t\{\nabla u + (\nabla u)^T\} - \frac{2}{3}\rho k I$$

이를 Boussinesq 가설이라고 하며, 이때 μ_t는 난류 점성계수이고 k는 단위 질량당 난류 에너지로 다음과 같이 정의된다.

$$k = \frac{1}{2}(\overline{u'^2} + \overline{v'^2} + \overline{w'^2})$$

Boussinesq 가설을 사용하기 위해서는 몇 가지 물리량을 알고 있어야 하는데, 이를 방정식으로 모델링한 것을 난류 모델이라고 한다. 난류 모델은 추가로 풀어야 하는 방정식의 개수로 다음과 같이 분류될 수 있다.

1) 0−equation 모델 : 혼합 길이 모델 등
2) 1−equation 모델 : Spalart−Almaras 모델 등
3) 2−equation 모델 : $k-\varepsilon$ 모델, $k-\omega$ 모델, 산술응력 모델 등
4) 7−equation 모델 : 레이놀즈 응력 모델 등

0−equation 모델의 경우 추가로 풀어야 하는 미분 방정식이 없고 μ_t를 위치의 함수로 하여 단순한 산술적 공식으로 응력을 나타내고자 한 방법이다. $k-\varepsilon$ 모델은 보다 더 복잡하지만 가장 일반적인 모델로 난류 운동에너지 k와 난류 운동에너지의 감쇠율 ε에 대한 미분 방정식을 추가로 풀어야 한다. $k-\omega$ 모델은 $k-\varepsilon$와 비슷하게 난류 운동에너지 k에 대한 미분 방정식과 난류 진동수 $\omega = \frac{\varepsilon}{k}$에 대한 미분 방정식을 추가적으로 푸는 모델이다.

Standard $k-\varepsilon$ 모델에서 난류 점성 계수와 난류 열 확산 계수는 다음 같이 정의된다.

$$\mu_t = \rho C_\mu \frac{k^2}{\varepsilon}$$

$$k_t = \frac{c_p \mu_t}{Pr_t}$$

따라서 난류 점성계수를 구하기 위해서는 k와 난류에너지 소산율 ε에 대한 방정식을 다음과 같이 풀어야 한다.

$$\frac{\partial}{\partial t}(\rho k) + \nabla \cdot (\rho \vec{u} k) = \nabla \cdot (\mu_{eff,k} \nabla k) + S_k$$

$$\frac{\partial}{\partial t}(\rho \varepsilon) + \nabla \cdot (\rho \vec{u} \varepsilon) = \nabla \cdot (\mu_{eff,\varepsilon} \nabla \varepsilon) + S_\varepsilon$$

위의 두 방정식에서 좌변의 첫 번째 항은 단위 시간당 난류 운동에너지 또는 소산율의 변화량이고 두 번째 항은 대류에 의한 성분이다. 우변의 첫 번째 항은 확산에 의한 성분 그리고 마지막 항은 생성 항이다. 이때 $\mu_{eff,k}$와 $\mu_{eff,\varepsilon} = \mu + \frac{\mu_t}{\sigma_\varepsilon}$는 유체의 점성계수와 난류 점성계수의 합으로 다음과 같이 정의된다.

$$\mu_{eff,k} = \mu + \frac{\mu_t}{\sigma_k}$$

$$\mu_{eff,\varepsilon} = \mu + \frac{\mu_t}{\sigma_\varepsilon}$$

$k-\varepsilon$ 모델의 경우 단순하고 널리 검증된 모델이라는 장점을 가지고 있지만 높은 레이놀즈수의 유동과 평판에서의 전단 흐름이 아닌 경우에서는 적합하지 않다는 단점이 있다.

$k-\omega$ 모델에서 ω는 단위 시간당 난류 에너지의 소산율로 다음과 같이 정의한다.

$$\omega = \frac{\varepsilon}{C_\mu k}$$

$k-\omega$ 모델은 $k-\varepsilon$ 모델에서 ε의 방정식 대신에 ω에 의한 방정식을 사용한다.

$$\frac{\partial}{\partial t}(\rho k) + \nabla \cdot (\rho \vec{u} k) = \nabla \cdot (\mu_{eff,k} \nabla k) + S_k$$

$$\frac{\partial}{\partial t}(\rho \omega) + \nabla \cdot (\rho \vec{u} \omega) = \nabla \cdot (\mu_{eff,\omega} \nabla \omega) + S_\omega$$

LES는 Navier-Stokes 방정식에 공간 필터링을 적용하다 보니 비정상유동의 시간정확도를 맞춰야 하고 계산 시간이 많이 소요되는 단점이 있다. 작은 크기의 와동들은 모델링을 통해 처리하고 그보다 큰 와(eddy)들은 직접 해석을 수행한다. 필터링으로 직접 해석하지 않은 작은 와들은 아격자 스케일(sub-grid scale) 모델로 반영한다. 이것을 이용하여 작은 스케일의 세밀한 유동이나 벽에 아주 가까운 위치의 유동 등과 같은 문제에 대한 연구가 활발히 진행 중이다.

DNS는 아무런 모델링이나 가정 없이 모든 난류성분들을 직접 계산한다. 따라서 아주 작은 크기의 유동을 아주 짧은 시간 간격으로 모사하기 위해 충분히 조밀한 격자와 작은 시간 간격으로 계산을 수행해야 한다. 이 방법은 매우 많은 계산 시간과 자원이 필요함에도 불구하고 높은 레이놀즈 수의 난류 유동을 다루는 데는 한계가 있으므로 산업적 유동 해석에서는 거의 쓰이지 않는다. Fig 7.1은 RANS, LES, DNS에서 시간에 따른 속도 계산이 어떻게 이루어지는지 보여준다.

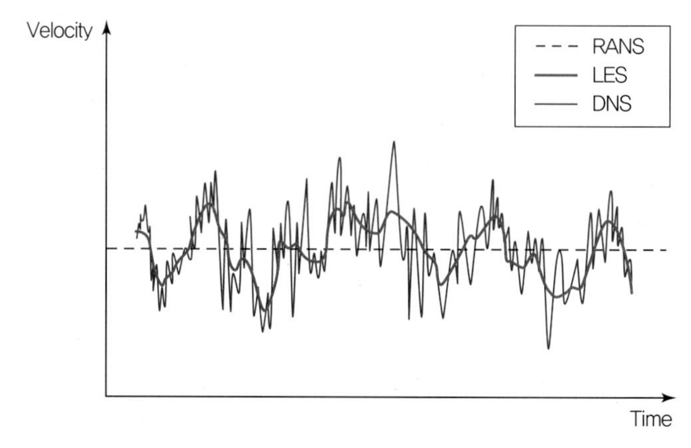

Figure 7.1 RANS, LES, DNS

한편, 이산화 기법이란 연속적인 계산 영역을 분할하여 각 영역에서의 지배 방정식을 간단한 대수방정식으로 표현하여 계산하는 방법이다. 어느 부분을 중점적으로 해석하고 싶은지, 또는 미지수가 격자점 사이에서 어떻게 변하는가에 대한 가정이 포함되어야 한다. 이산화 방법에 따라 유한차분법(Finite Difference Method, FDM), 유한체적법(Finite Volume Method, FVM), 유한요소법(Finite Element Method, FEM) 등으로 구분된다.

유한차분법은 다른 이산화 방법들과는 달리 적분을 취하는 것이 아닌 기하학적인 영역 내에 유한개의 점들을 생성하고 서로 이웃하는 점들 사이에서 위치에 따른 자연 현상의 변화를 이용하여 미분방정식을 행렬방정식으로 전환시킨다(Fig 7.2). 기하학적인 영역 내에 생성된 유한개의 점들이 격자이며 격자의 조밀도에 따라 근사해의 정확도는 증가한다. 주로 Taylor 급수를 사용하며 상대적으로 적용이 쉽기 때문에 간략히 답을 구하고자 할 때 매우 효과적이다. 하지만 미분방정식 각 항의 물리적 의미를 명확히 설명하지 못하며 물체의 형상이 복잡하면 좌표축 방향으로 변화율을 정의하기 어렵기 때문에 일반화하기 쉽지 않다는 단점이 있다.

$$\text{미분식 } \frac{\partial u}{\partial x} = \text{차분식 } \frac{u_{i+1,j} - u_{i-1,j}}{2\Delta x}$$

$$\text{미분식 } \frac{\partial u}{\partial y} = \text{차분식 } \frac{u_{i+1,j+1} - u_{i-1,j-1}}{2\Delta y}$$

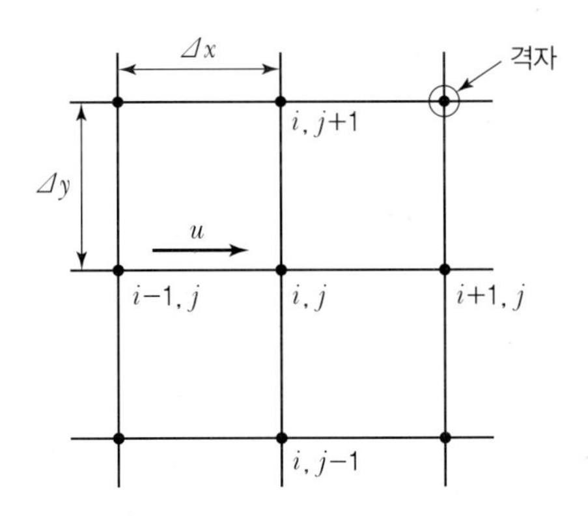

Figure 7.2 **유한차분법**

유한체적법이란 물체의 기하학적 공간을 유한개의 유한체적으로 세분화하여 물체 거동에 대한 수학적 표현식을 행렬방정식으로 전환시키는 방법이다. 자유도는 유한체적 내부의 그리드 점(grid point)을 기준으로 지정한다(Fig 7.3). 각 유한체적별로 적분을 취하여 인접하고 있는 유한체적 내 그리드 점에서의 물리량들과 상관관계를 구성하여 근사해를 구한다.

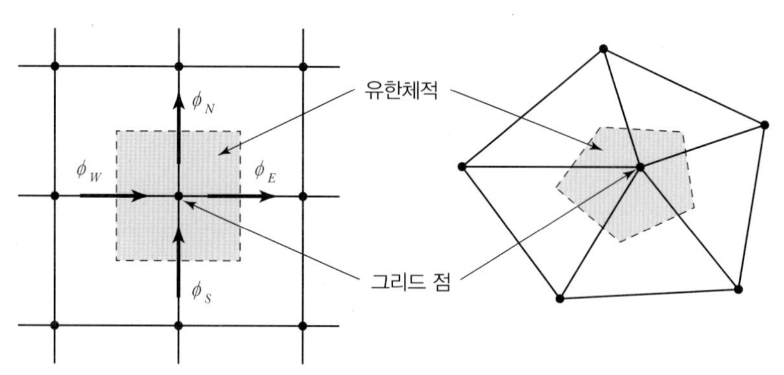

Figure 7.3 유한체적법

유한요소법은 물체 공간을 유한개의 요소로 나누어 근사적으로 답을 구하는 방법으로 유한체적법과는 달리 구하고자 하는 자유도가 주로 요소의 각 모서리, 변, 혹은 면 요소 위에 있는 질점에서 지정된다. 답을 보간함수(interpolation function)의 조합으로 표현하고 각 기저함수의 크기를 계산하여 근사해를 구한다(Fig 7.4). 격자 구성 시 격자의 질점 순서를 파악해야 하기 때문에 코딩이 어렵다는 단점이 있지만 거의 대부분의 문제에 대한 근사해를 풀 수 있기 때문에 광범위하게 사용되는 기법이다.

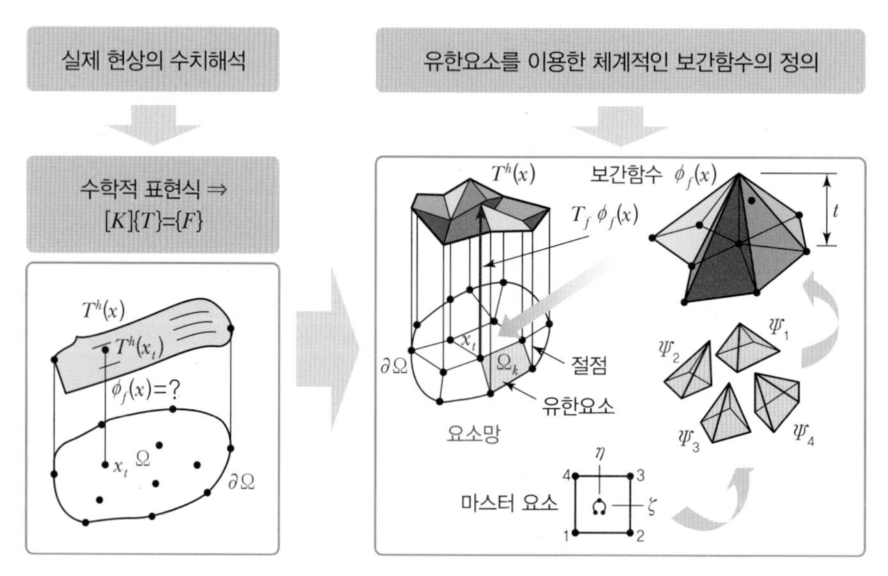

Figure 7.4 유한요소법

(자료제공 : http://www.midasuser.com/)

7.5 격자 생성

격자의 종류에는 정렬격자(structured grid)와 비정렬격자(unstructured grid)가 있는데 정렬격자는 cell 간의 배열이 규칙적이며 연속적인 격자로 단순한 형상을 가지는 유동영역에 주로 사용되며 격자점의 분포를 제어하기 어렵다는 단점이 있다. 비정렬격자는 cell 간의 연결에 특별한 규칙 없이 생성된 격자로 복잡한 형상을 가지는 유동영역에 주로 사용된다. Fig 7.5(a)가 정렬격자이고 Fig 7.5(b)가 비정렬격자이다.[65]

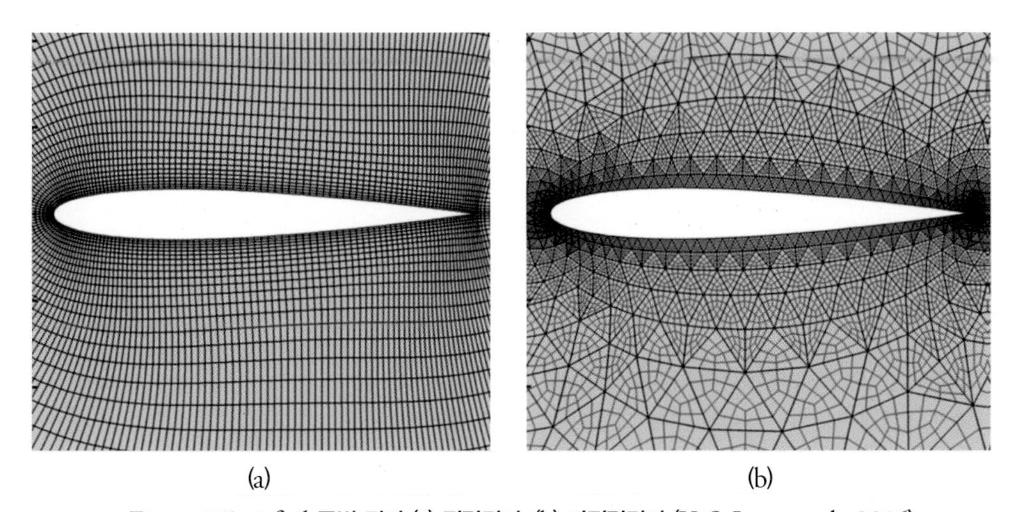

(a) (b)

Figure 7.5 airfoil **주변 격자 (a) 정렬격자, (b) 비정렬격자** (Y. S. Jung et al., 2016)

CFD 연구에서 자유수면은 선체 주위 유동장에 영향을 주기 때문에 이를 고려한 경계조건을 설정하는 것은 대단히 어려운 일이다. 자유수면의 위치를 정하는 방법에는 두 가지 접근 방법이 있는데 Fig 7.6(a)가 추적법이고 Fig 7.6(b)가 포착법이다. 추적법은 계면의 위치를 추적하여 경계를 이동시키는 것으로 자유수면에 맞게 격자를 생성한다. 포착법은 자유수면의 위치를 대략적으로 판단하고 격자 요소 사이사이에 경계면을 위치시키는 방법이다.

---

65 Y. S. Jung, B. Govindarajan, J. Baeder, A Hamiltonian-Strand Approach for Aerodynamic Flows Using Overset and Hybrid Meshes, 72nd Annual Forum of the AHS, 2016.

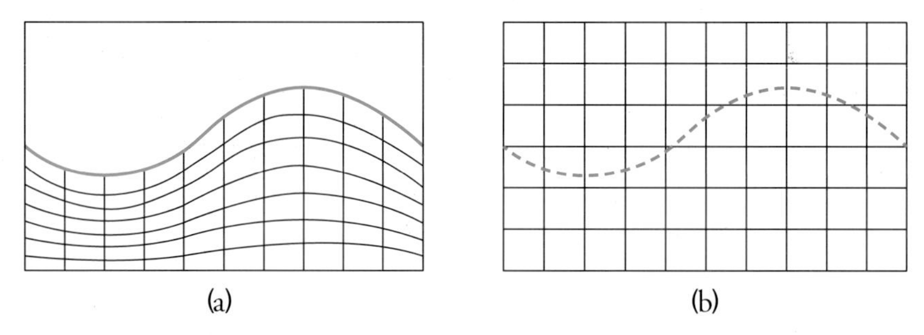

Figure 7.6 (a) **추적법**, (b) **포착법** (A. F. Molland et al., 2015)

7.6 CFD 연구는 어떻게 할 수 있을까

CFD 연구에서 우리는 손쉽게 상용 코드를 사용하여 계산할 수 있고 코드를 개발할 수도 있다. 하지만 전자의 경우 소프트웨어 비용을 지불해야 하고 지속적인 연구를 수행하려면 목적에 맞게 코드 변경이 필요할 때가 있는데 소스 코드에 접근이 안 되는 문제가 있다. 하지만 후자의 경우 비용은 들지 않지만 코드를 개발하는 데 많은 시간과 노력이 소요되며 코드가 검증되기까지 지속적으로 정확성을 높여야 한다. 때문에 국내외에서 주기적으로 CFD 입문자들을 위한 교육 프로그램이 진행 중이며 학술회의 또한 개최되고 있다.

하지만 앞서 말한 CFD 연구를 학사과정 중인 학생이 혼자 이끌어 나가기 어려우므로 대학원이나 회사에 들어가 연구를 시작하는 것이 대부분이다. CFD 연구분야는 대학원 또는 회사에서 설계, 저항 등 다양한 분야에서 중요한 축을 담당하고 있으며 연구자는 체계적인 훈련과 교육을 받아야 한다.

CHAPTER 8

프로펠러의 기하학

8.1 프로펠러 날개 단면 용어

CHAPTER

8 프로펠러의 기하학

프로펠러는 프로펠러 축과 연결하여 주 엔진의 회진력을 추력으로 바꿔 주는 장치로 항공기, 선박 등에 사용된다. 선박에서는 주로 1개 내지 2개의 프로펠러를 선미에 장착하는데 프로펠러의 성능은 선박의 추진 성능에 직결되기 때문에 정확한 성능 해석이 필요하다. 프로펠러 성능은 축적된 데이터를 기반으로 프로펠러를 설계한 뒤 모형선 스케일로 제작하여 예인수조에서 프로펠러 단독성능 시험으로 확인한다. 이후 프로펠러 자체 성능뿐만 아니라 자항시험을 거쳐 선체와의 상호작용까지 고려하여 최종 프로펠러를 선택한다. 11장에서 모형선 프로펠러 단독성능 실험으로 프로펠러의 성능을 확인해볼 예정이며 이에 앞서 이번 장에서는 프로펠러의 형상과 명칭을 살펴본다.

8.1 프로펠러 날개 단면 용어

프로펠러는 형상이 복잡하므로 설계 전 프로펠러의 기하학에 대한 이해가 필수적이다. Fig 8.1은 4개의 날개로 이루어진 나선형 프로펠러의 정면도 사진이다. 나선형 프로펠러는 높은 추력을 발생시키는 가장 일반적 프로펠러로 2~7개의 날개를 가지며, 가변피치 프로펠러와 같은 특수한 경우를 제외하고는 허브와 날개가 붙어 있는 일체형으로 제작한다. 프로펠러를 감싸는 원통의 지름을 직경(Diameter, D)이라고 하는데 이는 실선 프로펠러 직경과 기하학적으로 상사한 변수로서 m 단위로 표시된다. 직경의 1/2인 반지름을 반경(Radius, R)이라고 하며 프로펠러 중심점으로부터 반경

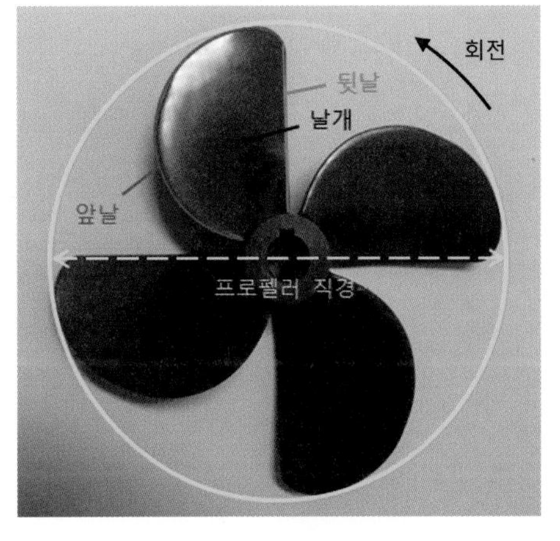

Figure 8.1 **프로펠러 정면도**

방향으로 임의의 거리는 소문자 r로 표기한다. 처음으로 물을 가르는 부분을 프로펠러 앞날(Leading Edge, L.E)이라고 하고 반대쪽 날을 뒷날(Trailing Edge, T.E)이라고 한다(Fig 8.1).

Fig 8.2는 프로펠러 측면도이며 이해를 돕기 위해 날개 하나에 대하여(Fig 8.2(a)) 앞날과 뒷날을 표시하였다(Fig 8.2(b)). Fig 8.1의 프로펠러 정면도에서 임의의 거리 r에 대하여 동심원을 그리며 날개를 잘라냈을 때 각 반경 위치에서의 단면을 보라색 선으로 표시하였는데 이를 프로펠러 날개 단면(propeller blade section)이라 한다(Fig 8.2의 경우, 앞날이 위치한 쪽에 선수가 있고 뒷날이 선미 쪽에 있다).

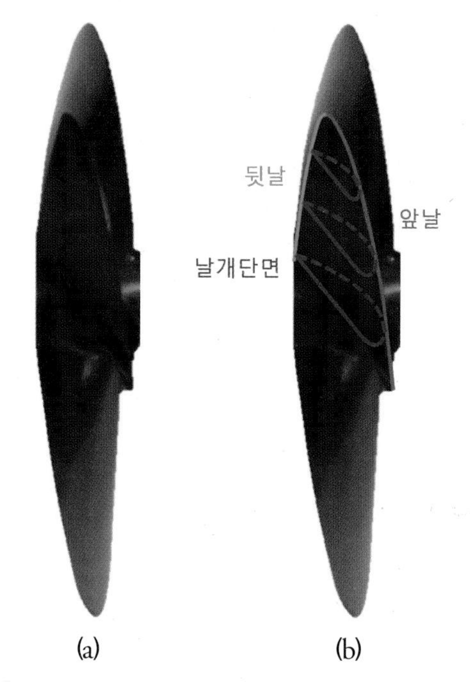

Figure 8.2 **프로펠러 측면도** (a) Fig 8.1**을 측면에서 바라본 사진** (b) **앞날, 뒷날 표시**

Fig 8.3은 프로펠러 날개 단면 형상을 세부적으로 설명한다. 앞날과 뒷날을 잇는 직선을 코드 길이 또는 코드(chord, c)라고 하고 코드의 중앙점(mid-chord point)이 날개 단면 기준점(blade section reference point)이 된다. 날개 두께의 중점을 이은 곡선을 캠버선(camber line)이라고 하며 캠버선에 수직한 직선을 따라서 잰 날개 단면의 앞면과 뒷면 사이의 거리를 두께(thickness)라고 한다. 또한 코드와 캠버선 사이의 최대 거리를 캠버(camber)라고 하는데 이로 인해 프로펠러가 회전할 때 양력이 발생하여 선박이 앞으로 나아가는 추력을 증대시킬 수 있다.

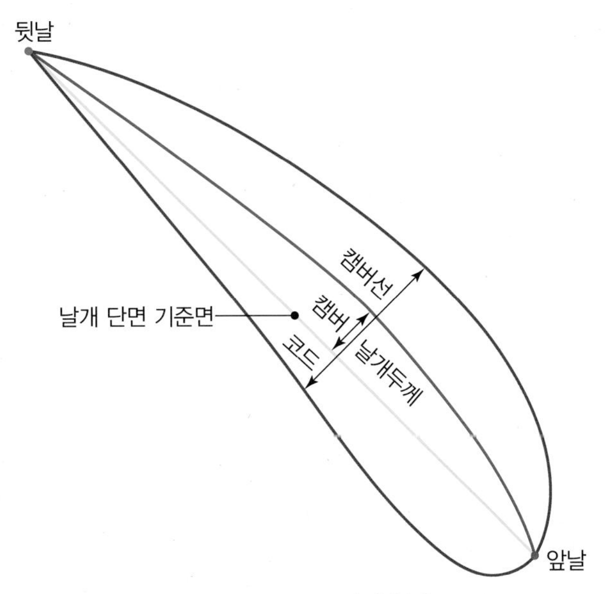

Figure 8.3 **날개 단면 형상**

그렇다면 선박은 어떻게 앞으로 나아갈까. 프로펠러의 날개면에 가해지는 양력으로부터 추력이 어떻게 발생하는지 이해할 필요가 있다. Fig 8.4는 Fig 8.3의 프로펠러 날개 단면 주위의 유동 현상을 그림으로 나타낸 것이다. Fig 8.4에서 프로펠러가 회전하면서 A면이 물을 밀어내는데 이 면을 압력면(pressure side) 또는 앞면(face)이라고 한다. 앞면은 프로펠러 회전 시 상대적으로 낮은 유속으로 인해 높은 양(+)의 압력을 갖는다. 반대로 B면은 흡입면(suction side) 또는 뒷면(back)이라 하고 상대적으로 유속이 빨라지고 압력은 낮아진다. 프로펠러 회전방향 및 회전속도와 선박의 전진속도로 인해 프로펠러 날개로 유동이 유입되고 앞날에 의해 갈라진 유동은 날개면을 따라 스치며 지나간다. 날개의 두께를 고려하지 않는다면 유동은 캠버선을 따라 흘러가므로, 유동이 휘어지는 데에 대한 반작용으로 날개는 양력을 얻게 된다. 실제 유동에서는 양력에 비해 작은 크기의 항력이 함께 발생하는데, 이 두 힘의 합력이 날개에 가해지는 힘이 된다. 그리고 날개에 가해지는 전체 힘을 축방향과 회전 방향 성분으로 분리하면 축방향의 힘이 선체를 앞으로 나아가게 하는 추력으로 작용한다.

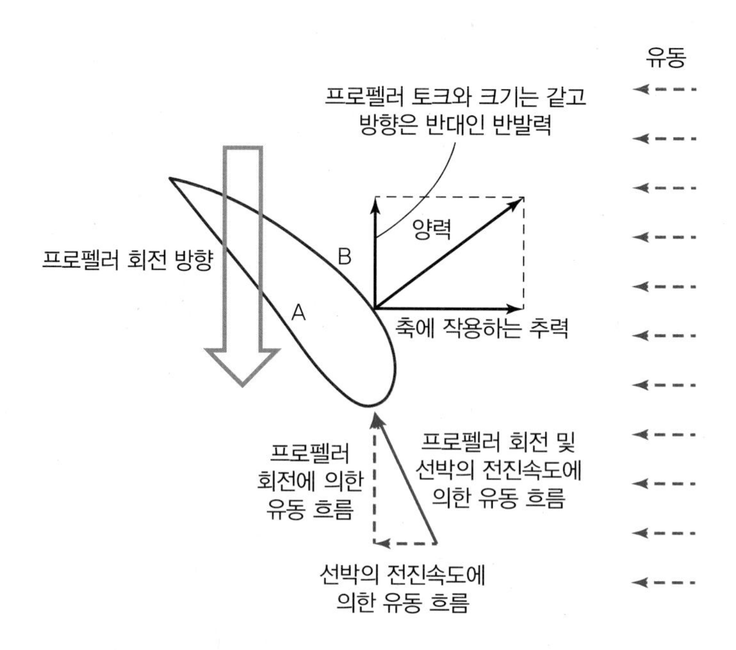

Figure 8.4 **날개에서 발생시킨 토크를 추력으로 변환**

Fig 8.5는 날개 단면에 작용하는 압력분포를 나타낸다. 압력면에서의 압력 증가와 흡입면에서의 압력 저하를 적분한 총량이 양력을 나타내며 보통 압력면보다 흡입면의 압력 변화가 양력의 크기에 더 큰 영향을 끼친다.

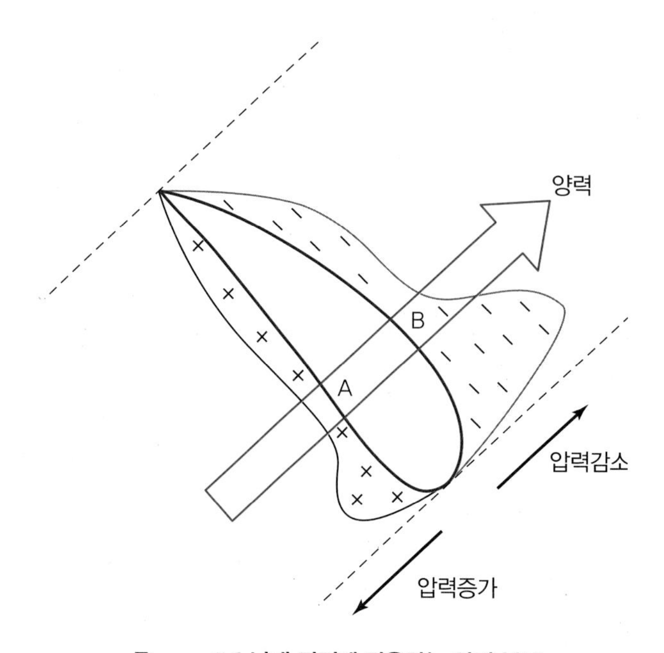

Figure 8.5 **날개 단면에 작용하는 압력 분포**

Fig 8.6에서는 프로펠러 측면도와 정면도에서 레이크(rake)와 스큐(skew)를 설명한다. Fig 8.6(a)에서 프로펠러 날개는 프로펠러 기준선(propeller reference line)[66]에 대하여 비스듬하게 제작된 것을 볼 수 있다. 이는 선체와의 틈새를 넓혀서 날개 끝에서 나타나는 변동압력이 선체에 미치는 영향을 감소시키기 위해 프로펠러 기준선과 제작 기준선(generation line)[67] 사이에 일정 간격을 두어 제작한 것으로, 각 반경 위치에서 프로펠러 기준선과 제작 기준선까지의 직선 거리를 레이크라 한다. 보통 날개 끝에서의 거리만을 의미하기도 한다. 한편 Fig 8.6(b)에 나타난 것처럼 반류 분포가 점진적으로 날개 단면에 유입되도록 하여 진동 및 수중 소음을 줄이기 위해 프로펠러 기준선과 축심으로 이루어지는 평면과 날개단면 기준점이 일정한 각 변위를 갖게 하는데 이를 스큐라고 한다. 스큐를 적용하면 스큐가 없는 프로펠러에 비해 각 날개 단면에 걸리는 힘의 위상 차이가 나도록 설정하여 허브의 응력이 감소된다. 하지만 스큐와 레이크가 프로펠러 추력에 미치는 영향은 크지 않다.

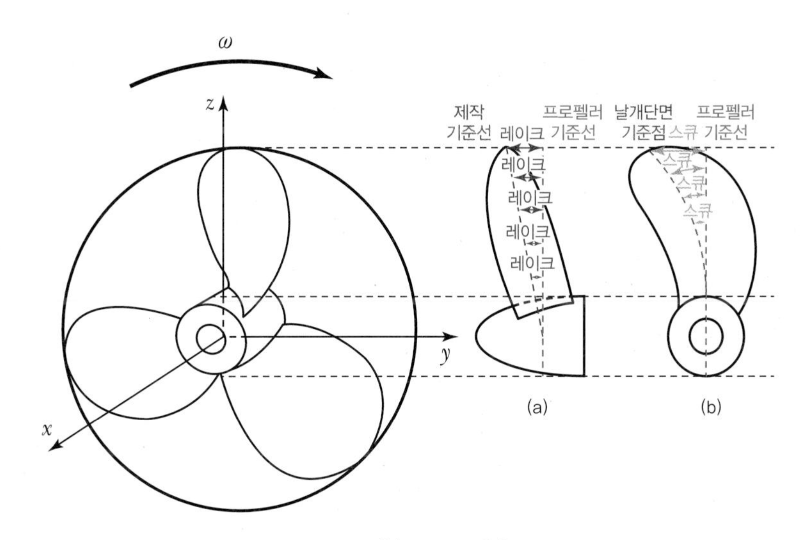

Figure 8.6 (a) **레이크**, (b) **스큐**

피치(Pitch, P)는 제작기준선이 1회전하며 축 방향으로 이동한 거리를 말하며 보통 피치는 직경으로 나눈 무차원 값($\frac{P}{D}$)을 사용한다. 피치는 보통 프로펠러 반경에 따라 변하도록 설계한다. 피치에는 수력학적 피치와 유효 피치가 있는데 수력학적 피치는 프로펠러의 임의의 단면에

66 프로펠러 기준선은 프로펠러 형상의 기준이 되는 직선으로 프로펠러 축심과 직각을 이룬다.

67 제작 기준선은 말 그대로 프로펠러 제작 시 기준이 되는 선을 말한다. 프로펠러 기준선과 축심으로 이루어지는 연직평면과 각 단면의 코드가 만나는 선이다.

서 양력이 발생하지 않는 전진 거리이며, 유효 피치는 전체 프로펠러에서 추력이 발생하지 않는 전진 거리를 말한다. 쉽게 말해 유효 피치는 프로펠러 단독특성 곡선에서 $K_T = 0$이 되는 전진비에 대응하는 위치이다. 피치와 피치각을 설명하기 위해 Fig 8.7과 같이 프로펠러에 xyz 좌표계를 설정하고 프로펠러 축 중심선을 $\overline{OO'}$로 놓고(이는 x축과 일치한다) 프로펠러 정면도는 yz 평면에 놓인다고 가정하자.

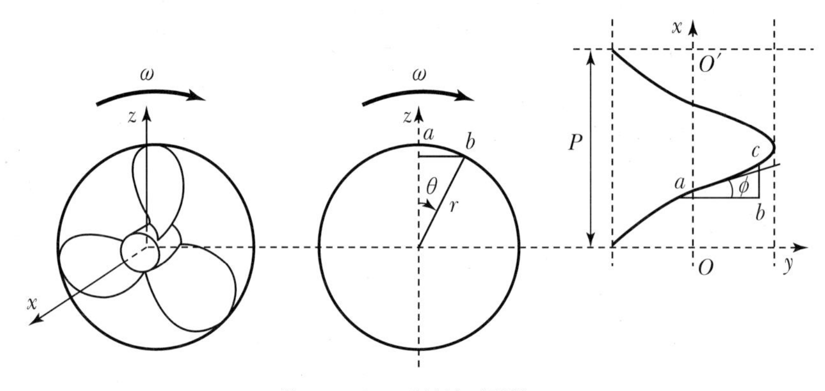

Figure 8.7 **나선의 기하학**

x축을 따른 점의 속력은 u라고 하고 x축에 대한 회전 각속도는 ω이다. 기준선이 yz 평면의 연직 상방위치로부터 각을 θ라 하면 시간 t가 경과했을 때 $\theta = \omega t$이다. 프로펠러가 한 바퀴 도는 데 걸리는 시간을 T라고 하면

$$2\pi = \omega T, \quad T = \frac{2\pi}{\omega}$$

피치 P는 기준선이 2π 회전하는 사이에 x축을 따라 점이 움직인 거리이므로, 단위시간당 ω만큼 회전하면서 전진속도 u만큼 직진하는 것을 고려하면 아래와 같은 식을 얻을 수 있다.

$$P = uT = u\frac{2\pi}{\omega}, \quad u = \frac{P\omega}{2\pi}$$

한편, 시간 t 동안 원주를 따라 점이 움직이는 거리는

$$\overline{ab} = r\theta = r\omega t$$

이며, 이때 x축을 따라 움직인 거리는 다음과 같다.

$$\overline{bc} = \frac{P\omega}{2\pi}t$$

위 값들을 이용하여 아래와 같이 피치각 ϕ을 얻을 수 있다. 즉, 피치각은 나선과 프로펠러 원판면이 이루는 각이라고 할 수 있다. 각 ϕ은 동일한 나선, 즉 같은 반경에서는 일정하지만 보통은 날개 끝으로부터 뿌리 쪽으로 갈수록 그 크기가 커진다.

$$\tan\phi = \frac{\overline{bc}}{\overline{ab}} = \frac{\frac{P\omega t}{2\pi}}{r\omega t} = \frac{P}{2\pi r} = \frac{u}{r\omega}$$

그러나 실제 유체 속에서 프로펠러가 추력을 발생시킬 때는 유체가 선수 방향으로 어느 정도 밀려가는 현상이 발생한다. 밀림 현상이 없다면 프로펠러가 단위 시간 동안 n번씩 회전할 때 Fig 8.8과 같이 단위 시간당 전진거리는 $\overline{Pn}$ 이 되는데 실제로는 단위시간당 전진거리가 $\overline{LM}$ 이 아닌 그보다 짧은 거리인 $\overline{LS}$ 가 된다. 이들 두 거리의 차 $\overline{MS}$ 를 슬립(slip)이라 부르고 참 슬립 비(real slip ratio) s_R는 다음과 같다(9.1.2장에서 더 심도있게 다룰 것이다).

$$s_R = \frac{\overline{MS}}{\overline{ML}} = \frac{\overline{Pn} - V_A}{\overline{Pn}}$$

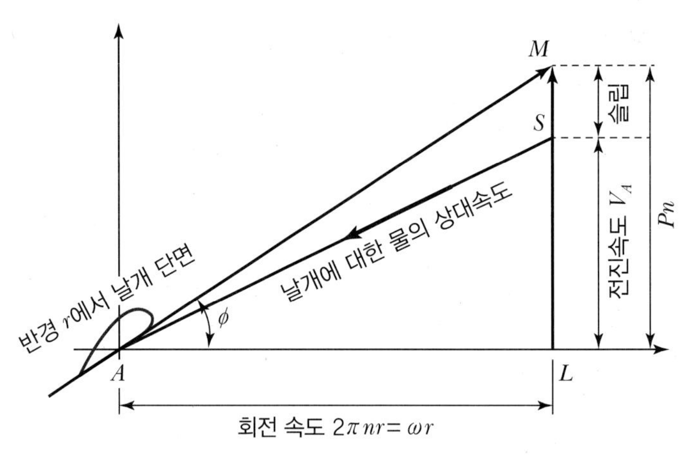

Figure 8.8 **슬립 현상**

프로펠러 날개의 윤곽을 나타내는 방법으로는 투영윤곽선(projected outline), 전개윤곽선(developed outline), 확장윤곽선(expanded outline)이 있다. 투영윤곽선은 Fig 8.9에서 윤곽선 B–C에 해당하며 프로펠러 정면도에서 종이 위에서 불빛을 비췄을 때 투영되는 그림자 자취를 말한다. 전개윤곽선은 각 반경 위치에서 앞날과 뒷날을 각 반경에서의 나선호상에 나타낸 것을 말하며 윤곽선 A–D에 해당한다. 확장윤곽선은 각 단면 위치에 있는 날개 단면을 평평한 평면 위에 펼친 것을 말하고 A′–D′에 해당한다. 정리하면 투영윤곽선과 전개윤곽선은 원호를 따라 놓이는 반면, 확장윤곽선은 일정한 반경을 따라 놓인다.

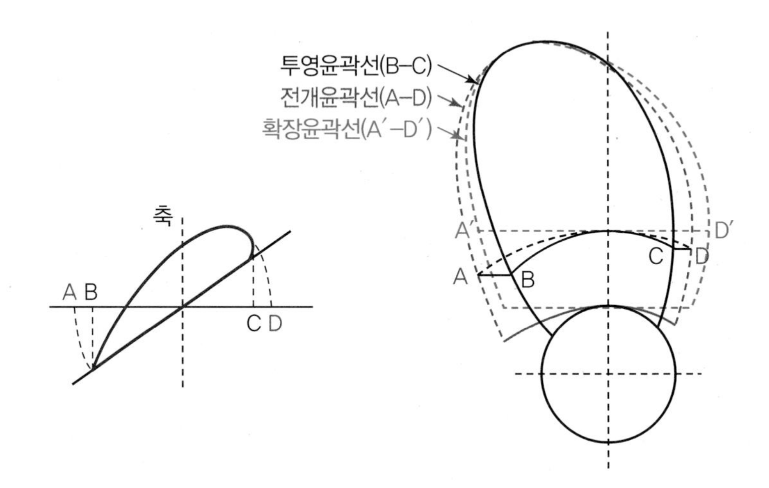

Figure 8.9 **투영윤곽선, 전개윤곽선, 확장윤곽선**

허브는 프로펠러 날개와 프로펠러 축을 연결하는 부분으로 프로펠러의 몸통이라 볼 수 있다. 초기에는 프로펠러와 허브를 일체형으로 제작하였으나 이후 가변피치 프로펠러의 등장과 함께 종종 조립형으로 제작되고 있다. 대개의 선박은 설계속도에서의 동력 성능을 기준으로 설계하므로, 다양한 선속에서의 성능 향상을 위해 가변피치 프로펠러를 적용하기보다는 제작과 유지비용의 측면에서 이점이 있는 고정피치 프로펠러를 이용하고 있다.

프로펠러 날개 두께는 Fig 8.10과 같이 각 단면에서의 최대 두께를 이어 t로 표현하는데 날개 두께비는 $\frac{t}{D}$로 무차원하여 나타낸다. 허브 쪽으로 갈수록 날개 두께는 두꺼워지며 두께선을 축심까지 연장하여 가상의 두께와 직경의 비를 보통 날개 두께비라 일컫는다.

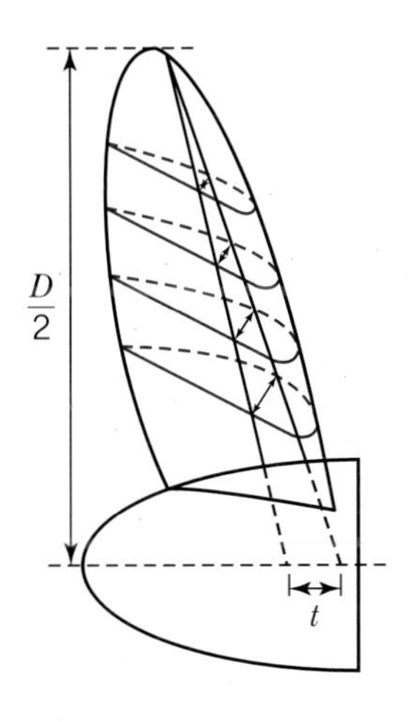

Figure 8.10 **프로펠러 날개 두께**

CHAPTER 9

프로펠러 이론과 공동현상

CHAPTER

9 프로펠러 이론과 공동현상

19세기부터 공학자들은 프로펠러 이론을 연구하기 시작하였는데 Rankine의 운동량 이론(1865)[68]과 W. Froude의 날개요소 이론(1878)이 대표적인 프로펠러 이론이다. 이러한 이론의 발전으로 프로펠러 설계 및 제작이 비약적으로 발전되었으며 보다 공학적인 접근이 가능하게 되었다. 이번 장에서는 프로펠러의 추력 발생을 어떤 방식으로 분석하는지 알아보고 프로펠러 단독성능 시험과 공동현상에 대해 살펴보기로 한다.

9.1 프로펠러 이론

9.1.1 운동량 이론

프로펠러 운동량 이론에서는 프로펠러를 유체가 통과하는 순간 압력을 상승시켜주는 원판 또는 기구로 이상화하여 설명하고 있다. 이 이론은 유체 안에서 일어나는 운동량 변화의 반작용으로 추력이 발생한다고 본다. 운동량 이론에서 프로펠러를 포함한 고정된 검사체적 내 운동량의 시간변화율은 제어면을 가로지르는 순 운동량과 계에 작용하는 힘의 합으로 표현한다.

$$\frac{\partial}{\partial t}(M_{CV})_{fixed} = \sum_{in}\dot{m}v - \sum_{out}\dot{m}v + \sum F_x$$

실제 프로펠러는 회전하면서 주기적으로 유동을 교란하지만, 운동량 이론에서는 균일한 정

68 W. J. M. Rankine, On the Mechanical Principles of the Action of Propellers, Transactions of the Institution of Naval Architects, Vol 6, page 13-35, 1865.

상 유동으로 간주하고 분석한다. 정상유동일 때는 $\frac{\partial}{\partial t} = 0$ 이므로 위 식을 $\sum F_x = T = \sum_{out} \dot{m}v - \sum_{in} \dot{m}v$ 로 표현할 수 있다. 한편, 프로펠러 운동량 이론은 아래와 같은 기본 가정에 근거한다.

1) 프로펠러를 통과하는 모든 유체는 균일하게 가속되며, 이로 이한 추력도 원판 전체에 걸쳐 균일하게 분포된다.
2) 유체의 점성을 무시할 수 있다.
3) 프로펠러로 유입되는 유동의 흐름은 무한하다.

가정 1)에서 유체가 작동 원판 단면에서 갑자기 가속될 수는 없으므로 실제로는 원판의 앞뒤 부분에서 일정 거리에 거쳐 가속이 일어난다. Fig 9.1은 면적이 A_0 인 프로펠러 원판이 균일속도 V_A 로 흐르는 유체 속에 놓여 있는 그림이다. 단면 1, 2, 3은 각각 작동 원판으로부터 전방으로 멀리 떨어진 단면, 작동 원판 단면, 작동 원판으로부터 후방으로 멀리 떨어진 단면을 나타낸다. V_A 의 속도로 단면 1을 통과한 유체가 단면 2(작동 원판)를 통과하면서 압력 또는 추력 발생 기구의 작용을 받고 속도가 빨라져 단면 3에서는 속도가 $V_A(1+b)$ 로 된다고 가정한다. 또한 이와 같은 속도의 증가는 유체가 원판에 도달하기 전부터 시작되기 때문에 원판을 통과하는 단면 2의 유동속도는 V_A 보다 큰 $V_A(1+a)$ 가 되었을 것으로 가정한다.

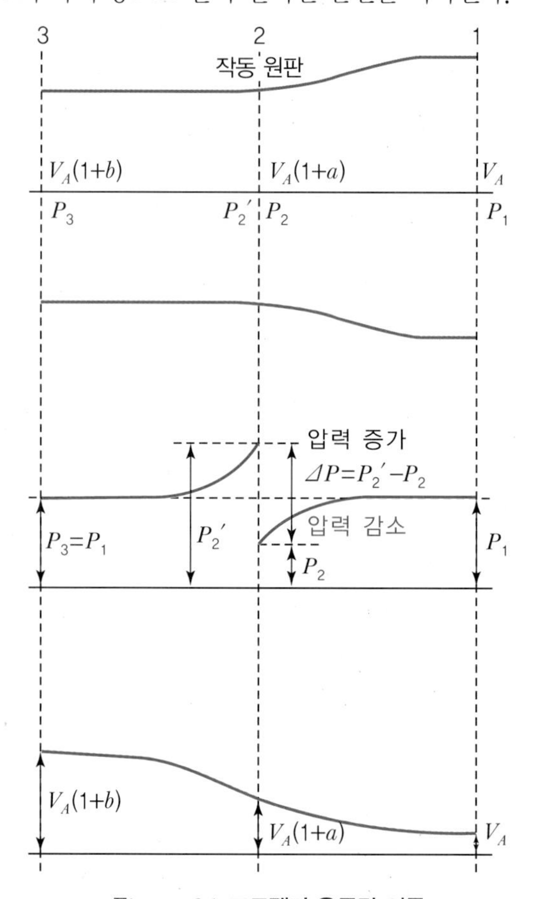

Figure 9.1 **프로펠러 운동량 이론**

베르누이 법칙에 의하여 단면 1 − 2 구간에서 속도의 증가로 압력은 감소한다. 이후 원판 단면을 통과하면서 압력이 P_1 보다 높은 값으로 갑자기 증가되었다가 후류로 진행할수록 주위의 압력과 같아지면서 압력이 감소할 것이다. 하류에서 압력의 감소로 인해 유속은 증가하게 된다. 유관 속에서의 유체의 회전운동으로 인한 영향을 무시한다면 단면 1과 3 사이의 단위시간당 운동량 변화량은 다음과 같다.

$$T = \dot{m}V_3 - \dot{m}V_1 = \dot{m}(V_3 - V_1) = \dot{m}(V_A(1+b) - V_A) = \dot{m}V_A b$$

여기서 질량유량 $\dot{m} = \rho A_0 V_2 = \rho A_0 V_A(1+a)$이므로 이를 위 식에 대입하면 다음과 같이 쓸 수 있다.

$$T = \rho A_0 V_A(1+a)V_A b = \rho A_0 V_A^2(1+a)b$$

또한 가정 2)에서 유체의 점성을 무시할 수 있으므로 단위 시간 동안 이루어지는 일의 합은 운동에너지 증가량과 같다.

$$\frac{1}{2}\dot{m}[(V_A(1+b))^2 - V_A^2] = \frac{1}{2}\rho A_0 V_A(1+a)V_A^2 b(2+b) = \frac{1}{2}\rho A_0 V_A^2(1+a)bV_A(2+b)$$

앞선 식에서 $\rho A_0 V_A^2(1+a)b = T$를 구하였으므로 이를 대입하면 아래와 같이 나타낼 수 있다.

$$\frac{1}{2}\dot{m}[(V_A(1+b))^2 - V_A^2] = \frac{1}{2}TV_A(2+b)$$

위는 프로펠러 추력이 유체에 해준 일 $TV_A(1+a)$과 같다. 여기서 a와 b의 크기를 알아보면

$$TV_A(1+a) = \frac{1}{2}TV_A(2+b)$$

$$(1+a) = 1 + \frac{b}{2}\text{이므로 } a = \frac{b}{2}$$

가 된다. 이것은 유체가 원판에 도달할 때까지의 속도 증가량이 전체 증가량의 $\frac{1}{2}$에 이른다는 것을 의미한다. 이로부터 프로펠러의 이상효율을 구해보면 아래와 같다.

$$\eta_I = \frac{\text{얻은 효율의 일}}{\text{소비된 일}} = \frac{TV_A}{TV_A(1+a)} = \frac{1}{(1+a)}$$

한편 추력부하계수 $C_T = \dfrac{T}{\frac{1}{2}\rho V_A^2 A_0} = \dfrac{\rho A_0 V_A^2 (1+a) b}{\frac{1}{2}\rho V_A^2 A_0} = 2a(2+2a) = 4a(1+a)$

로부터

$4a(1+a) = C_T,\ a = \dfrac{-1 \pm \sqrt{1+C_T}}{2}$ 이므로 프로펠러의 이상효율은 $\eta_I = \dfrac{2}{1+\sqrt{1+C_T}}$

가 된다.

이로부터 Fig 9.2와 같이 높은 추력 부하계수 C_T 에서 작동하는 프로펠러는 효율이 낮음을 알 수 있다. 또한 이 결과는 다른 조건들이 모두 같다면, 작동 원판 면적인 A_0 가 클수록 C_T 가 작아지므로 결과적으로 좋은 프로펠러 효율을 보인다는 것을 알 수 있다.

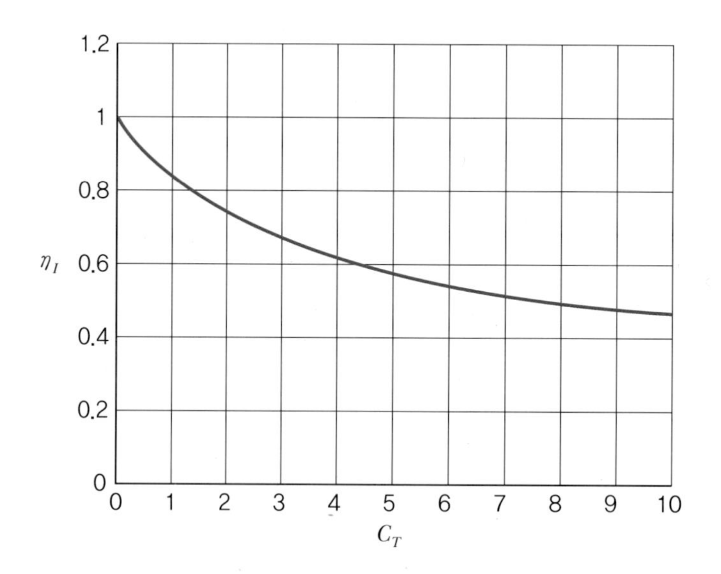

Figure 9.2 C_T 에 따른 η_I

프로펠러의 전진속도가 0일 때 프로펠러 효율은 당연히 0이겠지만 프로펠러는 여전히 추력을 전달하고 있다(9.2절의 POW 곡선에서 확인할 수 있다). 이상적인 프로펠러에서 전진속도가 0인 경우의 추력 T 와 동력 P 사이의 관계는 아래와 같다.

$$P = \frac{\text{얻은 유효한 일}}{\text{이상 효율}} = \frac{TV_A}{\eta_I} = TV_A \frac{1+\sqrt{1+C_T}}{2}$$

여기에서 V_A가 매우 작으면 C_T는 1에 비해 매우 큰 값을 가지므로 위 식을 아래와 같이 근사식으로 표현할 수 있다.

$$P = TV_A \frac{1 + \sqrt{1 + C_T}}{2} = TV_A \frac{1 + \sqrt{1 + \frac{T}{\frac{1}{2}\rho A_0 V_A^2}}}{2}$$

$$= \frac{TV_A + \sqrt{T^2 V_A^2 + \frac{T^3}{\frac{1}{2}\rho A_0}}}{2} = T\sqrt{\frac{T}{2\rho A_0}}$$

$$\frac{T}{P}\left(\frac{T}{\rho A_0}\right)^{\frac{1}{2}} = \sqrt{2}$$

위 식의 $\sqrt{2}$는 이상적인 프로펠러에 적용되는 값이며 실제 프로펠러는 이보다 더 낮아진다.

운동량 이론은 이상적인 조건의 프로펠러 성능 분석에 초점을 맞추어 추력을 발생시키는 프로펠러의 형상 변화에 따라 성능이 변화하는 것은 설명하지 못하는 한계가 있는데 이는 프로펠러를 작동 원판 또는 그 비슷한 개념의 물체로 가정하여 그것을 통과하는 유체의 압력이 순간적으로 증가한다고 가정하였기 때문이다. 실제 프로펠러의 성능을 확인하기 위해서는 프로펠러의 형상을 고려한 성능 분석 기법이 도입되어야 한다.

9.1.2 날개 요소 이론

날개 요소 이론은 프로펠러 날개를 2차원 날개 형상이 모인 것으로 가정하고, 각 단면에 작용하는 힘을 해석하여 프로펠러의 반경에 걸쳐 적분함으로써 추력을 계산하는 이론이다. 날개 단면의 속도 선도는 Fig 9.3과 같다.

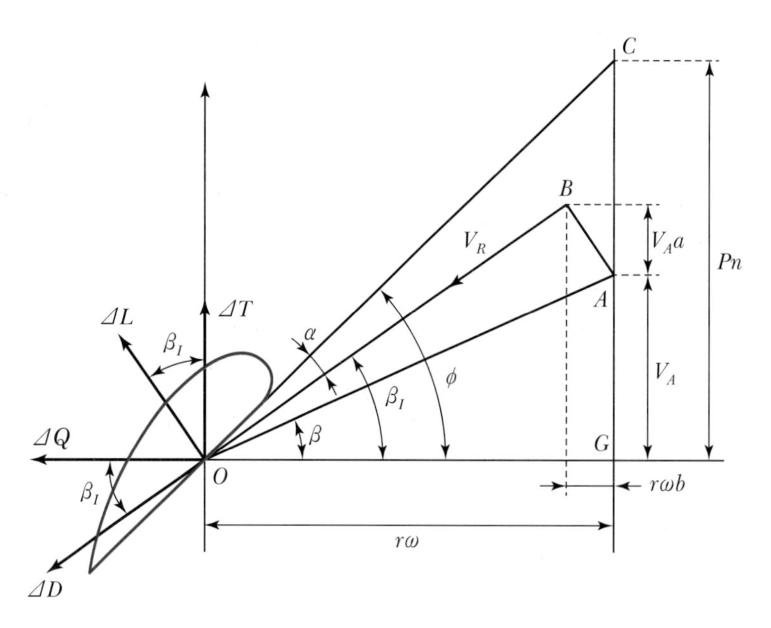

Figure 9.3 **날개 단면의 속도 선도**

프로펠러로 유입되는 유동에 변화가 없다면 날개 단면의 입사각은 슬립만을 고려한 값인 $\tan\beta = \frac{V_A}{r\omega}$에 따라 $\angle COA = \phi - \beta$가 될 것이다. 그러나 운동량이론에서 얻은 값과 같이, 프로펠러 평면에서의 유속은 상류에서의 속도보다 축 유입계수의 비율만큼 큰 값을 가지게 되고, 축방향 속도는 $V_A(1+a)$가 된다. 각속도는 프로펠러의 각속도보다 회전 유입계수의 비율만큼 작게 되고, 최종적으로 원주방향속도는 $r\omega(1-b)$와 같다. 이를 속도 선도에 표시하면 점 B를 얻고, $\angle BOG = \beta_I = \frac{V_A(1+a)}{r\omega(1-b)}$로부터 실제 단면에 대한 유동의 입사각인 $\angle COB = \alpha = \phi - \beta_I$를 구할 수 있다.

이제 $\frac{\Delta T}{\Delta r}, \frac{\Delta Q}{\Delta r}$는 아래와 같이 구한다. 프로펠러 날개를 원통면으로 잘라 얻는 Δr의 반경방향 길이를 갖는 날개 단면에 대해 추력과 토크를 얻을 수 있다면, 이를 반경방향 r로 적분하여 실제 날개에 작용하는 추력과 토크를 구할 수 있다. 반경 r에서의 날개 코드가 c이고 그 점에서의 날개 단면은 입사각 α에서 양력 계수 C_L과 항력 계수 C_D를 가진다고 가정한다. 입사각 α를 통해 이에 상응하는 양력계수 $C_L = \frac{L}{\frac{1}{2}\rho V^2 c}$, 항력계수 $C_D = \frac{D}{\frac{1}{2}\rho V^2 c}$를 얻을 수 있고, 양력 ΔL과 항력 ΔD는 다음과 같다.

$$\Delta L = \frac{1}{2}(\rho V_R^2) c C_L \Delta r \cdots\cdots (1)$$

$$\Delta D = \frac{1}{2}(\rho V_R^2) c C_D \Delta r \cdots\cdots (2)$$

(여기서, c : 코드길이, V_A : 입사류속도, $V_R = \frac{V_A(1+a)}{\sin\beta_I}$: 단면입사 상대속도,

Δr : 날개단면의 반경방향 길이이다.)

힘의 작용방향을 고려했을 때 유동에 수직인 방향 ΔL과 유동방향인 ΔD로부터 추력 ΔT와 토크 ΔQ를 유도해낼 수 있다

$$\Delta T = \Delta L \cos\beta_I - \Delta D \sin\beta_I \cdots\cdots (3)$$

$$\Delta Q = (\Delta L \sin\beta_I + \Delta D \cos\beta_I) r \cdots\cdots (4)$$

식 (3), (4)에 $\tan\gamma = \frac{C_D}{C_L} = \frac{\Delta D}{\Delta L}$ (5)를 도입하여 식을 변형하면

$$\Delta T = \frac{\Delta L \cos(\beta_I + \gamma)}{\cos\gamma} \cdots\cdots (6)$$

$$\Delta Q = \frac{r \Delta L \sin(\beta_I + \gamma)}{\cos\gamma} \cdots\cdots (7)$$

식 (6), (7)에 식 (1), (2)를 대입하면 최종적으로 아래와 같은 식을 얻는다.

$$\frac{\Delta T}{\Delta r} = \frac{1}{2}\rho V_A^2 (1+a)^2 c C_L \frac{\cos(\beta_I + \gamma)}{\sin^2\beta_I \cos\gamma}, \quad \frac{\Delta Q}{\Delta r} = \frac{1}{2}\rho V_A^2 (1+a)^2 c C_L r \frac{\sin(\beta_I + \gamma)}{\sin^2\beta_I \cos\gamma}$$

Fig 9.4의 날개 부하 곡선은 각 r 위치에서 작용하는 토크, 추력을 r의 함수로 나타낸 곡선을 의미하며, 이를 r 방향으로 적분하여 하나의 날개에 작용하는 추력 및 토크를 얻을 수 있다. 보통 $r = 0.7R$에서 최댓값이 존재하며 작동효율과 구조적 강도를 고려했을 때 추력, 토크의 대부분이 $0.7R$ 근처에서 발생하도록 프로펠러를 설계할 수 있다. 프로펠러 효율은 입력 일률과 유효한 출력 일률의 비로 정의되어 아래와 같이 계산하는데 9.2절에서 좀 더 자세히 다룰 것이다.

$$\eta = \frac{T V_A}{Q\omega} = \frac{T V_A}{2\pi n Q}$$

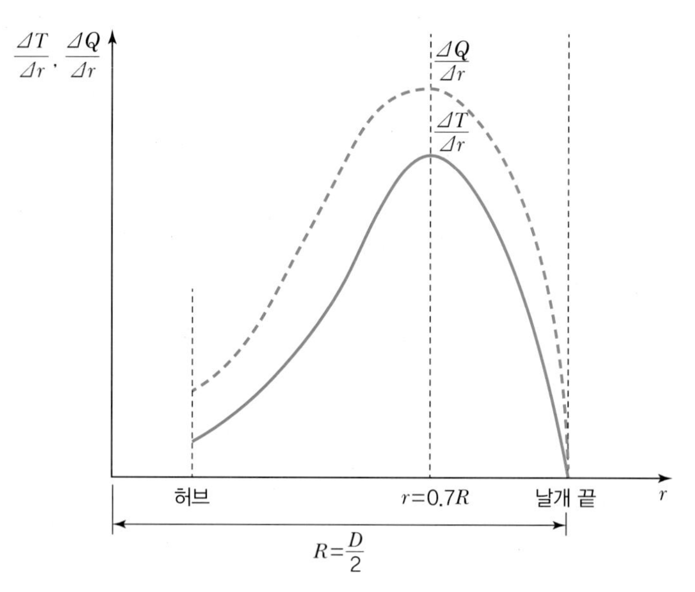

Figure 9.4 **날개 부하 곡선**

이러한 날개 요소 이론에 따라 프로펠러의 단면 형상에 따른 성능의 영향을 추정할 수 있어서 운동량 이론의 단점은 보완하였으나 이상적인 프로펠러 효율이 1이 된다는 모순적인 결론을 얻게 되었다.

9.2 POW 시험 해석

POW 시험에서 얻은 추력과 토크는 프로펠러 단독 곡선에서는 추력계수 K_T, 토크계수 K_Q로 표현되고 단독효율 η_O을 함께 표시한다. 추력계수와 토크계수는 각각 $K_T = \frac{T}{\rho n^2 D^4}$, $K_Q = \frac{Q}{\rho n^2 D^5}$로 무차원하는데 3장에서 설명한 Buckingham의 pi 정리로 해석할 수 있다. 프로펠러의 추력은 아래의 변수들에 의해 지배된다고 가정한다.

1) 물의 밀도 ρ

2) 프로펠러 직경 D

3) 프로펠러 유입 속도 V_A

4) 중력가속도 g

5) 프로펠러 회전 속도 n

6) 유체 내 압력 p

7) 물의 점성 μ

추력과 이들의 관계를 아래와 같이 표현할 수 있다.

$$T = f(\rho, D, V_A, g, n, p, \mu)$$

위 변수들은 각각 $\frac{ML}{T^2}$, $\frac{M}{L^3}$, L, $\frac{L}{T}$, $\frac{L}{T^2}$, $\frac{1}{T}$, $\frac{M}{LT^2}$, $\frac{M}{LT}$의 차원으로 구성되며 Buckingham의 pi 정리에 따르면 의존 변수는 8개, 독립 변수는 3개로 무차원 개수는 5개가 나오며 반복 변수로 독립 변수가 포함된 변수 중 임의로 ρ, D, V_A를 정하면

$$\rho^{\alpha_1} D^{\alpha_2} V_A^{\alpha_3} T = \left(\frac{M}{L^3}\right)^{\alpha_1} L^{\alpha_2} \left(\frac{L}{T}\right)^{\alpha_3} \left(\frac{ML}{T^2}\right) = L^{-3\alpha_1+\alpha_2+\alpha_3+1} T^{-\alpha_3-2} M^{\alpha_1+1}$$

$$\rho^{\alpha_1} D^{\alpha_2} V_A^{\alpha_3} g = \left(\frac{M}{L^3}\right)^{\alpha_1} L^{\alpha_2} \left(\frac{L}{T}\right)^{\alpha_3} \left(\frac{L}{T^2}\right) = L^{-3\alpha_1+\alpha_2+\alpha_3+1} T^{-\alpha_3-2} M^{\alpha_1}$$

$$\rho^{\alpha_1} D^{\alpha_2} V_A^{\alpha_3} n = \left(\frac{M}{L^3}\right)^{\alpha_1} L^{\alpha_2} \left(\frac{L}{T}\right)^{\alpha_3} \left(\frac{1}{T}\right) = L^{-3\alpha_1+\alpha_2+\alpha_3} T^{-\alpha_3-1} M^{\alpha_1}$$

$$\rho^{\alpha_1} D^{\alpha_2} V_A^{\alpha_3} p = \left(\frac{M}{L^3}\right)^{\alpha_1} L^{\alpha_2} \left(\frac{L}{T}\right)^{\alpha_3} \left(\frac{M}{LT^2}\right) = L^{-3\alpha_1+\alpha_2+\alpha_3-1} T^{-\alpha_3-2} M^{\alpha_1+1}$$

$$\rho^{\alpha_1} D^{\alpha_2} V_A^{\alpha_3} \mu = \left(\frac{M}{L^3}\right)^{\alpha_1} L^{\alpha_2} \left(\frac{L}{T}\right)^{\alpha_3} \left(\frac{M}{LT}\right) = L^{-3\alpha_1+\alpha_2+\alpha_3-1} T^{-\alpha_3-1} M^{\alpha_1+1}$$

이므로 위 식의 위 첨자 항은 차원이 생기지 않기 위해서 0이 되어야 한다.

T에 대해 $\alpha_1 = -1, \alpha_2 = -2, \alpha_3 = -2$ 이므로 $\Pi_1 = \frac{T}{\rho D^2 V_A^2}$,

g에 대해 $\alpha_1 = 0, \alpha_2 = 1, \alpha_3 = -2$ 이므로 $\Pi_2 = \frac{gD}{V_A^2}$

n에 대해 $\alpha_1 = 0, \alpha_2 = 1, \alpha_3 = -1$이므로 $\Pi_3 = \frac{nD}{V_A}$,

p에 대해 $\alpha_1 = -1, \alpha_2 = 0, \alpha_3 = -2$이므로 $\Pi_4 = \frac{p}{\rho V_A^2}$,

μ에 대해 $\alpha_1 = -1, \alpha_2 = -1, \alpha_3 = -1$이므로 $\Pi_5 = \frac{\mu}{\rho V_A D}$를 얻는다.

위의 무차원 식들을 정리하면 다음과 같이 쓸 수 있다.

$$C_T = \frac{T}{\frac{1}{2}\rho D^2 V_A^2} = f\left(\frac{gD}{V_A^2}, \frac{nD}{V_A}, \frac{p}{\rho V_A^2}, \frac{\mu}{\rho V_A D}\right)$$

좌변의 항은 각각 프루드 수, 전진비, 압력에 관한 항, 레이놀즈 수를 의미한다. 토크의 경우도 위와 같은 방법으로 정리하면 아래와 같이 표현할 수 있다.

$$C_Q = \frac{Q}{\frac{1}{2}\rho D^3 V_A^2} = f\left(\frac{gD}{V_A^2}, \frac{nD}{V_A}, \frac{p}{\rho V_A^2}, \frac{\mu}{\rho V_A D}\right)$$

앞서 구한 토크, 추력계수가 모든 작동 조건에서 타당한 결과를 보이는지 확인하도록 한다. 추력계수 $C_T = \frac{T}{\rho D^2 V_A^2}$, 토크계수 $C_Q = \frac{Q}{\rho D^3 V_A^2}$로 나타내면, 배를 볼라드(bollard)에 매고 끄는 경우나 다른 배를 끄는 예선에서는 속도 V_A가 0에 가까워지므로 추력계수와 토크계수가 무한으로 커지기 때문에 저속 조건에서는 이러한 무차원화가 적합하지 않다. 따라서 분모를 V_A 대신 속도 차원을 가지는 nD로 바꾸어 주면 $K_T = \frac{T}{\rho n^2 D^4}$로 나타낼 수 있고 C_Q도 마찬가지로 $K_Q = \frac{Q}{\rho n^2 D^5}$으로 나타낼 수 있다. 또한 K_Q는 K_T에 비해 상당히 작기 때문에 추력계수와 토크 계수를 단독곡선 그래프에 함께 같은 크기로 나타내면 K_Q의 추세를 살펴보기 힘들기 때문에 10을 곱하여 $10K_Q$로 나타내는 경우가 일반적이다. 프로펠러 단독효율 η_O는 $\eta_O = \frac{\text{입력동력}}{\text{출력동력}} = \frac{TV_A}{2\pi nQ}$로 나타낼 수 있으므로 η_O는 $\eta_O = \frac{TV_A}{2\pi nQ} = \frac{K_T \rho n^2 D^4 \times V_A}{2\pi n \times K_Q \rho n^2 D^5}$ $= \frac{K_T V_A}{2\pi n K_Q D} = \frac{J}{2\pi}\frac{K_T}{K_Q}$로 나타낼 수 있다. 추력계수, 토크계수, 프로펠러 단독효율 관계를 표현한 프로펠러 단독 성능 곡선은 Fig 9.5와 같이 높은 전진비로 갈수록 토크와 추력이 감소하고, 특정 전진비 영역에서 최대 효율을 보이는 경우가 일반적이다.

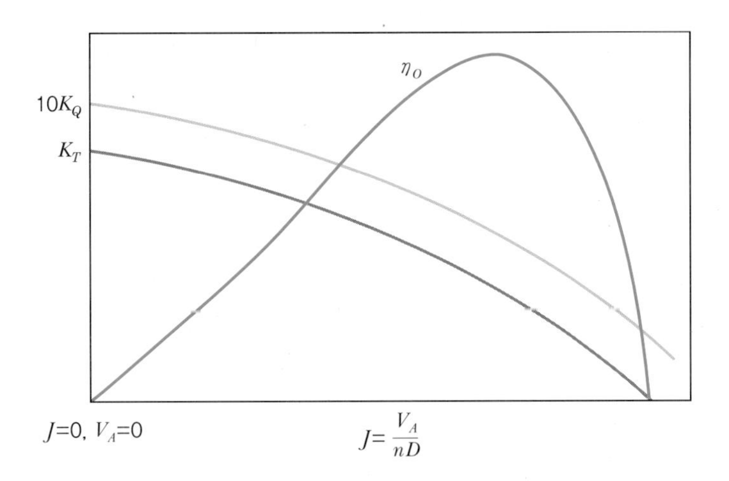

Figure 9.5 **프로펠러 단독성능 곡선**

V_A가 낮아지면 전진비가 작아지고 큰 추력계수를 얻지만 전진 속도가 느려 유효한 일의 크기가 작다. 그리고 토크계수 또한 커지므로 추진 효율이 낮다. 이후 전진비가 높아질수록 효율이 꾸준히 증가하다가 특정 전진비에서 최고 효율이 계측된 뒤 하강 곡선을 그리다 어느 순간부터 추진기에 항력이 발생, 음의 추력이 발생하므로 효율이 음으로 나타난다. 이처럼 추력과 토크 값은 전진비에 따라 민감하게 반응하므로 전진비 오차를 줄여야 정밀한 실험이 가능하다.

그렇다면 왜 전진비가 0일 때 추력계수가 제일 커질까. 이는 프로펠러 받음각으로 설명이 가능하다. Fig 9.6과 같이 프로펠러 유입각은 $\beta = \tan^{-1}\left(\frac{V}{2\pi rn}\right)$으로 계산되는데 회전수와 직경이 일정할 때 예인속도가 증가하면 β가 커지고 프로펠러 받음각 $\alpha = \phi - \beta$도 함께 줄어들어 양력이 감소하므로 결과적으로 추력계수는 계속 작아진다. 받음각이 음이 될 정도로 큰 전진속도(전진비) 조건에서는 양력이 반대 방향으로 발생하여 Fig 9.5의 곡선들은 음의 값을 가지게 된다.

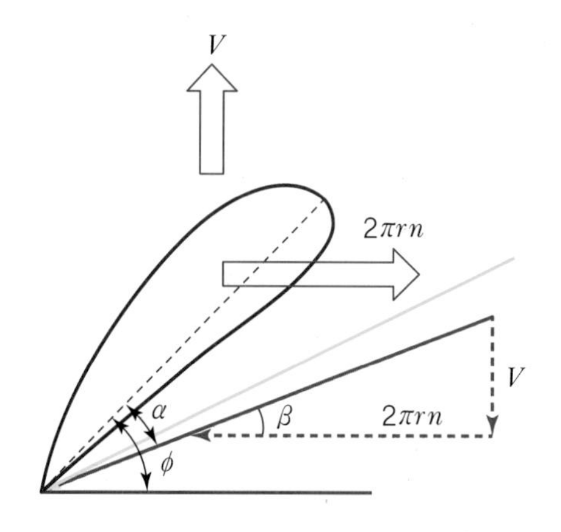

Figure 9.6 **프로펠러 받음각 개념**

POW 시험에서는 Fig 9.7[69]과 같이 프로펠러를 달고 회전수를 조절할 수 있도록 만들어진 POW 장비를 예인전차에 장착하여 실험한다. 일반적인 프로펠러의 작동 조건과 반대로, 프로펠러를 실험장비의 앞에 달고 균일한 유동이 프로펠러에 유입되는 상태에서 실험한다. 회전하는 프로펠러 축에서 계측된 추력과 토크의 전기적 신호를 DAS로 받아 볼 수 있다. 이때 감압수조가 아닌 일반수조에서는 공동현상은 고려하지 않고, 유체의 상변화가 없는 유동 조건에서 실험을 수행한다.

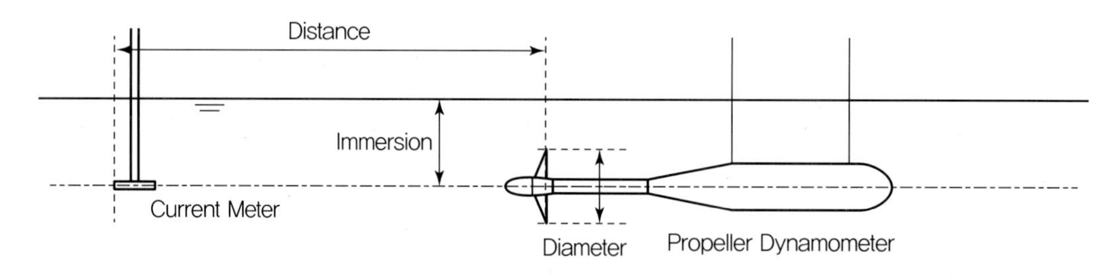

Figure 9.7 **전형적인 POW 장비 셋업**(ITTC, 2002)

---

69 ITTC, Testing and Extrapolation Methods Propulsion, Propulsor Open Water Test, ITTC-Recommended Procedures and Guidelines, 7.5-02-03-02.1, page 1-9, 2002.

9.3 공동현상

공동현상이란 물체가 고속으로 움직일 때 주위 액체의 압력이 증기압 이하로 낮아져서 액체 내 증기 기포인 공동(cavity)이 발생하는 현상이다. 선박에서는 압력의 변화가 큰 프로펠러의 날개 주위에서 자주 발생하며 공동의 붕괴 및 소멸 과정에서 생성되는 강한 충격파는 프로펠러 날개 표면을 침식시키고 선체 소음 및 변동압력 증가, 나아가 추력의 손실을 야기한다. 이전에는 높은 동력을 소모하는 단추진기선에 한해서만 공동현상이 문제였다면 현대에는 선박의 속도가 증가함에 따라 공동현상 문제가 전반적으로 중요하게 대두되었다. Fig 9.8은 선미에 장착된 프로펠러가 회전할 때 공동현상을 관측한 사진이고 Fig 9.9는 공동에 의해 침식된 임펠러 사진이다.

Figure 9.8 **프로펠러 회전으로 인한 공동현상 발생**
(자료제공 : Wikimedia, 사진촬영 : U.S. Navy) [public domain]

Figure 9.9 **공동에 의해 침식된 임펠러**
(자료제공 : Wikimedia, 사진촬영 Erik Axdahl)

공동현상은 온도가 높아져 물이 기화되는 것(boiling)과는 달리 낮은 온도에서 압력의 변화로 생기는 현상이다. 이는 Fig 9.10의 물의 상평형(phase diagram)[70] 그림으로 공동현상과 기화현상을 쉽게 구분할 수 있다. 한편 선박의 과도한 종동요 현상으로 프로펠러의 저압 영역에 수면 위 공기가 유입되어 마치 공동처럼 보이는 경우가 있는데 이를 벤틸레이션(ventilation)이라고 하며 공동현상과는 엄연히 다른 개념이다. 벤틸레이션을 방지하기 위해 프로펠러는 가능한 한 수면 아래 깊게 설치한다.

---

70 상평형 그림이란 특정 온도, 기압 등의 세기변수(intensive variable)하에서 물질의 상 사이의 평형상태를 나타낸 도표로 특정 상태에서 물질이 어떤 상을 가지게 되는지를 나타낸다. 주로 증기압력 곡선, 승화곡선, 융해곡선의 세 곡선으로 이루어져 있으며 그 물질의 삼중점(triple point)과 임계점(critical point)이 나타나 있다(출처 : 위키백과 ko.wikipedia.org).

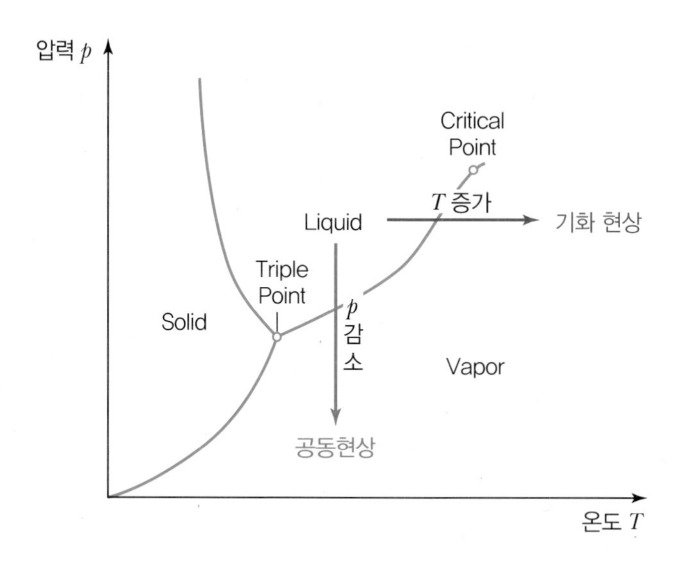

Figure 9.10 **상평형(phase diagram) 그림을 이용한 일반적인 기화와 공동현상의 차이**

그렇다면 공동현상은 언제 생기기 시작할까. Fig 9.11과 같이 초기속도 V_0와 초기압력 p_0를 갖는 비점성 균일 유동이 2차원 날개를 향해 흘러들어오고 있다고 가정하자. 여기서 p_0는 대기압에 해당 위치에서의 정압을 더한 절대압력(absolute pressure)을 의미한다. 유선 위의 임의의 점 P에서의 속도와 압력이 V_1, p_1이면 베르누이 법칙에 의해 $p_1 + \frac{1}{2}\rho V_1^2 = p_0 + \frac{1}{2}\rho V_0^2$가 되고, 이를 정리하면 $p_1 - p_0 = \frac{1}{2}\rho(V_0^2 - V_1^2)$가 된다. 이는 초기 유동이 익형의 뒷면의 어느 점까지 도달할 때의 압력변화 $\delta p(= p_1 - p_0)$와 유속변화의 관계를 나타낸다. 날개 단면의 앞날 부근 정체점 S에서는 유체 속도 $V_1 = 0$이 되고, 그 점의 압력변화는 다음 식과 같다.

$$\delta p = p_1 - p_0 = \frac{1}{2}\rho V_0^2 = q$$

즉, 점 정체점 S에서의 압력은 그 주위 압력인 p_0보다 $\frac{1}{2}\rho V_0^2$만큼 높아진다. 또한 그 점에서의 압력 차를 동압이라 부르며 기호 q로 나타내었다.

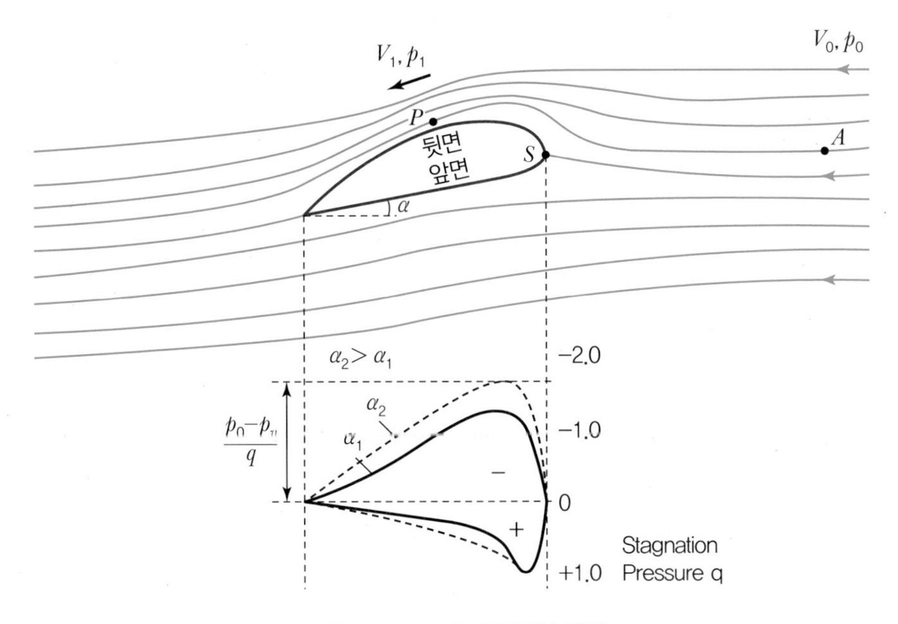

Figure 9.11 **공동현상의 원인**

Fig 9.11의 유선 위 임의의 점에서 V_1이 V_0보다 빨라지면 p_1이 p_0보다 작아진다. 이후 p_1이 증기압 p_v보다 작아지면 기화되기 시작한다. 즉 $p_1 < p_v$일 때 공동현상이 발생한다. 이를 압력변화의 형태로 나타내면 다음 식과 같다.

$$-p_1 > -p_v$$

$p_0 - p_1 > p_0 - p_v$인데 이를 동압 $\frac{1}{2}\rho V_0^2 (= q)$으로 무차원하면 $\frac{p_0 - p_1}{\frac{1}{2}\rho V_0^2} (= \frac{\Delta p}{q}) > \frac{p_0 - p_v}{\frac{1}{2}\rho V_0^2}$에서 공동현상이 나타난다.

우변의 경우 유체의 특성과 유동 조건을 통해 초기 변수가 정해지므로 $\frac{p_0 - p_v}{\frac{1}{2}\rho V_0^2} = \sigma$를 공동 수(cavitation number)라고 나타낸다. 실제 바닷물에는 공동의 생성을 촉진하는 불순물, 핵 등이 포함되어 있기 때문에 보통은 p_v에 도달하기 전에 그보다 조금 높은 압력 p_c에서 공동이 발생한다.

한편, 받음각이 증가하면 $\frac{\Delta p}{q}$가 커지는데 σ보다 작을 경우에는 공동현상이 일어나지 않지만 σ보다 크면 공동이 발생한다. Fig 9.11은 날개 단면 주위의 $\frac{\Delta p}{q}$의 분포를 잘 보여주고 있다. 함정에서는 작전을 수행할 때 공동 초생속도(Cavitation Inception Speed, CIS) 이하로 기동하여 공동으로 인한 방사소음을 최소화하여 적의 어뢰 등으로부터 함정의 안전을 도모한다.

그렇다면 공동은 왜 프로펠러 허브 부근이 아닌 날개 끝 부근에서 주로 생성될까. 프로펠러 중심선이 h의 깊이에 잠겨 있다면 대기압과 해당 위치의 정압을 고려한 공동 수는 아래와 같다.

$$P_0 = P_{atm} + \rho gh \text{ 이므로 } \sigma = \frac{P_{atm} + \rho gh - P_v}{\frac{1}{2}\rho V^2}$$

기준속도 V_R은 Fig 9.12와 같이 보통 유입 속도를 포함하는 단면에서의 국부 유속이다.

$$V_R = \sqrt{V_A^2 + (2\pi nr)^2}$$

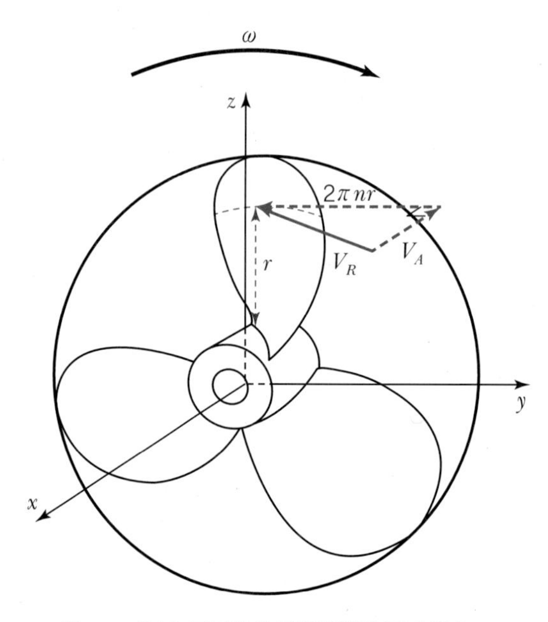

Figure 9.12 프로펠러 단면에서의 국부 유속

날개가 연직 상방, 즉 수면에 가장 가까운 위치를 지날 때 단면 위의 압력은 다음과 같으며 이때 압력이 가장 낮다.

$$P_{atm} + \rho gh - \rho gr - P_v$$

프로펠러가 회전하면 단면 위의 압력은 $\pm\rho gr$의 범위 안에서 변동하게 된다. r이 최대인 날개 끝 지점에서는 유속도 제일 빠르므로 그때 공동 수가 낮다. 따라서 국부 공동 수는 아래와 같이 표현할 수 있다.

$$\sigma_L = \frac{P_{atm} + \rho gh - \rho gr - P_v}{\frac{1}{2}\rho V_R^2}$$

(여기서, 아래첨자 L은 국부(local)이다.)

프로펠러가 수면 아래로 잠기는 깊이 h를 키워주면 공동 수가 커지므로 공동 발생을 지연할 수 있다. 한편, Fig 9.13[71]날개 끝과 선체 사이의 간격이 좁으면 프로펠러 날개로부터 전달되는 압력 변동이 선체에 크게 영향을 미치므로 이 간격을 키우기도 하는데 이때 반경 r을 너무 줄이면 같은 추력을 내기 위한 회전 수가 커지기 때문에 오히려 공동 수가 작아져서 공동의 영향을 심하게 받을 수도 있다.

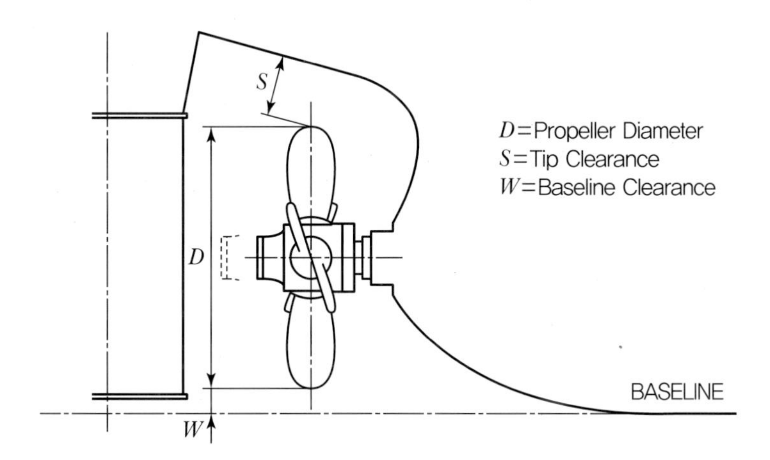

Figure 9.13 **날개 끝 간격과 공동현상**(J. Babicz, 2015)

71 J. Babicz, Encyclopedia of Ship Technology, Wartsila Corporation, 2015.

공동 발생에서 주의해야 될 점은 공동 발생의 기준은 날개 면의 압력 감소량의 평균값이 아니라 최댓값이라는 점이다. 그러므로 Fig 9.14의 예시와 같이 앞날 근처에서 높은 압력 정점이 나타나고 정점이 지나면 압력이 급격히 줄어드는 일반적인 날개 단면보다 압력 분포에서 정점이 낮고 변동이 느린 압력분포를 보이는 round back 형상이 공동 발생 확률이 낮다.

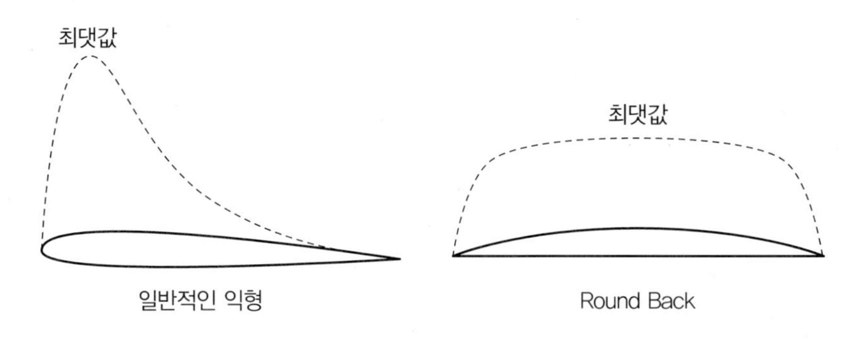

Figure 9.14 **일반적인 익형과** round back **형상의 압력분포**

프로펠러에 공동이 발생되지 않은 상태(아공동 상태, subcavitating)에서 압력분포는 받음각에 따라 달라지는데 이상적인 받음각일 때는 압력이 프로펠러 면에 고루 분포하지만 실제 받음각이 이상적인 받음각보다 커지면 프로펠러 뒷면에 큰 압력 저하가 일어난다. 반대로 실제 받음각이 이상적인 받음각보다 작아지면 프로펠러 뒷면의 앞쪽과 뒤쪽에서도 압력 저하가 나타나는 등 압력 분포가 불안정해진다. 그러므로 이상적인 받음각을 유지하는 것이 프로펠러의 추력생성에서 중요하다.

프로펠러 주위에 생기는 공동은 형상에 따라 Fig 9.15[72]와 같이 분류할 수 있다. 얇은막 공동(sheet cavitation)은 주로 날개의 앞날에서 생성되는 공동으로, 단독상태에서 안정되더라도 속도 분포가 변동하는 반류 중에서는 불안정한 형태를 보인다. 거품 공동(bubble cavitation)은 코드 중간쯤 되는 곳 또는 날개단면의 두께가 최대인 점에서 주로 발생하며 다양한 크기의 거품들이 빠르게 커지고 수축하는 특징이 있다. 구름 공동(cloud cavitation)은 얇은 막 공동이 발전하여 생성되는 공동으로 매우 작은 거품들의 안개나 구름 같은 형상을 가진다. 날개 끝 와류 공동(tip vortex cavitation)은 보통 날개 끝에서 약간 뒤로 떨어진 곳에서 시작되어 와류가 강해져서 와류 내부의 유체 압력이 감소될 때 날개 끝에 매달린 형상으로 관측된다. 허브 와류 공동(hub vortex cavitation)은 날개 뿌리 근처에서 날개로부터 생기는 보텍스에 의해 생성되는 것

72 S. A. Kinnas, An International Consortium on High-speed propulsion, Mar Technol, 33, 203-210, 1996.

으로 날개 뿌리 보텍스 자체만으로는 강도가 약해서 공동이 잘 생기지는 않으나, 수렴형 허브에서는 날개 뿌리 보텍스가 모이면서 강한 허브 와류가 발전되며 공동으로 발달한다. 이는 꼬인 줄기 형상으로 관측되며 가닥 수는 프로펠러 날개 수와 같다. 이러한 공동은 압력조정이 가능한 공동수조(cavitating tunnel)에서 시각적으로 관측할 수 있다.

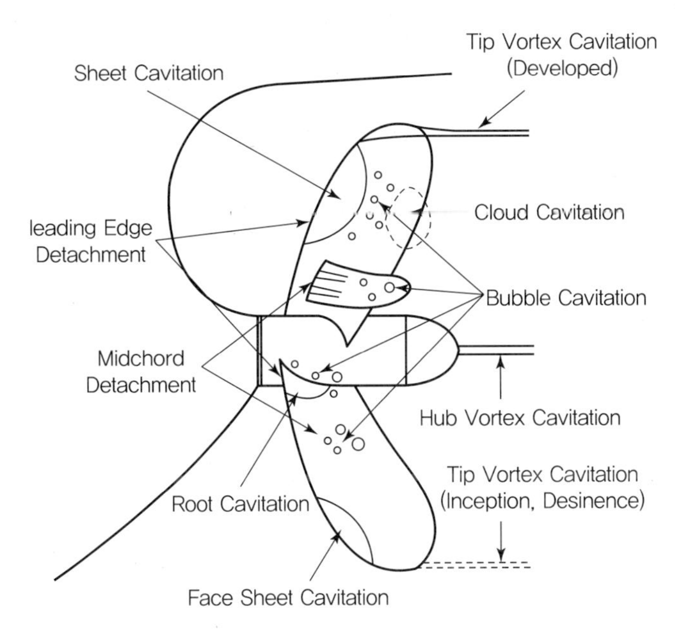

Figure 9.15 **프로펠러 주위에 생기는 공동의 종류**(S. A. Kinnas, 1996)

Fig 9.16은 세계 최초의 공동 수조로 C. A. Parsons는 캐비테이션 현상을 실험적으로 입증하였고 Turbina 호의 추진 성능을 개선하였다.

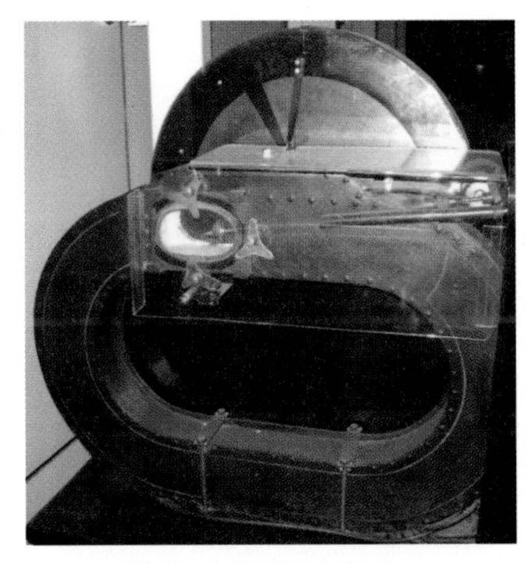

Figure 9.16 **세계 최초의 공동 수조**

(뉴캐슬 대학교 소장, https://research.ncl.ac.uk/marinepropulsion/resources/fundamentals)

한편, 공동현상을 역으로 이용하기도 한다. 초공동현상은 수중에서 물체가 매우 빠르게 이동할 때 주위의 압력이 낮아지면서 공동이 수중운동체를 완전히 덮어 버리므로 물체와 물이 접촉하지 않고 증기와 접촉하게 되는 현상을 말하는데, 이때 마찰저항이 줄어들어 전체 저항을 크게 줄일 수 있다. 이를 이용하여 초공동 상태에서 사용되는 프로펠러가 설계되기도 하며 200 knots 이상의 속도를 낼 수 있는 군사적 목적의 고속 잠수정 및 초공동 어뢰 개발에도 응용되고 있다.

CHAPTER 10

기타 선박용 추진기

CHAPTER

10 기타 선박용 추진기

8장과 9장에서는 프로펠러의 제원 및 특성을 이해할 수 있도록 나선형 프로펠러를 예로 들어 설명하였다. 나선형 프로펠러는 추진 효율이 좋고 내구성 또한 훌륭하여 대부분의 선박에서 이를 사용한다. 하지만 일부 선박은 사용 목적에 따라 운항 조건이 다양하므로 그 특성에 적합한 추진기를 선택하기도 한다. 이 장에서는 다양한 추진기에 대해 알아보도록 한다.

10.1 고정 피치 프로펠러(Fixed Pitch Propeller, FPP)

프로펠러 날개가 허브에 고정된 프로펠러를 고정 피치 프로펠러라 한다. 대개는 허브와 프로펠러 날개가 하나의 재료로 만들어진다. 프로펠러의 피치가 고정되어 있으므로 추력의 크기나 선속은 프로펠러 회전 수를 조절하여 변화시킨다. 프로펠러 날개 수는 주기관의 종류와 배의 속도에 따라 일반적으로 4~6개로 결정된다. 고정 피치 프로펠러는 제작비가 저렴하고 내구성이 좋아서 흔히 사용하는 프로펠러이다.

10.2 가변 피치 프로펠러(Controllable Pitch Propeller, CPP)

프로펠러 날개가 허브에 고정되는 고정 피치 프로펠러와 달리 가변 피치 프로펠러는 Fig 10.1과 같이 날개를 허브와 연결된 곳에서 회전시켜 날개의 피치를 변화시킬 수 있어서 선속이 변화하더라도 일정한 엔진 회전 수에서 선속을 유지할 수 있다. 심지어 피치를 조절하여 후진방향으로도 추력을 낼 수 있어서 선속 변화가 큰 함정이나 예인선에 적합하다. 하지만 가변 피치 프로펠러는 프로펠러 보스 안에 날개의 피치를 변화시키는 기구를 설치해야 한다는 번거로움이 있다. 보스 대 직경의 비가 0.25 정도로 고정 피치 프로펠러일 때의 0.18~0.20 정도보다 커지므로 추진 효율이 다소 저하되는 문제가 있다. 그리고 축 내의 구조가 복잡할 뿐 아니라 기구부의 설치와 유지에 비용이 증가하는 단점이 있다.

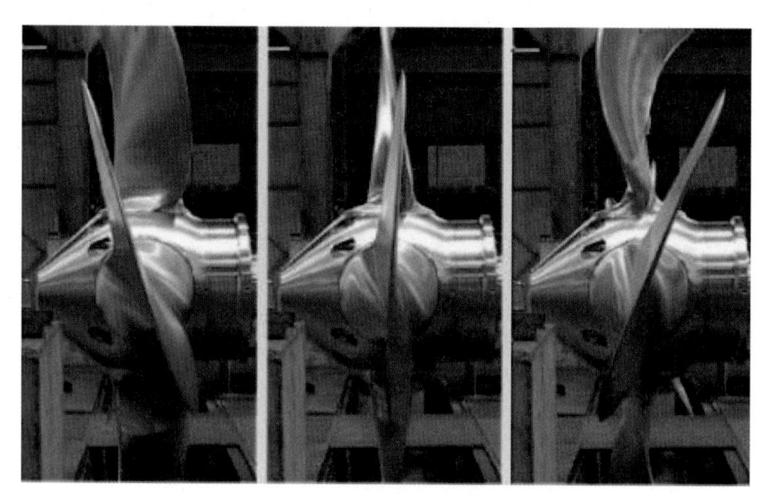

Figure 10.1 가변 피치 프로펠러 형상

(O. Kitamura, Annual Report of ASEF/TWG/SWG3 on ISO 20283-5 for "Vibration on Ships", 10th Active Shipbuilding Experts' Federation (ASEF) forum, Tokyo, Japan, 8 November, 2016.)

10.3 중첩 프로펠러(overlapping propeller)

중첩 프로펠러는 1967년에 처음 소개되었는데 Fig 10.2와 같이 2개의 프로펠러의 설치 위치를 길이 방향으로 거리를 달리하여 프로펠러 원판면을 횡단면에 투영하면 일부가 포개지도록 배치한 프로펠러이다. 뒤쪽 프로펠러는 상대적으로 빠른 유동에서 작동하게 되므로 작동 효율의 측면에서 이점을 갖는다. 중첩 프로펠러 개발 초기 단계에서 DTRC(David Taylor Research Center)와 MARIN(Maritime Research Institute Netherlands) 두 기관은 프로펠러 배치에 따른 마력 절감 정도를 확인하기 위한 모형실험을 하여 중첩 프로펠러를 채택하면 단축선과 비교하여 5~8%, 쌍축선과 비교하면 20~25%의 동력 절감 효과가 있다고 보고하였다. 이처럼 중첩 프로펠러는 비교적 높은 추진 효율을 보이고 쌍 스케그(twin-skeg)[73] 방식 선형보다 부가물 저항이 비교적 적다는 장점이 있는 반면, 앞쪽 추진기에서 발생한 날개 끝 와류가 뒤 추진기의

73 스케그란 선미 하단에 부착된 좁은 수직부가물로 쌍축선에서 주로 사용된다. 선미 벌브에 스케그를 장착하면 스케그에 작용하는 추가적인 횡동요 모멘트로 의해 침로 안정성이 향상된다고 알려져 있다.

작동에 간섭을 일으킬 수 있고, 날개의 주기적인 하중 변화가 일반적인 프로펠러에 비해 커진다는 문제가 있다.

Figure 10.2 **중첩 프로펠러**

(Yasunori Iwasaki, Kazuyuki Ebira, Hideaki Okumura, Advanced Propulsion Aimed at Saving Energy– Kawasaki Overlapping Propeller System, No. 166 Ship Engineering.)

10.4 덕트 프로펠러(duct propeller)

덕트(duct)란 유체가 흐르는 통로를 뜻하며 덕트 프로펠러는 덕트가 프로펠러를 감싸고 있는 형상을 갖추고 있다. 덕트의 형상에 따라 가속 덕트 프로펠러와 감속 덕트 프로펠러가 있다. 가속 덕트 프로펠러란 Fig 10.3(a)와 같이 프로펠러에 유입되는 유동의 속도 V_1이 덕트를 통과하면서 V_2로 가속되도록 덕트를 구성한다. 가속 덕트에서 프로펠러를 지나는 유동으로 발생되는 양력의 합이 전진 방향으로 작용하도록 설계하면 추가적인 추력이 발생한다. 이런 덕트는 많은 추력이 요구되는 예인선에서 흔히 사용된다. 감속 덕트 프로펠러란 Fig 10.3(b)와 같이 프로펠러에 유입되는 유동속도 V_1이 덕트를 통과하면서 V_2로 감속되어 덕트의 효율 손실이 발생한다. 하지만 감속 과정에서 유체의 압력이 증가, 공동현상이나 소음, 진동을 줄여주므로 잠수함 등과 같이 정숙성이 요구되는 선박에 사용된다.

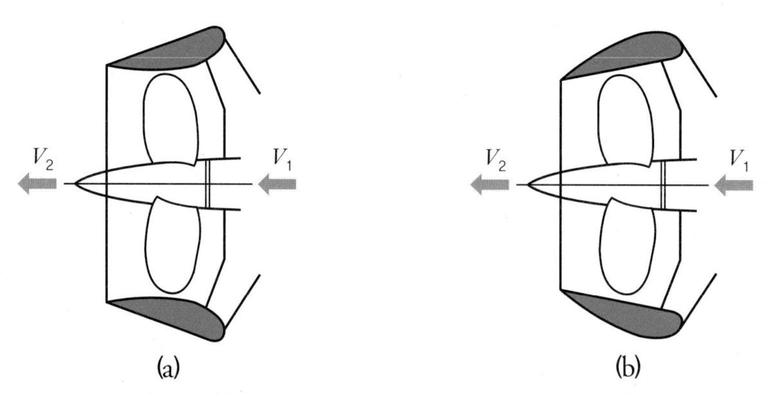

Figure 10.3 (a) 가속 덕트 프로펠러, (b) 감속 덕트 프로펠러

10.5 이중 반전 프로펠러(Contra-Rotating Propeller, CRP)

이중 반전 프로펠러는 2개의 프로펠러를 동심축의 내축과 외축에 연결하여 앞뒤로 놓인 프로펠러가 반대방향으로 돌아가도록 구동시켜 추력을 얻는 프로펠러이다. 전방의 프로펠러가 회전하며 발생시킨 프로펠러 후류의 회전성분을 후방의 프로펠러에서 흡수하여 추가의 추력으로 변화시키므로 일반적인 프로펠러에 비해 5~7% 정도 효율이 증가한다. 이중 반전 프로펠러는 전방의 프로펠러를 지나며 수축을 일으킨 후류에서 사용되므로 후방의 프로펠러가 전방의 프로펠러보다 직경이 작아지고 이로 인해 앞 날개에서 발생한 날개 끝 와류가 뒷 날개와 부딪히는 것을 피할 수 있다. 하지만 구조가 복잡하고 초기비용 및 유지비용이 증가하는 단점이 있고 서로 다른 방향으로 회전하는 축계를 결합하는 데 따르는 기구적 어려움과 방수문제가 동반되기도 한다. 한편, 어뢰에 한 개의 프로펠러를 사용하면 프로펠러 회전의 반대방향으로 반작용 토크가 발생하여 어뢰가 반대로 회전하려는 모멘트를 받게 되는데, Fig 10.4와 같이 이중 반전 프로펠러를 채택하면 두 개의 프로펠러가 서로 반대로 회전하여 토크가 상쇄되므로 어뢰의 회전을 억제하여 조종성을 향상시킬 수 있다.

Figure 10.4 **어뢰에 장착된 이중 반전 프로펠러**

(자료제공 : Wikimedia, 사진촬영 : Max Smith)[public domain]

10.6 직렬 프로펠러(tandem propeller)

Fig 10.5의 직렬 프로펠러는 이중 반전 프로펠러와 같이 프로펠러가 나란히 놓이는 것은 같지만 동일 축에 부착되어 같은 방향으로 회전한다는 점에서 차이가 있다. 하나의 프로펠러에 작용하는 하중을 줄여주고 공동현상 영향 또한 감소시키지만 하류에 방출하는 운동 에너지는 회수하지 못하는 단점이 있다. 주로 프로펠러 직경을 크게 할 수 없을 때 사용되는 방식이다.

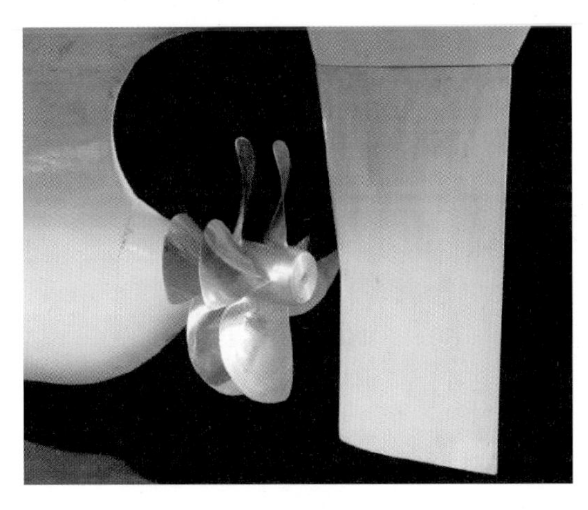

Figure 10.5 **직렬 프로펠러**

(Zbigniew Krzemianowski, A Complete Design of Tandem Co–rotating Propellers Using the New Computer System, Polish Maritime Research, Vol.17, pp 17–25, 2010.)

10.7 Z-드라이브(Z-Drive unit)

Z-드라이브는 Fig 10.6과 같이 엔진의 출력축과 프로펠러 축이 90°로 교차하는 형상이다. 기계적인 구조가 복잡하기 때문에 효율 손실이 발생한다는 단점이 있지만 프로펠러 추력의 방향을 360° 회전시킬 수 있어서 러더가 없어도 원하는 방향으로 추력을 발휘할 수 있다는 장점이 있어 저속에서 높은 조종성능이 요구되는 특수선이나 레저용 보트에서 사용된다.

Figure 10.6 Z-드라이브

(출처 : http://www.veth-propulsion.equip4ship.com/)

10.8 포드 프로펠러(podded propeller)

Fig 10.7과 같이 구동모터를 선체 외부에 붙여지는 포드(pod)의 내부에 설치한 것으로 하나 이상의 프로펠러를 붙인 것을 포드 프로펠러라고 한다. Z-드라이브와 같이 360° 회전이 가능하며 러더가 불필요하다는 특징이 있다. 다만 포드 내부에 모터가 설치되므로 포드의 직경이 커지고 포드를 지지하기 위한 스트럿을 설치함에 따라 이들로 인하여 프로펠러 후류 변화가 추진 성능에 영향을 미치기 때문에 선체와 프로펠러의 상호작용을 해석하는 것이 중요하다. 또 다른 특징으로 구동모터를 선체 외부에 설치하기 때문에 선미 공간 활용에 유용하다. 프로펠러를 포드 전면에 붙이는 tractor 형식과 후면에 붙이는 pusher 형식이 있는데 전면에 붙일 때 비교적 균일한 반류가 유입되므로 소음, 진동 등이 줄어드는 효과가 있다. 전기 생성 과정에서 효율 손실이 크다는 단점이 있지만 다양한 종류의 선박에서 사용 예가 계속 늘어나고 있다.

Figure 10.7 포드 프로펠러

(Erik Van Wijngaarden, Gert Kuiper, Aspects of the Cavitating Propeller Tip Vortex as a Source of Inboard Noise and Vibration, 2005 ASME Fluids Engineering Division Summer Meeting and Exhibition, Houston, TX, USA, June 19–23, 2005.)

10.9 워터젯(waterjet)

워터젯은 Fig 10.8과 같이 유체를 선저 흡입구에서 속도 V_1으로 흡입하여 임펠러[74]를 지난 후 속도 V_2로 빠르게 수면 위로 뿜어내면서 반작용으로 추력을 얻는다. 덕트를 선체 내부에 설치하므로 공간 활용도가 떨어지지만 고속 추진하면 임펠러 면에 발생하는 압력저하가 프로펠러일 때보다 작기 때문에 공동현상 발생을 피할 수 있고 소음 발생 또한 적은 편이다. 워터젯의 최대 효율은 보통 프로펠러 효율보다 낮으나 Fig 10.9와 같이 물 분사 방향을 조절할 수 있으므로 러더가 필요 없으며 저속에서 조종성이 뛰어나다는 장점이 있다. 후진할 때는 분사 방향을 반대로 바꾸어 역방향 추력을 얻는다. 또한 임펠러가 덕트 안에 있어 주로 프로펠러 손상 위험이 있는 천수역에서 운항하는 선박이나 경비선에서 사용된다.

74 임펠러란 원주상(圓周上)에 같은 간격으로 배치된 수십 개의 깃(또는 날개)을 가지고 회전하는 원판 또는 원통을 말하며 워터젯에서 유체에 속도 에너지를 주기 위한 회전체를 의미한다.(출처 : doopedia, 국방과학기술용어사전)

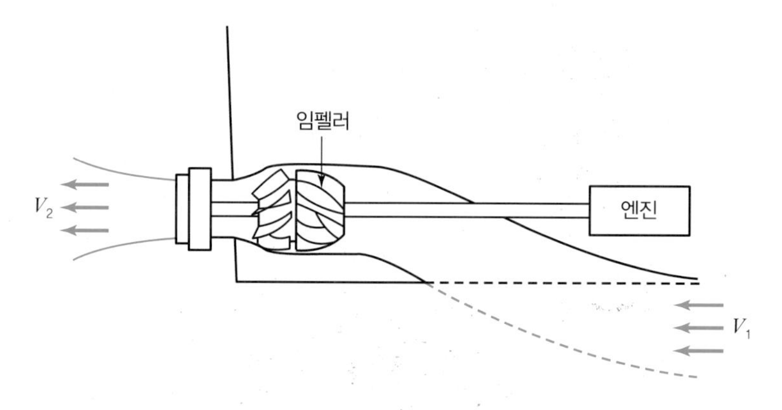

Figure 10.8 워터젯의 원리

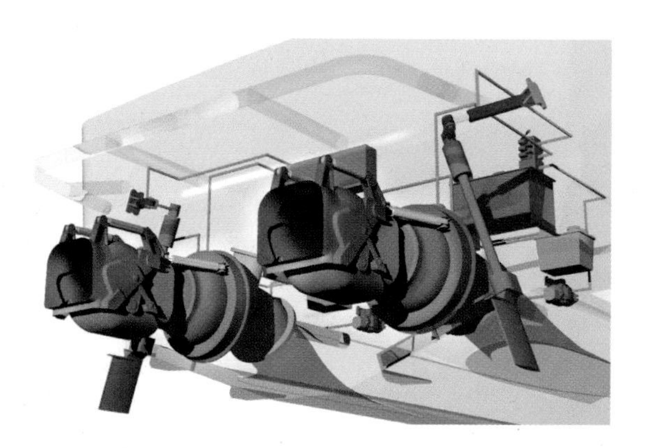

Figure 10.9 워터젯
(Hassan Ghassemi, Hamid Forouzan, A Combined Method to Design of the Twin-Waterjet Propulsion System for the High-Speed Craft, American Journal of Mechanical Engineering, Vol. 4, No. 6, pp 218-225, 2016.)

10.10 사이클로이달 프로펠러(cycloidal propeller)

사이클로이달 프로펠러는 Fig 10.10과 같이 선체 밑에 수평하게 붙인 회전 원판과 원판에 수직으로 붙인 몇 개의 좁고 긴 날개로 구성된다. 회전 원판은 수직 중심축을 기준으로 회전하고 날개는 날개 중심축을 기준으로 회전한다. 이 날개들은 원하는 방향으로 추력을 발생시킬 수 있도록 각도를 조절할 수 있다. 사이클로이달 프로펠러는 추진기로서의 효율은 높지 않으나 소음 발생이 적고 조종 성능이 좋기 때문에 높은 조종성과 위치 유지능력이 필요한 기뢰 소해함이나 예인선에 장착된다. 또한 조종성능을 극대화하기 위해 사이클로이달 프로펠러와 함수추진기를 함께 장착하여 사용하기도 한다.

Figure 10.10 사이클로이달 프로펠러

(자료제공 : Wikimedia, 사진촬영 : Alf van Beem) [public domain]

Fig 10.11(A)는 Kirsten–Boeling 프로펠러로, 원판이 1회전 할 때 날개는 $\frac{1}{2}$회전 하도록 고안하였으며 그림에서는 반시계 방향으로 회전하면서 왼쪽에서 오른쪽으로 일정한 속도로 전진한다고 가정하자.

1) 날개들을 (a)의 상태로 조정하면, 합성 속도 v_r은 그림과 같이 되고, 각 날개에 걸리는 법선력 N으로부터 추력 T를 구할 수 있다.
2) 날개들을 (b)의 상태로 조정하면, 각 날개에 걸리는 법선력은 운동방향의 반대방향으로 향하는 추력 T를 가진다.
3) 날개들을 (c)의 상태로 조정하면, 날개들에 걸리는 힘의 합력은 운동방향에 수직한 방향으로 추력이 발생된다.

Fig 10.11(B)는 Voith–Schneider 프로펠러로, 원판이 1회전 할 때 날개도 1회전 하도록 고안하였으며 회전방향 및 전진방향은 Fig 10.11(A)의 가정과 같고 날개들은 연결부재로 점 C와 결합되어 있으며, 그 점은 원판 평면 안에서 다른 위치로 이동할 수 있다.

1) 점 C를 (a)와 같은 위치에 놓으면 날개들에 걸리는 힘의 합력은 배의 운동방향으로 작용한다.
2) 점 C를 (b)와 같은 위치에 놓으면 날개들에 걸리는 힘의 합력은 배의 운동방향과 반대방

향으로 작용한다.

3) 점 C를 (c)와 같은 위치에 놓으면 날개들에 걸리는 힘의 합력은 배의 운동방향에 직교하는 방향으로 작용한다.

프로펠러 작동 중에도 점 C의 위치를 바꿀 수 있도록 설계하였으므로 배의 추진과 조종을 동시에 할 수 있는 장점이 있다. 이 추진장치는 Voith-schneider 사에서 개발하였기에 보통 Voith-schneider 프로펠러(줄여서 VSP)라고 부른다.

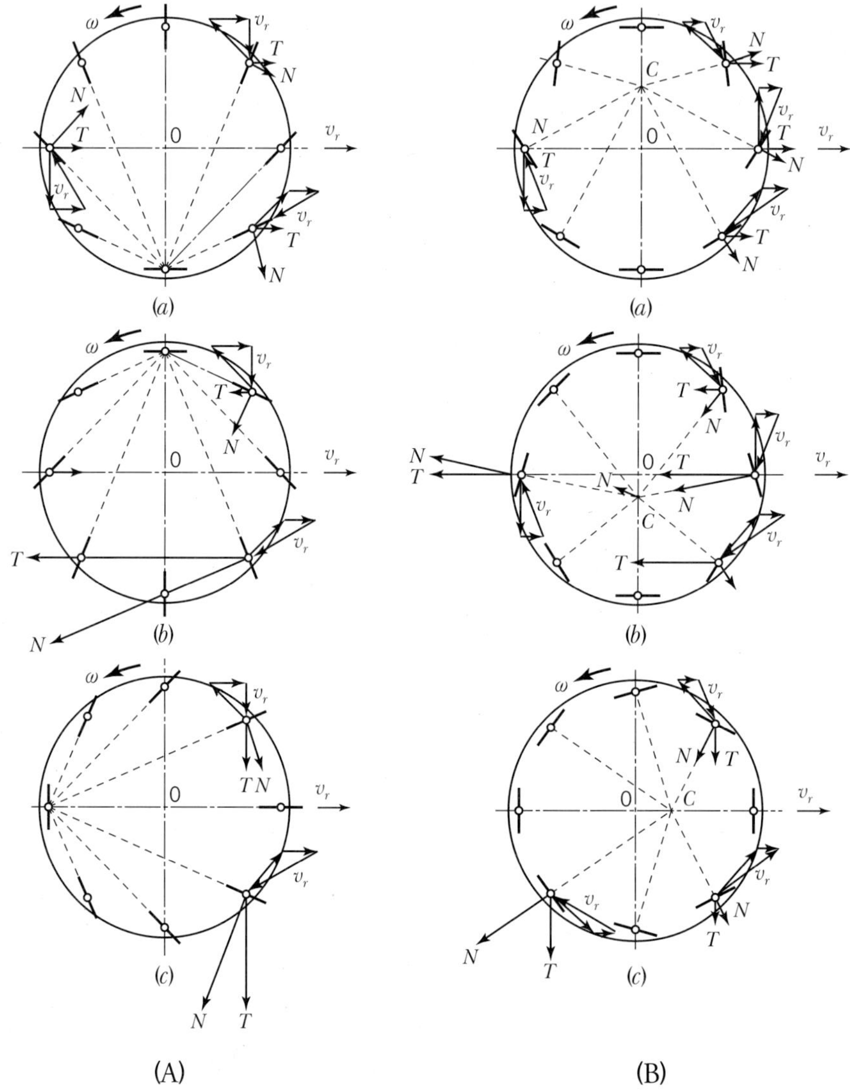

Figure 10.11 (A) Kirsten-Boeling **프로펠러**, (B) Voith-Schneider **프로펠러의 원리**(PNA, 1988)

10.11 외륜

외륜은 Fig 10.12, 10.13과 같이 선측 혹은 선미에 장착되어 수심이 낮은 해역에서 여객선이나 운반선에 사용되는 추진기이다. 현재와 같은 스크류 프로펠러가 사용되기 전에 자주 사용되던 추진 방식이다. 외륜을 배의 측면에 장착한 것을 선측 외륜선, 선미에 장착한 것을 선미 외륜선이라고 하며 바퀴를 회전시켜 물을 뒤로 보내고 반작용으로 배를 전진시킨다. 외륜은 수면 밖으로 노출되어 있기 때문에 손상위험이 있고 프로펠러에 비해 효율이 낮다.

Figure 10.12 **선측 외륜선**
(자료제공 : Wikimedia, 사진촬영 : Arthur Chapman)

Figure 10.13 **선미 외륜선**
(자료제공 : Wikimedia, 사진촬영 : Pedro Xing) [public domain]

10.12 사이드 스러스터(side thruster)

사이드 스러스터는 Fig 10.14, 10.15와 같이 선박의 선수 혹은 선미에 장착하며 독립적인 동력으로 물을 빨아들여 내뿜으면서 횡방향의 추력을 얻는다. 이는 진행방향의 추력을 얻어 선속을 내는 데 목적이 있는 것이 아니라, 선체를 회전시키거나 조종하기 위한 것이다. 사이드 스러스터가 있으면 예인선 없이 자력으로 항구에 출 · 입항이 가능하다는 장점이 있다.

Figure 10.14 Bro Elizabeth 유조선의
선수 사이드 스러스터

(자료제공 : Wikimedia, 사진촬영 : Hervé Cozanet(Marine-Marchande.net))

Figure 10.15 U.S. Coast Guard SPAR의
선미 사이드 스러스터

(자료제공 : www.boatnerd.com, 사진촬영 : Pat Pavlat)

CHAPTER

11

모형 프로펠러 단독 성능 시험 – 실습예제

CHAPTER

11 모형 프로펠러 단독성능 시험 - 실습예제

프로펠러의 성능은 작동효율이 높고 공동현상이 억제되며 소음/진동이 최소화되었을 때 우수하다. 특히 작동효율은 모형선 스케일의 시험으로 확인하며 이를 프로펠러 단독성능시험(Propeller Open Water test, POW test)이라 한다. 프로펠러 단독성능시험은 예인수조나 회류수조 시설을 이용하여 균일한 유동 중에서 프로펠러를 작동시켜 선박의 반류 영향을 받지 않은 상태에서 성능과 효율을 구하는 시험이다. 다양한 예인 속도에서 실험하여 전진비에 따라서 모형 프로펠러 구동에 필요한 토크와 얻는 토크, 추력을 계측해 프로펠러의 작동 효율을 확인하고 이를 이용하여 실선 프로펠러의 단독 효율을 추정한다. 이번 장에서는 예인수조에서 수행하는 모형 프로펠러의 단독성능시험에 대해 알아보자(자세한 실험 절차와 조건은 ITTC Recommend Procedures and Guidelines 7.5-02-03-02.1을 참고하였다).[75]

11.1 모형시험 전 준비

본 실험은 서울대학교 예인수조에서 수행한 시험을 기준으로 한다. 저항시험과 마찬가지로 POW 시험장비에 실험할 프로펠러를 설치하고 예인전차로 예인하면서 실험한다.

11.1.1 프로펠러

프로펠러의 작동 원리는 다음과 같다.

75 ITTC, Testing and Extrapolation Methods Propulsion, Propulsor Open Water Test, ITTC-Recommended Procedures and Guidelines, 7.5-02-03-02.1, page 1-9, 2002

1) 축을 회전시키기 위한 토크(Q)와 회전수(n)를 곱한 만큼의 일률이 공급됨

2) 토크를 받아 프로펠러가 회전함

3) 프로펠러의 회전속도와 유입류로 인해 프로펠러 날개의 받음각이 결정됨

4) 프로펠러 날개에서 발생하는 양력의 축방향 성분이 추력(T)으로 작용함

이 교재에서 선정된 프로펠러는 Fig 11.1의 KP505 프로펠러로 선박해양플랜트연구소에서 KCS 선형에 적합하도록 설계하여 연구목적으로 공개한 것이며, 국제적 기준으로 사용되고 있다. KP505 프로펠러는 고정 피치 프로펠러이며 전 세계 여러 기관에서 성능시험을 수행하고 결과를 공개하여 비교자료가 많다. 본 실험에서는 KCS 모형선과 같은 축척인 1/57.5 모형을 사용하였으며 주요 제원은 Table 11.1과 같다.

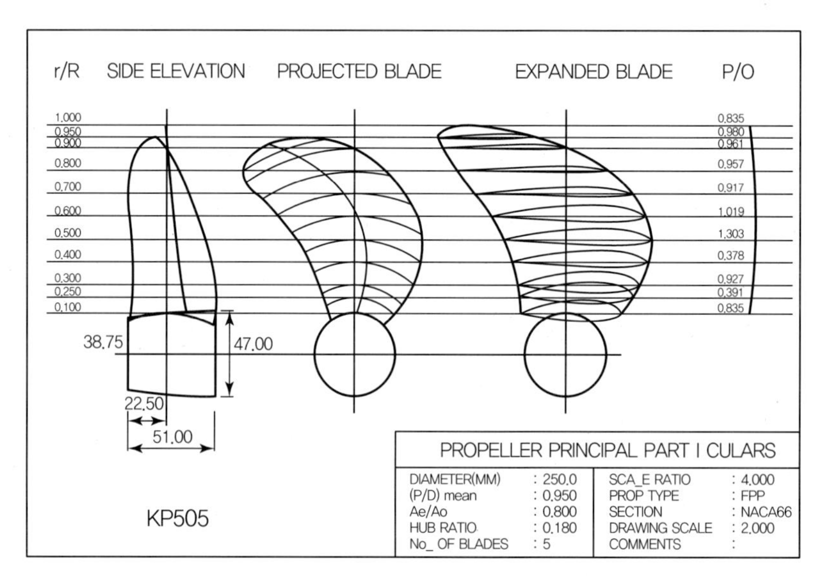

Figure 11.1 KP505 프로펠러

(http://www.simman2008.dk/KCS/kcs_geometry.htm)

Table 11.1 KP505 프로펠러

구 분	기 호	단 위	실 선	모형선
날개 수	–	–	5	
직경	D	m	7.9	0.137
확장 면적비	$\frac{A_E}{A_O}$	–	0.800	
피치비(0.7R)	$\frac{P}{D}$	–	0.9967	

11.1.2 POW 동력계

서울대학교에서 보유 중인 POW 동력계는 Fig 11.2와 같다. 빨간색 네모상자 안에 프로펠러 구동 모터가 있다. 녹색 네모상자 안에는 축계와 하우징(housing)을 지탱하는 유선형의 수직 스트럿이 있고 보라색 네모상자 안에는 수평 축계와 프로펠러 동력계가 설치되고 오른쪽에 프로펠러가 장착된다. 수직 스트럿은 유선형으로 만들어 시험 중에 POW 동력계에 작용하는 저항을 줄이고 유동이 안정되도록 한다. 프로펠러 구동 모터는 예인전차로부터 440V 전원을 공급받아 구동되며 Fig 11.3의 프로펠러 서보모터 제어장치로 프로펠러 회전수를 일정하게 유지한다. 프로펠러 축이 앞으로 당겨질 때의 힘으로 추력을 계측하며 축에 걸리는 토크를 계측하여 성능을 평가한다.

Figure 11.2 POW 장비
(자료제공·사진촬영 : 서울대학교 선박저항성능 연구실)

Figure 11.3 POW 서보모터 제어장치
(자료제공·사진촬영 : 서울대학교 선박저항성능 연구실)

POW 장비가 보관장소에 거치된 상태에서 Fig 11.4와 같이 추력과 토크를 발생시킬 수 있도록 지그(jig)[76]를 준비하고 와이어와 안내바퀴를 이용하여 추접시를 설치하고 교정시험을 하여야 한다. 프로펠러 동력계의 교정시험은 저항 동력계와는 달리 축이 회전하는 상태에서 수행

76 교정시험 시 동력계가 움직이는 것을 막아주기 위한 고정기구

하는 시험(추력 교정시험)과 축이 정지된 상태에서 수행하는 시험(토크 교정시험)으로 나뉜다. 이들 시험은 통상적으로 전진하며 추력을 발생하는 정상적인 운전 조건을 중심으로 이루어진다. 그러나 선박의 후진 성능을 확인 하는 경우에는 프로펠러 역전상태에서 후진하며 실험을 수행해야 한다. 뿐만 아니라 전진 또는 후진 상태에서 프로펠러의 회전방향을 바꾸어준 조건에서의 성능규명을 위하여 특수한 단독시험이 계획되기도 한다. 당연히 이들 특수조건에서 실험이 가능한 전문 교정기가 필요하지만 가장 흔히 사용하는 단일방향 추력계측과 토크계측이 정적인 상태에서 이루어지는 경우만을 설명하고자 한다.

추력 교정시험 예에서는 0~10kg까지 1kg 단위로 교정시험을 하였는데 3회 이상의 반복실험을 수행하여 계측의 신뢰도를 확보한다. 반복 실험으로 얻는 계측값들을 Fig 11.5와 같이 정리하고 추세선을 구하면 최종적인 교정값이 얻어진다. 실험 예에서 추력 교정값, 즉 교정시험 결과의 기울기는 1.7202(N/%)인 것을 확인하였다.

Figure 11.4 POW 장비 교정시험

(자료제공·사진촬영 : 서울대학교 선박저항성능 연구실)

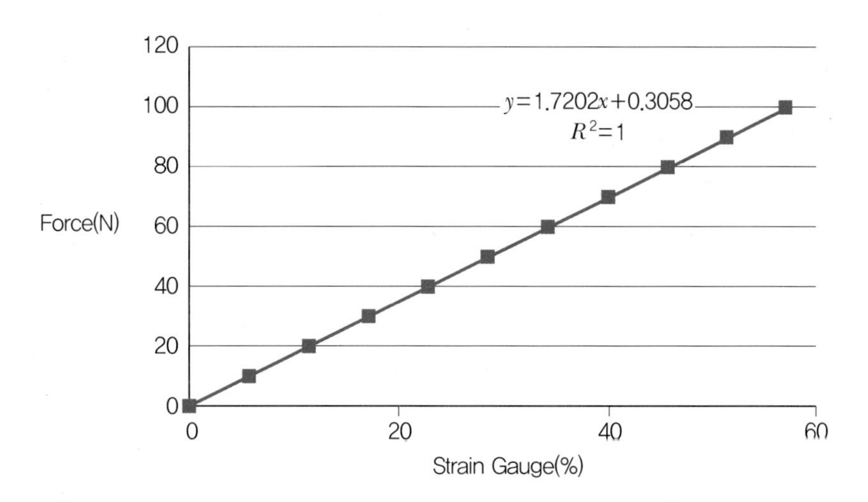

Figure 11.5 POW 추력 교정시험

토크 교정시험에서는 프로펠러 축에 토크를 발생시킬 수 있는 추를 걸 수 있도록 양팔보(arm)를 설치하고 추를 올릴 수 있는 하중시스템을 구축하여야 한다. 실험에서는 토크를 발생시키기 위한 추가 축에 굽힘모멘트가 형성되지 않아야 하므로 양팔보의 좌우 양측에 같은 질량을 올려 놓아주는 것이 중요하다. 동력계 축에 좌우 반경 방향으로 팔 길이가 0.15m인 양팔보를 고정시키고 −2.5~2.5kg까지 0.5kg 단위로 교정시험을 3회 이상 반복하였다. 계측값에 대한 토크(N · m) 결과는 Fig 11.6과 같으며 반복 실험으로 얻는 점들의 추세선으로부터 얻은 토크의 최종 교정값은 0.0503N · m/%으로 확인하였다.

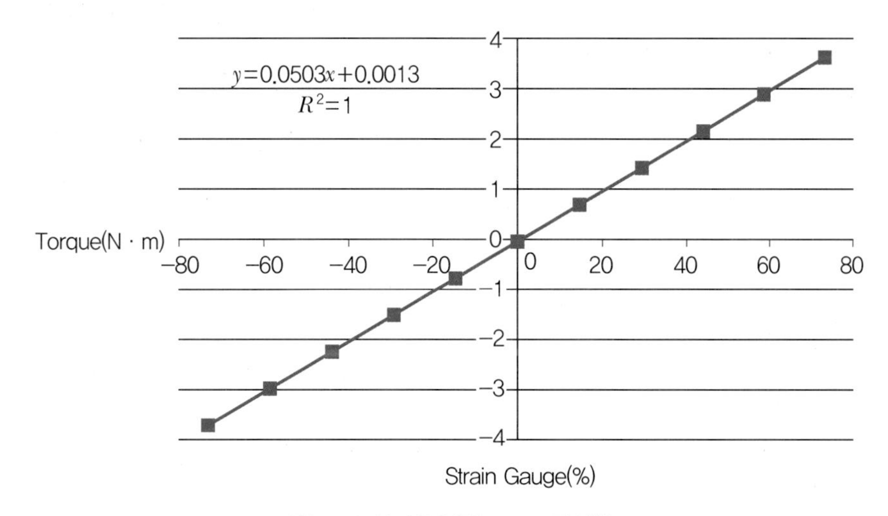

Figure 11.6 POW 토크 교정시험

정확한 교정시험을 하려면 토크가 추력에 미치는 영향과 추력이 토크에 미치는 영향을 함께 계측하여 간섭을 분리하는 것이 필요하다.

11.1.3 데이터 획득 시스템

저항시험에서 사용하는 데이터 획득 시스템을 POW 시험에서도 같이 사용한다. Fig 11.7(a)에 보인 DAS/증폭기에 POW 장비로부터 아날로그 신호로 출력되는 추력과 토크, 그리고 회전수를 신호 케이블과 연결하여 받아들이고 디지털 신호로 변환한 후 Fig 11.7(b)의 노트북으로 전송하여 최종적으로 얻어진 데이터를 처리한다. 노트북에는 계측장비의 제어와 데이터 계측 프로그램이 설치되어 있어서 DAS의 각 채널에 연결된 센서의 계측정보 관리, 디지털 출력 신호의 저장 및 얻어진 신호의 처리를 할 수 있다.

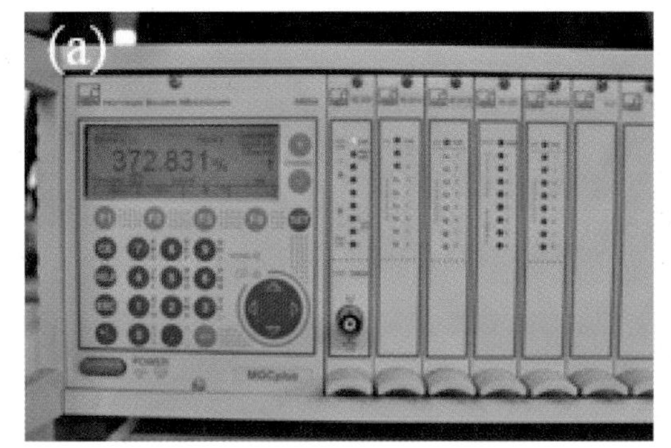

Figure 11.7 (a) DAS/증폭기, (b) 노트북 PC (제어/계측 프로그램)

11.1.4 예인전차에 POW 장비 장착

POW 장비에 프로펠러를 설치할 때는 축과 프로펠러 사이에 키를 Fig 11.8, 11.9와 같이 설치하며 Fig 11.10과 같이 캡(cap)을 이용하여 프로펠러를 고정시키고 유동이 원활하도록 한다.

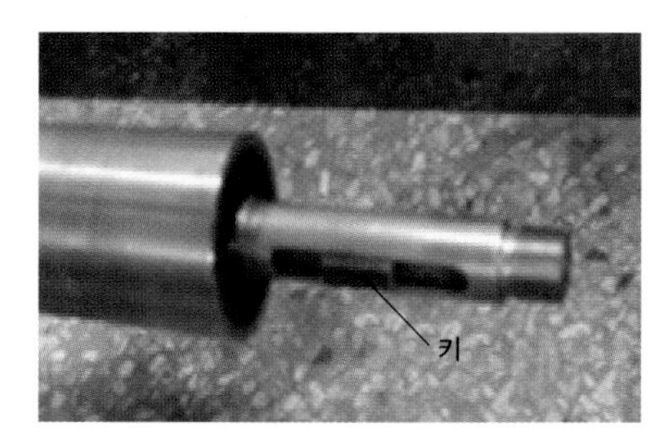

Figure 11.8 키 장착

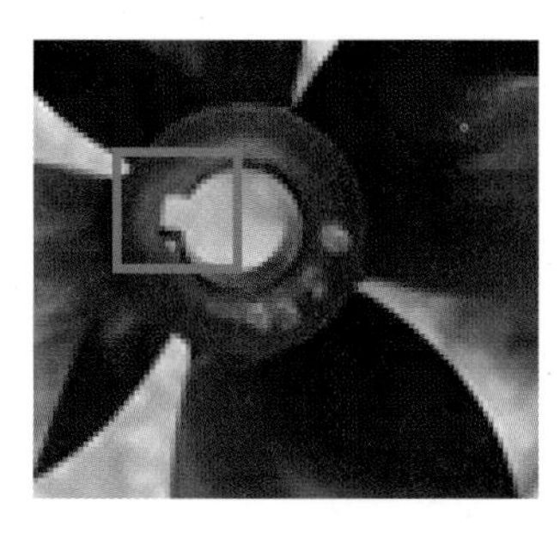

Figure 11.9 프로펠러 키홈

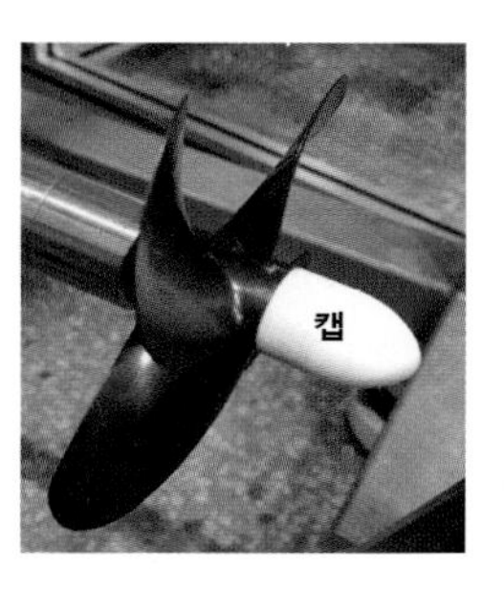

Figure 11.10 캡 결합 장착

프로펠러를 고정시킨 POW 장비를 예인전차 위에 설치하고 Fig 11.11과 같이 프로펠러를 수면 아래로 잠기도록 한다. Fig 11.11에서 프로펠러 직경(D)을 기준으로 동력계와 프로펠러가 잠기는 깊이를 나타내었는데, 이는 프로펠러와 계측장비의 상관관계 그리고 시험 중 프로펠러에서의 공기흡입현상을 피할 수 있도록 ITTC에서 권고하는 치수이다.

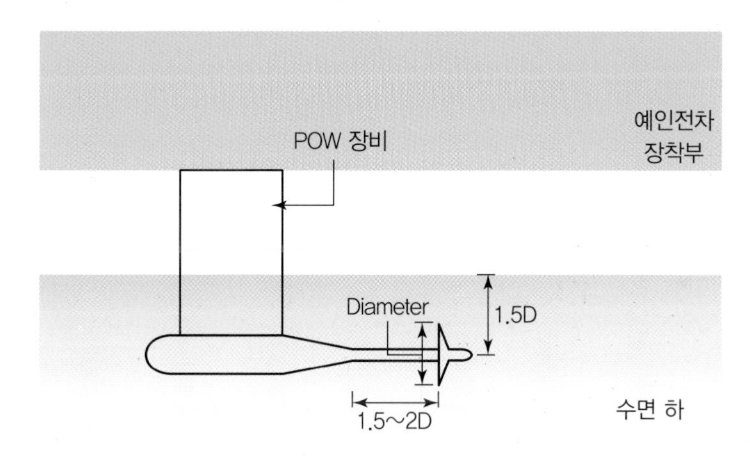

Figure 11.11 예인전차 아래 POW 장비 장착

11.2 모형시험 수행

POW 시험은 일반적으로 정수 중에서 수행하지만 저항시험과 달리 POW 실험에서는 실험 목적이 수중에 잠겨서 작동하는 프로펠러에 대한 시험이므로 저항시험에서처럼 수면 상태가 완전한 자유수면이 되기까지 기다릴 필요는 없다.

11.2.1 상사성

모형 프로펠러와 실선 프로펠러 주위의 유동이 서로 상사하려면 세 가지 상사법칙을 만족시켜야 한다. 먼저 기하학적으로 상사하려면 실선과 모형선 프로펠러 치수의 축척비가 같아야 하므로 축척비가 클수록 모형이 작아지고 그에 따라 모형 프로펠러의 날개 두께를 정확하게 제작하는 데 어려움을 겪는다. 다음으로 Fig 11.12와 같이 모형선 프로펠러와 실선 프로펠러는 서로 같은 받음각을 가져야 하므로 같은 전진비 $J = \dfrac{V}{nD}$ 를 만족시켜야만 운동학적 상사관계를 만족시킬 수 있다.

단독성능시험에서는 프로펠러 앞에 선체가 없어서 프로펠러 원판에 유입되는 속도 V_A 가 균일하고 이는 예인전차 속도 V 와 같다. 전진비는 회전하는 유동성분과 축 방향의 유동 성분의 속력 비율을 뜻하는데, 프로펠러 단독성능시험은 저항시험과 마찬가지로 정수 중에서 수행하며 전진비가 같아지는 전차 예인속도에서 시행한다.

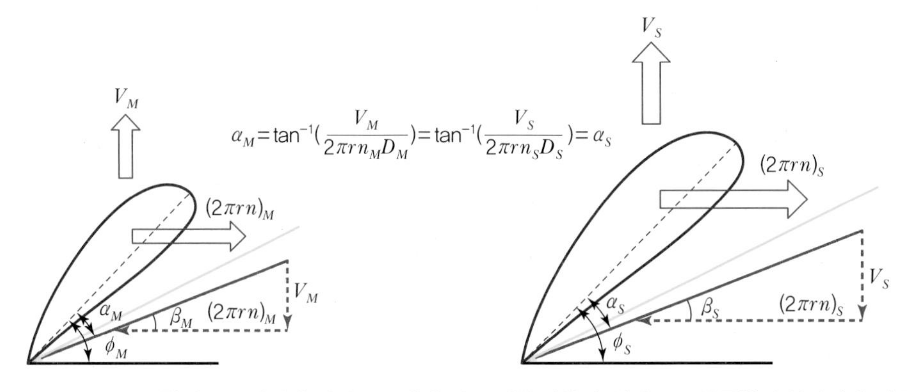

Figure 11.12 **모형선 프로펠러와 실선 프로펠러 간 동일한 받음각 설정으로 운동학적 상사관계 만족**

동역학적 상사를 만족시키려면 모형 프로펠러의 프루드 수나 레이놀즈 수가 실선과 같아야 한다. 프루드 수가 같으려면

$$Fn_M = Fn_S \text{ 이므로 } \frac{\pi n_M D_M}{\sqrt{gD_M}} = \frac{\pi n_S D_S}{\sqrt{gD_S}}$$

$$n_M = n_S\sqrt{\frac{D_S}{D_M}} = n_S\sqrt{\frac{1}{s}}$$

이 되어야 하고 저항시험에서 모형선과 실선이 같은 프루드 수를 만족하면

$$V_M = V_S\sqrt{s}$$

이 되므로 이를 전진비에 대입하면

$$\frac{V_{AM}}{n_M D_M} = \frac{V_{AS}\sqrt{s}}{n_S\sqrt{\frac{1}{s}}D_S S} = \frac{V_{AS}}{n_S D_S} \text{ 를 얻는다.}$$

한편, 레이놀즈 수는 프로펠러의 날개에 작용하는 마찰저항과 관계가 있는 무차원수로 POW 실험에서는 상사성을 만족하기 어렵다. 하지만 프로펠러 날개에서 나타나는 마찰저항은 날개에 작용하는 힘의 작은 부분을 차지하므로 프로펠러 날개에서의 점성의 영향은 무시할 수 있어서 모형시험에서는 프루드 수를 같게 하여 시험한다. 단, 모형 프로펠러를 되도록이면 크게 만들어서 그 날개에 걸친 흐름이 층류가 되는 것을 피한다.

프로펠러 회전수 n은 가능한 한 크게 설정한다. 보통 프로펠러 단독성능시험은 추력계수 K_T가 0 이하가 될 때까지 실험하는데, 모형 프로펠러는 실선 프로펠러보다 낮은 레이놀즈 수에서 회전하므로 주위에 층류 유동이 형성되지 않도록 레이놀즈 수를 최대한 높여주어야 한다. 회전수와 전진속도라는 두 가지 변수 중에 보통은 회전수를 고정하고 전진 속도를 변화시키며 실험을 수행하는데, 이렇게 하면 레이놀즈 수의 변화가 작기 때문이다. 모형 프로펠러의 레이놀즈 수를 높이려면 예인속도를 높여야 하는데 프로펠러 직경 D는 고정변수이므로 회전수 n을 높여야만 예인속도 V를 높게 설정할 수 있으므로 회전수를 가능한 높여 주어야 한다. 그러나 회전수가 너무 높으면 예인속도도 따라서 커지므로 과도하게 높은 회전수 설정은 피해야 한다.

앞서 9.2절에서 Buckingham의 pi정리로 $K_T = \frac{T}{\frac{1}{2}\rho D^2 V_A^2} = f\left(\frac{gD}{V_A^2}, \frac{nD}{V_A}, \frac{p}{\rho V_A^2}, \frac{\mu}{\rho V_A D}\right)$ 유도를 했었다. 우변의 셋째 항은 모형선 프로펠러와 실선 프로펠러에서 같아지게 할 수 없으나 공동현상이 일어나지 않는 한 무시할 수 있다.

11.2.2 예인속도 설정

예인속도는 실선 선속에 대응되는 전진비를 만족하는 모형선의 예인속도를 의미한다. 실선의 설계속도를 포함하여 데이터의 경향성을 충분히 파악할 수 있을 범위의 속도를 선정한다.

11.2.3 실험 중 물리량 계측 지점

1) 속도 계측 : 예인전차 내 예인 시스템
2) 추력 및 토크 계측 : 프로펠러 축
3) 수온 계측 : 흘수의 중간 깊이(수온에 따른 동역학적 점성계수 및 밀도는 ITTC Recommended Procedures and Guidelines 7.5-02-01-03, Fresh Water and Seawater Properties, 2011.을 참고한다.)

11.2.4 장비 사용법 및 계측

Fig 11.13의 녹색 네모상자를 보면 노트북 내 계측 시스템에서 Thrust(추력)과 Torque(토크) DAS 신호가 ok 표시로 잘 수신되는 것을 보여주고 있다. 한편, Fig 11.10과 같이 프로펠러는 앞에 캡이 장착되는데 이 또한 프로펠러 성능에 일부 영향을 미친다. POW 실험은 오직 프로펠러 날개에 의한 영향을 얻기 위한 실험이기 때문에 프로펠러 더미 시험(dummy test)을 수행한다.

프로펠러 더미 시험이란 POW 시험 전에, 정확히 말하면 프로펠러를 POW 장비에 장착하기 전에 수행하며 유선형 캡의 저항과 축계 자체의 토크의 영향을 계측한다. 더미 시험에서는 프로펠러의 날개가 없는 상태에서 허브와 캡을 회전시키며 수행하는데, 이때 허브는 실제 모형

스케일의 허브와 동일한 형상을 가지며 프로펠러와 동일한 중량을 가져야 한다. 예인 수조의 수면이 잔잔할 때 더미를 예인속도 없이 회전만 시키면서 토크, 추력값을 계측하여 영점으로 사용한다. 더미를 회전시킨 후 Fig 11.13의 주황색 네모상자 버튼을 눌러 영점을 조정하며 20초간 기록한 값을 영점으로 조정한 후 더미 회전을 멈춘다. 영점은 더미시험 때만 조정하고 프로펠러를 장착한 이후에는 따로 조정하지 않는다.

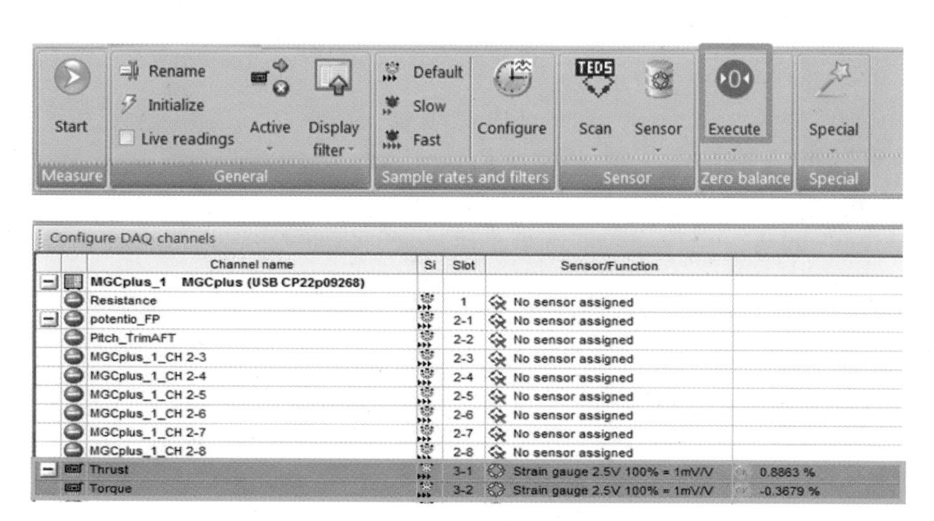

Figure 11.13 DAS 정상작동 확인 및 영점 조정

본격적인 시험에 앞서서 마지막 단계로 POW 동력계의 축과 프로펠러 사이의 틈새에 기포가 남아 있으면 추력 전달이 불확실할 수 있으므로 기포가 빠져나가도록 시험 수행 직전 예인전차 정지상태에서 프로펠러를 오래 회전시켜 주어야 한다.

예인전차를 저항시험 때와 같이 Fig 11.14의 주황색 네모상자에 계획된 시험속도를 입력하고 노란색 네모상자에 전차를 가속시키는 시간을 입력하여 운전한다. 저항시험과 다른 점은 프로펠러를 회전시켜 프로펠러가 시험회전 속도에 도달하였을 때 예인전차를 출발시킨다는 점이다. 빨간색 네모상자 속 운행 레버를 앞으로 밀어 예인전차를 출발시키며 파란색 네모상자를 보고 예인전차가 정속 구간에 진입한 것을 확인한 후 Fig 11.15의 녹색 네모상자를 누르면 Fig 11.16과 같이 추력과 토크가 계측된다.

Figure 11.14 예인전차 작동법

Figure 11.15 계측 시스템

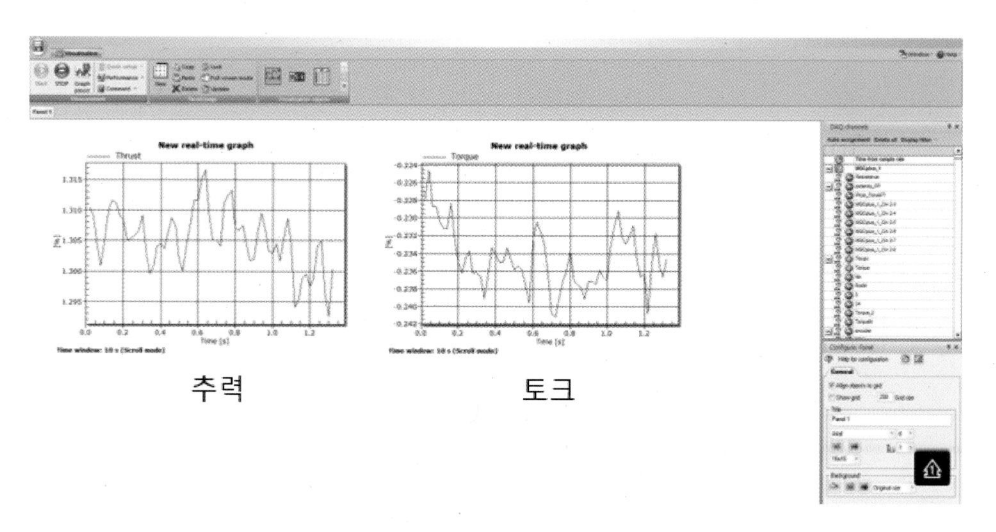

Figure 11.16 시간에 따른 추력과 토크 신호 계측

이후 Fig 11.15의 빨간색 네모상자 stop 버튼을 누르면 계측이 끝난다. Fig 11.16 데이터값의 편차가 크다고 생각할 수 있지만 그래프의 세로축을 보면 값이 소수점 셋째 자리에 불과할 정도로 대단히 정밀하게 계측된 것을 알 수 있다. 계측 후 Fig 11.17과 같이 데이터는 최솟값, 최댓값, 평균값, 표준편차 등으로 획득 가능하고 시계열 데이터 파일로도 저장이 가능하다.

계측이 끝나면 프로펠러 회전을 정지시키고 초기 위치로 예인전차를 복귀시킨 후 수면이 잔잔해질 때까지 기다린다. 기다리는 동안 실험 결괏값을 확인하는데 계측 시 불규칙적인 요동이 발생하지 않았는지, 데이터가 비정상적으로 증가하거나 감소하는 경향이 발생하지 않았는지 확인한다. 때때로 POW 장비 작동의 불량으로 프로펠러 회전속도가 느려지거나 DAS의 신호가 불안정하여 과도한 데이터가 계측되기 때문이다. 이후 같은 절차로 다른 속도 조건에서 실험을 수행한다.

실험 순서를 다시 정리해보면 프로펠러 더미 테스트－프로펠러 장착－프로펠러 회전－예인전차 전진－정속 시 추력 및 토크 계측－예인전차 정지 및 프로펠러 회전 정지 순이다.

Name	Thrust	Torque
Test		
In preview	✔	✔
Unit	%	%
Samples	250	250
Min	-0.5546	-0.2888
Max	-0.5233	-0.2700
Mean	-0.5382	-0.2798
STD	0.00598	0.00368
Channel comment		

Figure 11.17 데이터 획득

11.2.5 ITTC 1978 방법을 이용한 실선 프로펠러의 추력계수와 토크계수 추정

모형 프로펠러 단독성능시험에서 프로펠러 추력계수 K_{TM}, 프로펠러 토크계수 K_{QM}, 프로펠러 단독효율 η_{OM}이 얻어진다. 이들 모형 프로펠러에서 계측된 단독특성을 사용하면 ITTC 1978 방법을 이용하여 실선 프로펠러의 단독 특성은 다음과 같이 계산된다.

$$K_{TS} = K_{TM} + \Delta K_T, \quad K_{QS} = K_{QM} - \Delta K_Q$$

여기서 $\Delta K_T = \Delta C_D \cdot 0.3 \cdot \frac{P}{D} \cdot \frac{c \cdot z}{D}$, $\Delta K_Q = \Delta C_D \cdot 0.25 \cdot \frac{c \cdot z}{D}$이다. 모형 프로펠러와 실선 프로펠러 사이의 저항계수 C_D는 다음과 같이 나타낸다.

$$C_{DM} = 2\left(1 + 2\frac{t}{c}\right)\left[\frac{0.044}{(Re_{co})^{\frac{1}{6}}} - \frac{5}{(Re_{co})^{\frac{2}{3}}}\right]$$

$$C_{DS} = 2\left(1 + 2\frac{t}{c}\right)\left[0.89 + 1.62\log_{10}\frac{c}{k_p}\right]^{-2.5}$$

저항계수의 차이를 $\Delta C_D = C_{DM} - C_{DS}$라 하면 $C_{DM} > C_{DS}$이므로 주어진 전진비 J에서 K_{TS}는 K_{TM}보다 커지며 K_{QS}는 K_{QM}보다 작아지고 η_{OS}는 η_{OM}보다 높아진다. Z는 날개의 개수, $\frac{P}{D}$는 피치비, c는 코드 길이, t는 최대 두께이고, Re_{co}는 반경 $x = 0.75$에서 국부 레이놀즈 수이다. Re_{co}는 단독성능시험에서 2×10^5보다 작으면 층류효과가 크게 나타나 시험결과의 신뢰성이 감소하므로 실험 단계부터 이를 참고해야 한다.

날개 표면의 거칠기는 $k_p = 30 \times 10^{-6}$ m이다. 프로펠러 직경의 $0.75R$의 속도는 아래와 같이 표현된다. 이때 V_A는 예인속도, D는 프로펠러 직경, n은 회전수이다.

$$V_{0.7R} = \sqrt{V_A^2 + (0.75\pi Dn)^2}$$

CHAPTER 12

프로펠러 - 선체 상호작용

CHAPTER

12 프로펠러-선체 상호작용

선박에 프로펠러를 달면 선체와 프로펠러 사이에 여러 상호작용이 발생한다. 우선 프로펠러로 흘러드는 유입 유동은 직진하는 선체와 함께 이동하며 형성된 반류 속에서 작동한다. 프로펠러는 선미의 반류 영역에서 작동하므로 실제로는 선박의 전진 속도보다 낮아진 유속에서 작동한다. 따라서 프로펠러에 실제로 유입되는 속도 V_A를 알아야 프로펠러의 작동 조건을 명확하게 알 수 있다. 그리고 선미에 장착된 프로펠러가 회전하면 프로펠러의 앞쪽에 압력이 낮아진다. 선체의 입장에서는 선미 부분의 압력이 낮아져 저항이 증가하는 효과가 발생하는 것으로 이해할 수 있다.

이러한 선체 저항의 증가 현상을 초기의 조선공학자들은 프로펠러의 추력이 감소한다고 생각하여 추력감소비 t로 정의하였는데 이는 현재에도 유효하다. 다만 실제로는 프로펠러가 작동하는 데 따르는 선체 저항의 증가분으로 보는 것이 타당하다. 또한 프로펠러를 균일한 유동 중에서 작동하거나 불균일한 선미 반류 중에서 작동하면 같은 회전 조건에서도 토크가 다르게 되는데, 이를 상대회전효율로 나타낸다.

이처럼 프로펠러를 선미에 달고 작동할 때는 선체와 프로펠러의 상호작용으로 반류와 추력감소를 고려하여 효율을 계산해야 한다. 이들은 모두 자항시험에서 얻을 수 있으며 13장 자항시험에 앞서 먼저 개념을 살펴보도록 하자.

12.1 반류비

Froude는 선박의 전진 속도 V와 프로펠러 위치에서의 유동속도 V_A와의 차이를 반류 속도(wake speed)라 하고 반류비(wake fraction)는 다음의 관계에 있다고 정의하였다.

$$w_F = \frac{V - V_A}{V_A}, \quad V_A = \frac{V}{1 + w_F}$$

한편, Taylor는 선속에 대한 속도 변화량을 Froude와 다른 방식으로 다음과 같이 정의하였다.

$$w_T = \frac{V - V_A}{V}, \quad V_A = V(1 - w_T)$$

Froude의 정의에 따르면 반류비 $w_F = 0.5$일 때 반류 속도 $V - V_A$는 선속 V의 33%가 되고 Taylor의 정의에 따르면 $w_T = 0.5$일 때 반류 속도 $V - V_A$는 선속 V의 50%가 된다. Taylor 반류비는 통상 조선공학자들도 보편적으로 사용하고 있으며 이 책에서도 적용된다. 두 반류비 사이의 관계는 아래와 같다.

$$w_T = \frac{1 + w_F}{w_F}$$

한편, 반류는 드물게 고속선에서 음의 값을 갖기도 하지만 거의 대부분의 경우 양의 값인데, 그 이유는 일반적으로 잘 발달된 선체 경계층 안에서 프로펠러가 설치되므로 V_A가 선속 V보다 작기 때문이다.

프로펠러를 달지 않고 프로펠러 위치에서 계측한 반류를 공칭 반류(nominal wake)라 하고 선박 프로펠러의 유입류로 간주한다. 그리고 프로펠러가 작동할 때 선체-추진기 상호작용으로 발생하는 반류성분을 유효 반류(effective wake)라 한다. 일반적인 반류 계측은 공칭반류 계측을 의미하며, 공칭반류는 추진기의 회전 중 하중 변동의 추정과 추진기 설계에 사용한다.

Harvald(1983)는 공칭 반류가 생성되는 원인을 마찰 반류(frictional wake)와 포텐셜 반류(potential wake), 파동 반류(wave wake)로 설명한다. 마찰 반류는 선체와 마찰로 물이 선체를 뒤따르게 되어 선미 쪽으로 갈수록 선체에 끌려가는 유체의 속도와 체적이 증가하기 때문에 발생한다. 즉, 선미로 갈수록 경계층 발달로 발생하며 세 가지 반류 중 그 영향력이 가장 크지만 정확한 추정이 어렵다는 특징이 있다.

반면, 포텐셜 반류는 마찰이 없거나 무시할 만한 수준의 유동에서 나타나는 반류로 선수에서 갈라진 유선들이 선미에서 모이면서 프로펠러 평면 위치에서 압력이 증가하고 선미 근처에서 속도가 감소하기 때문에 발생한다. 다시 말해, 포텐셜 반류는 이상유체 중을 진행한다는 가정을 사용하고 있어서 선박의 진행방향이 바뀌어도 유선의 변화가 일어나지 않으므로 같은 위치에서는 반류의 분포 양상이 같다는 특징이 있다. 실험적으로 포텐셜 반류를 계측할 때 배를 후진하면서 프로펠러 위치에서 유동을 계측하면 포텐셜 유동의 특징을 계측하면서 실제 포함되는 점성유동 영향을 최소화할 수 있어서 후진 계측법을 사용한다.

파동 반류는 선체가 진행하면서 발생한 파에 의한 유체입자운동으로 발생한다. 프로펠러가 파정과 파저 중 어느 위치에 오느냐에 따라서 반류 성분이 양이 되거나 음이 될 수 있다. Harvald에 따르면 마찰 반류의 값은 0.09~0.23 정도이고, 포텐셜 반류는 0.08~012, 파동 반류는 0.03~0.05, 전체 반류비는 0.2~0.4 정도로 나타난다. 유효 반류는 위 세 가지 반류에 선미에 달린 프로펠러가 회전하면서 발생하는 유동장 교란에 의한 반류까지를 포함한다.[77] 따라서 프로펠러로 인해 가속된 성분이 포함되어 일반적으로 유효반류는 공칭반류보다 그 크기가 작다. 여기서 반류는 유속의 감소 정도를 뜻하므로, 유동이 가속된다면 반류가 작아짐을 뜻한다.

계측 장비의 발달로 특정 위치에서 유속을 계측하여 반류 분포를 확인할 수 있는데 Fig 12.1은 프로펠러가 장착되는 위치인 Fig 12.1(a)의 빨간색 네모상자 위치, 즉 선미의 공칭 반류 측정 위치에서 Fig 12.1(b)와 같이 PIV 장비로 반류를 계측한다. 일반적으로 반류가 축 주위로 동심원 형상으로 나타나면 프로펠러에 생기는 기진력이 줄어든다.

---

77 S. A. Harvald, Resistance and Propulsion of Ships. Wiley Interscience, New York, 1983.

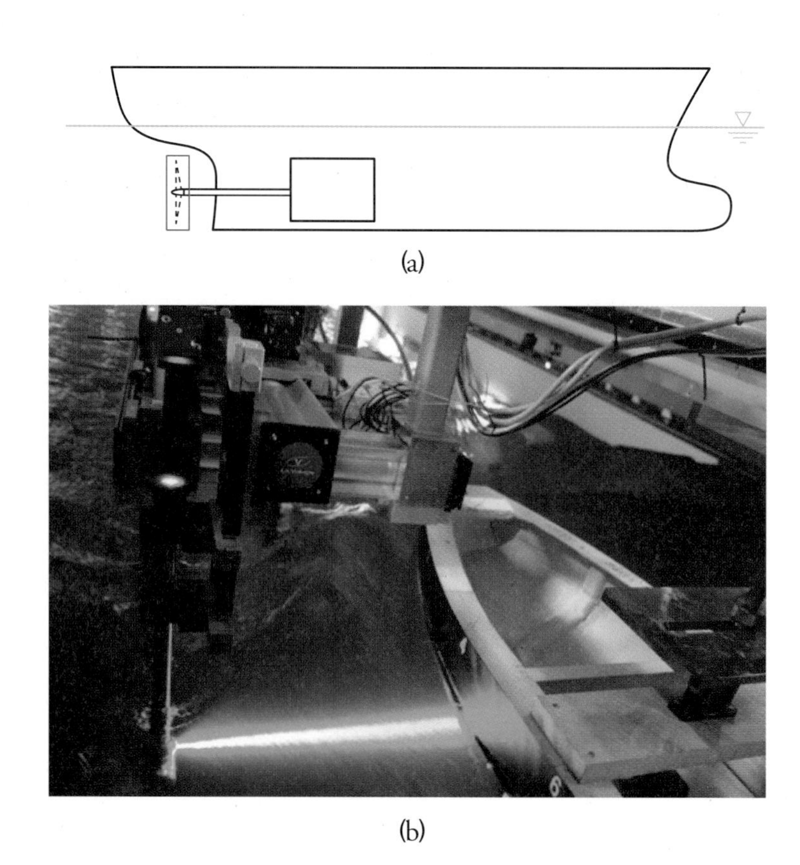

(a)

(b)

Figure 12.1 (a) 선체 측면도, (b) 공칭상태를 PIV 장비를 이용하여 계측
(자료제공·사진촬영 : 서울대학교 선박저항성능 연구실)

한범우 등(2018)[78]은 예인수조용 SPIV 시스템으로 KVLCC2 모형선의 프로펠러 작동 평면의 우현 49mm×98mm 영역의 속도장을 실험적으로 계측하고 대칭 조건을 도입하여 Fig 12.2와 같이 나타내었다. 선체 뒷부분의 형상과 경계층 발달 효과 때문에 프로펠러 근방의 반류 분포는 일반적으로 균일하지 않으며, 상단 부분은 선체와 가깝기 때문에 원주를 따라 상단으로 올라갈수록 선체의 영향을 많이 받아 반류비가 증가하는 것을 알 수 있다.

78 B. W. Han, J. Seo, S. J. Lee, D. M. Seol, and S. H. Rhee, Uncertainty Assessment for a Towed Underwater Stereo PIV System by Uniform Flow Measurement", International Journal of Naval Architecture and Ocean Engineering, Vol. 10, pp. 596-608, September 2018.

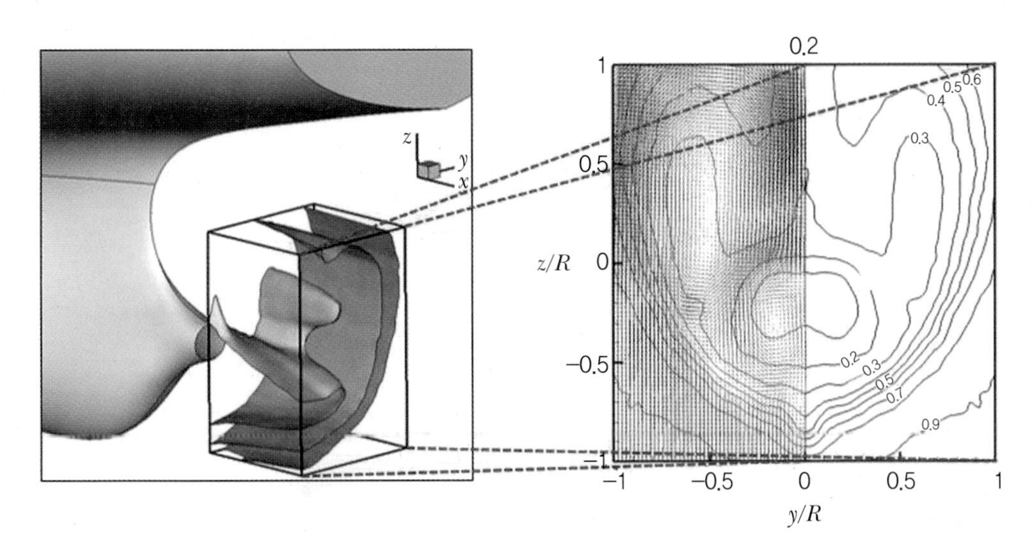

Figure 12.2 SPIV를 이용하여 KVLCC2 모형선 스테이션 0.35 평균 속도 분포(한범우 등, 2018)

Harvald(1983)는 Fig 12.3과 같이 선미 벌브의 형상에 따라 다른 반류 분포를 계측하였는데, 선미 벌브가 보다 둥근 형태를 띠면 반류 등고선도 좀 더 둥근 동심원에 가까운 형태를 보이게 되고 각 반경위치에서 프로펠러 단면 요소에 원주 방향 유입속도가 비교적 균일화되어 부하 변동의 수준이 감소된다. 또한 그는 데드우드(deadwood)[79]를 제거하거나 프로펠러 축 위쪽의 선미골재와 간격을 크게 함으로써 원주 방향으로 균일한 반류 분포를 얻을 수 있었다.

---

79 선박의 선미재와 용골이 연결되는 부분으로 타의 하단부분을 받쳐주는 선미부재에 사용된다.(출처 : 한국조선공업협동조합 http://www.kosic.or.kr/)

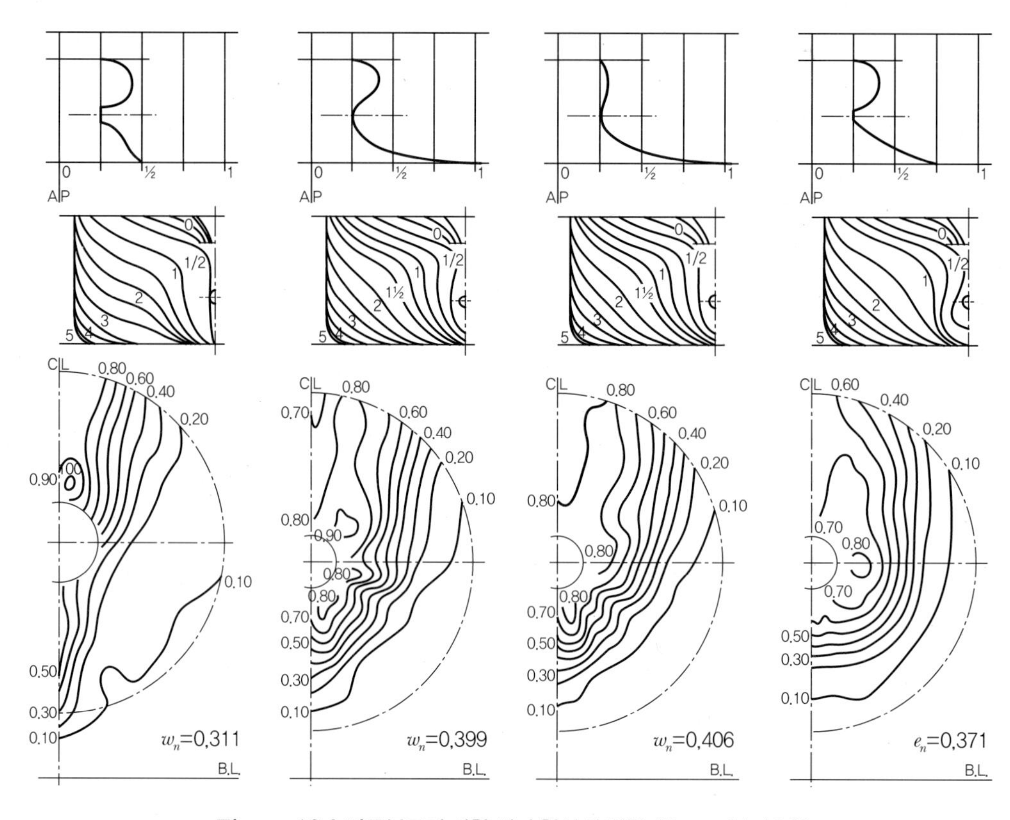

Figure 12.3 반류분포에 대한 선미 형상의 영향 (Harvald, 1983)

Fig 12.4는 쌍축선의 전형적인 반류 분포를 수치로 표기한 것이며 경계층 효과와 축과 보싱 주위의 국부적인 변화가 나타나 있다. 일반적으로 쌍축선의 평균 반류비는 보통 단축 선보다 작은 반면 보스의 끝 바로 뒤와 스트럿 바로 뒤에서는 상당히 큰 값을 가진다. 그림에서 축이 Fig 12.3과 달리 기울어진 이유는 축 기준을 스트럿으로 하였기 때문이다.

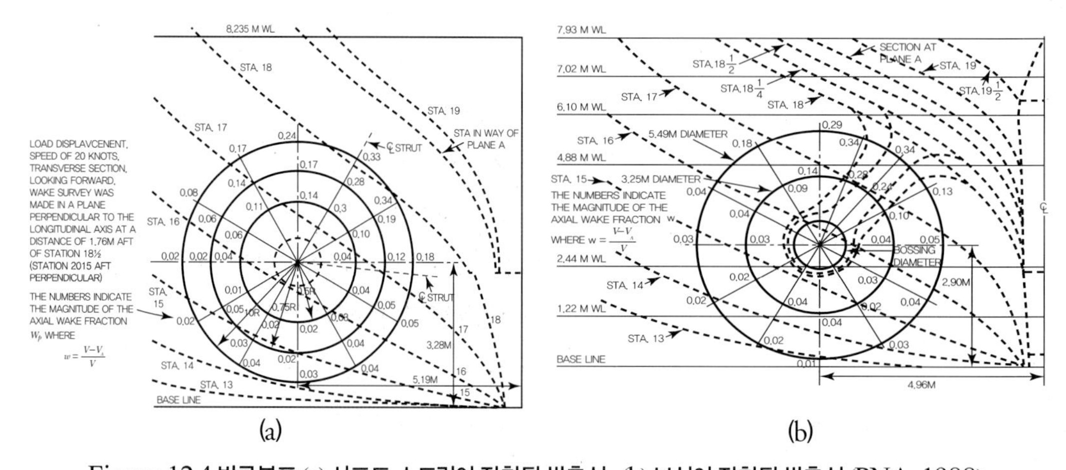

Figure 12.4 반류분포 (a) 샤프트-스트럿이 장착된 쌍축선, (b) 보싱이 장착된 쌍축선 (PNA, 1988)

Fig 12.5는 프로펠러 면에서 각 변화에 따른 반류비의 변화를 조사한 것이다. 단추진기선의 특정한 프로펠러 반경에서 어떤 각도일 때 국부 반류비를 w_T'' 로 표현하면 프로펠러가 연직상방에 놓이는 상사점(Top Dead Center, TDC)에서는 선체 영향으로 유속이 느려지므로 반류값이 커지고 연직 하방으로 놓이는 하사점(Bottom Dead Center, BDC)에서는 선체의 영향을 적게 받으므로 반류값이 작아진다.

프로펠러 날개가 90° 회전한 위치에서는 경계층 가장자리에 가까워지므로 반류값이 가장 작아지는 경향이 있는데 프로펠러 날개 끝 쪽으로 갈수록 뚜렷해진다. Fig 12.6은 반류비가 반경에 따라서 변화하는 것을 w_T' 로 나타내고 각 반경 위치에서의 w_T'를 프로펠러면 전체에 걸쳐 적분하여 평균 반류비를 w_T 로 표현한 것이다. 쌍추진기선에서는 반류값의 변화량과 평균값이 작게 나타난다.

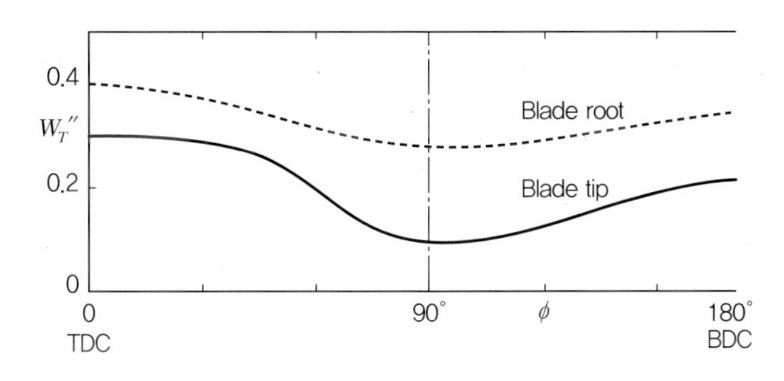

Figure 12.5 **반류비의 회전방향 분포**(Molland et al., 2015)

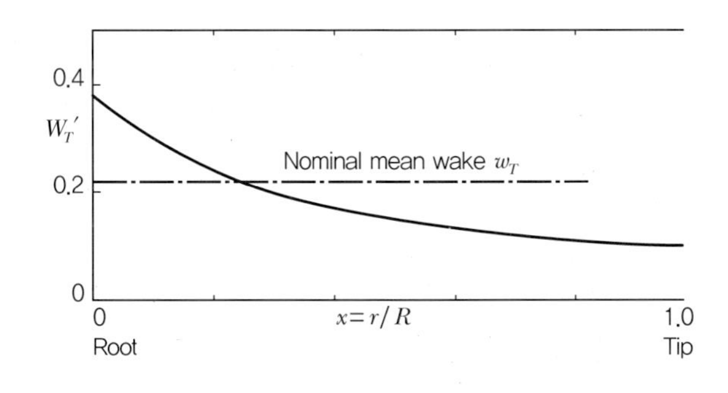

Figure 12.6 **반류비의 반경방향 분포**(Molland et al., 2015)

반류 분포를 계측하는 주요 장비의 특징을 Table 12.1에 비교하였으며 Fig 12.7에는 SPIV, 5공 피토관, 열선 유속계로 계측한 반류 분포를 각각 비교하였다. 공칭반류 유동장의 평균 유속은 모든 실험에서 유사한 결과를 보인다.

Table 12.1 **반류 분포 계측장비 특성 비교**

	열선유속계	LDV	피토관	SPIV	2D PIV
계측원리	열선에 흐르는 전류량의 변화	레이저 간섭 무늬의 변동	Probe 각 지점의 차압	두 카메라 시점에서 시간에 따른 입자 분포 양상의 변화	한 카메라 시점에서 시간에 따른 입자 분포 양상의 변화
계측기법	점 계측			평면 계측	
소요시간	오래 걸림(100회 이상)		보통(10회)	짧음(1회)	보통(30회 내외; 2차원 계측면을 쌓아 3차원 재구성)
공간 해상도	2mm (Probe tip 크기)	1mm 내외 (레이저 빔 교차부 크기)	6mm (Probe tip 크기)	1mm 내외 (PIV 조사구간 크기)	
장점	속도 변동 정밀하게 측정	유동교란 없고 속도 변동 정밀 측정	실험 장비 간단, 수조에서 자주 활용됨	유동교란 없고 3방향 순간 속도성분 계측	유동교란 없고 2방향 순간 속도성분 계측
단점	계측이 까다롭고 계측장비 유지 관리가 어려움	추적입자 수 다량 요구됨, 고가의 장비	계측 가능한 유속범위 한정, 비정상 유속의 시간별 계측은 어려움, 상대적으로 정도가 낮음	고가의 장비, 실험 모형 표면의 반사 방지 처리	고가의 장비, 실험 모형 표면의 반사 방지 처리

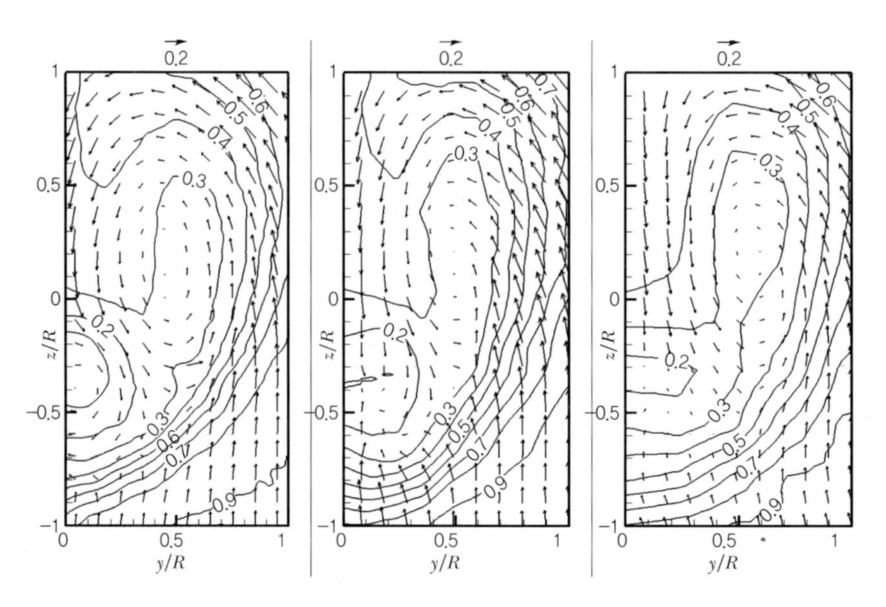

Figure 12.7 SPIV, 5공 **피토관, 열선 유속계로 계측한 반류 분포(서정화 등,** 2014)

최근에는 CFD 계산으로 공칭상태의 반류 분포를 해석하기도 한다. Fig 12.8는 서울대학교 선박저항성능연구실에서 수행한 CFD 해석 결과와 비교한 그림이다.

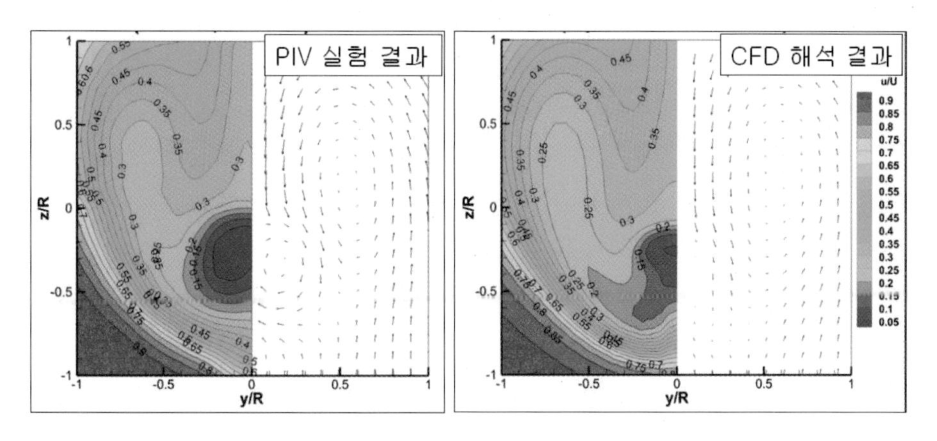

Figure 12.8 PIV, CFD 결과

(자료제공 : 서울대학교 선박저항성능연구실)

12.2 추력 감소

앞서 말했듯이 초기의 조선공학자들은 선미에 달린 프로펠러가 회전하면서 발생하는 저항의 증가를 발생하는 추력이 감소한다고 간주하여 추력감소비를 정의하고 이를 사용하여 저항증가 개념을 설명하였다.

$$T = R_T + \Delta R, \quad \Delta R = T - R_T$$

(여기서, ΔR은 저항 증가 부분)

이 추력의 감소가 전체 추력 T에서 차지하는 비율을 추력감소비 t라 정의한다.

$$t = \frac{T - R_T}{T} = 1 - \frac{R_T}{T}, \quad R_T = (1 - t)\,T$$

프로펠러 면으로 유입되는 유동은 프로펠러 전방에서부터 가속되므로 경계층의 전단율이 증가되어 선체의 마찰저항도 늘어나고, 선수 압력은 그대로인 데 반해 프로펠러로 인한 유동가속효과로 선미는 압력이 감소하여 점성압력저항이 증가하게 되는데, 이들 선체저항 증가요인을 프로펠러의 추력감소 원인으로 보는 것이다. Fig 12.9는 후자를 잘 설명하는데 진한 남색 부분이 선미 압력이 감소된 부분이다.

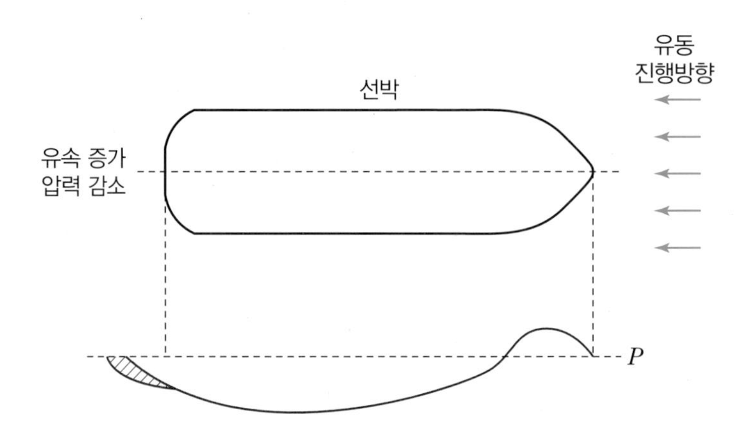

Figure 12.9 **프로펠러 회전수 증가 시 마찰저항이 증가하는 이유**

반류비와 추력감소비는 자항시험으로 구할 수 있으며 모형선의 형상 제한으로 자항동력계 설치가 불가능하여 자항시험으로 추력과 토크를 계측하지 못할 때는 반류비와 추력감소계수를 경험식으로 구할 수 있다. 하지만 선체의 특성을 세부적으로 고려한 경험식이 아니므로 대략적인 경향을 알려줄 뿐이다. 추력의 경우, 아래와 같은 추정식을 많이 사용한다.

쌍축선(Holtrop and Mennen, 1982) : $t = w_T$ 또는 $t = 0.325C_B - 0.1885\dfrac{D}{\sqrt{BT}}$

단축선(Holtrop, 1988) : $t = \dfrac{0.25014\left(\dfrac{B}{L}\right)^{0.28956}\left(\dfrac{\sqrt{BT}}{D}\right)^{0.2624}}{(1 - C_P + 0.0255LCB)^{0.01762}} + 0.0015C_{stern}$

이때 C_{stern} 은 선형에 따라 다른 값을 주는데, V형 선미의 경우 −10을 적용한다.

12.3 상대회전효율

프로펠러 단독성능시험에서 측정한 프로펠러 성능과 선미에 달린 프로펠러가 작동할 때의 성능은 같지 않다. 왜냐하면 단독시험일 때는 균일한 유동이 프로펠러에 유입되는 데 반해, 선미에서 작동할 때는 선체에 의해 교란된 불균일한 유동이 프로펠러에 유입되므로 이러한 유동장의 특성 차이로 프로펠러가 내는 추력과 토크가 달라지는 것이다. 또한 선미에서는 프로펠러가 상대적으로 강한 난류 속에서 작동하게 되는 것도 원인이 될 수 있다. 정지해 있는 유체를 V_A의 속도로 전진하며 회전수 n으로 회전할 때 계측된 추력과 토크로 계산한 프로펠러 단독효율은 다음과 같다.

$$\eta_O = \frac{TV_A}{2\pi n Q_O}$$

자항시험 때의 프로펠러 전진속도 V_A, 회전수 n에서 발생하는 추력 T가 프로펠러 단독성능시험에서도 같아지도록 하였다면 이때 프로펠러에 공급한 토크는 프로펠러 단독성능시험 때 공급한 토크와는 다르다. 따라서 프로펠러 선미 효율은 다음과 같다.

$$\eta_B = \frac{TV_A}{2\pi n Q}$$

이 선미효율와 단독효율과의 비를 상대회전효율(relative rotative efficiency)이라 한다.

$$\eta_R = \frac{\eta_B}{\eta_O} = \frac{Q_O}{Q}$$

η_R은 보통 단축선에서는 1~1.1의 효율을 갖고 쌍축선에서는 그보다 낮은 0.95~1.0의 값을 가진다. 상대회전효율이 1보다 크다는 것은 불균일 반류 상태인 선미 상태에서 오히려 균일류일 때 보다 작은 토크로도 같은 추력을 낼 수 있다는 의미이다. 실험을 통해 상대회전효율을 구할 수 없을 때는 다음과 같은 상대회전효율 추정식을 사용한다(Holtrop and Mennen, 1982).

쌍축선 : $\eta_R = 0.9737 + 0.111(C_P - 0.0225LCB) - 0.06325\dfrac{P}{D}$

단축선 : $\eta_R = 0.9922 - 0.05908\left(\dfrac{A_E}{A_O}\right) + 0.07424(C_P - 0.0225LCB)$

12.4 선체효율과 준추진효율

선체효율 η_H(hull efficiency)는 추진동력 P_T와 유효동력 P_E의 비로 다음과 같이 나타낼 수 있다.

$$\eta_H = \frac{P_E}{P_T} = \frac{R_T V}{T V_A}$$

R_T는 저항시험에서 계측된 총 저항이며 T는 자항시험에서 계측된 추력이다. $V_A = V(1-w)$이고 $R_T = (1-t)T$이므로 이를 위 식에 대입하면 선체효율을 다음과 같이 표현할 수 있다.

$$\eta_H = \frac{(1-t)TV}{TV(1-w)} = \frac{(1-t)}{(1-w)}$$

준추진효율 η_D는 1장에서도 잠깐 언급하였는데 유효동력 대 전달동력의 비로 계산할 수 있다. 준추진효율은 다음과 같이 선체효율, 프로펠러 단독성능효율, 상대회전효율의 곱으로 표현된다.

$$\eta_D = \frac{P_E}{P_D} = \frac{R_T V}{2\pi n Q} = \frac{R_T V}{T V_A}\frac{T V_A}{2\pi n Q} = \frac{R_T V}{T V_A}\frac{T V_A}{2\pi n Q_O}\frac{Q_O}{Q} = \eta_H \eta_O \eta_R$$

12.5 자항시험법

자항시험은 선미에 달린 프로펠러를 회전하며 프로펠러의 추력과 토크를 계측하여 프로펠러의 성능을 확인하는 한편, 선체 저항을 저항동력계로 계측하는 복합적인 모형시험이다. 자항상태란 선박이 외부로부터 추가의 추력을 얻지 않고 추진기의 추력만으로 일정 속도를 유지하는 상태를 말한다.

선체-추진기 상호작용에서 설명한 바와 같이 자항상태에서는 프로펠러 전방에 낮은 압력이 형성되어 선체에는 점성압력 저항이 증가된다. 또한 프로펠러에는 선체 주위에서 운동에너지를 소모하고 선박 속도보다 낮아진 속도로 이루어진 반류장이 프로펠러로 유입된다. 게다가 프로펠러에 유입되는 반류가 시공간적으로 불균일하므로 토크-추력 특성이 변화하게 된다.

자항시험에서는 정해진 모형선 예인속도에서 프로펠러 회전수를 변경하며 자항점을 추정한다. 자항점(self-propulsion point)은 모형선이 일정 속도를 유지할 때 해당 속도에서 추력과 저항이 평형을 이뤄 모형선을 예인하는, 즉 자항동력계에 힘이 0으로 나타나는 점을 말한다.

이때 모형선의 자항점을 실선의 자항점으로 사용할 수 있는지를 생각해보자. 레이놀즈 수 차이로 모형선의 선미 경계층의 두께 비가 실선의 경계층 두께 비보다 크므로 모형선의 마찰저항계수가 크게 나타난다. 따라서 모형선의 자항점은 실선의 자항점보다 고하중 조건(낮은 전진비)에서 얻어질 것이므로 실선과 모형선의 저항 차이를 보정하여 자항점을 구해야 한다. 보정값은 모형선과 실선의 마찰저항 차이 F_D에 해당하고 예인전차가 자항시험 속도로 모형선을 예인할 때 요구되는 예인력과 같다. 2차원 해석법을 사용할 때는 다음과 같은 예인력 식을 사용한다.

$$F_D = \left(\frac{1}{2}\rho_M V_M^2 S_M\right)\{C_{FM} - (C_{FS} + C_A)\}$$

$R_{TM} - T = F_D$이 되는 프로펠러 회전수를 실선 자항점이라 하고, 자항시험에서는 이 실선 자항점을 구하는 것이 목적이 된다. $R_{TM} - T = 0$을 만족하는 점은 모형선의 자항점인데, 이는 자유항주 모형시험 등의 특수한 경우를 제외하면 따로 구하지 않는다. 한번에 자항점을 바로 찾기는 어려우므로, 통상 정해진 속도에서 자항점 근처 몇 개의 회전수 조건들에 대해 실험하고 내삽법으로 자항점을 결정한다. 모형선과 실선의 자항점은 프루드 수나 전진비 조건으로 상사관계가 성립되지 않음은 주의할 점이다. 3차원 해석법은 저항시험과 마찬가지로 형상계수 k를 고려하여 자항성능을 추정한다. 자항시험과 그 결과의 실선 확장을 정리하면 Fig 12.10, 12.11과 같다.

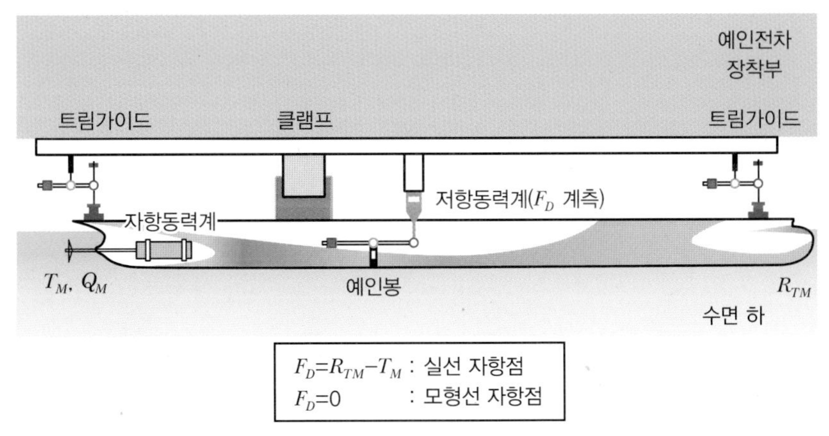

Figure 12.10 **자항시험 시 작용하는 힘**

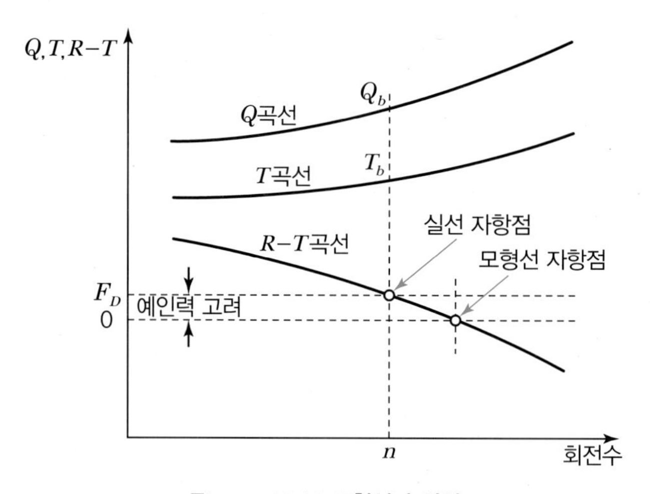

Figure 12.11 **모형선과 실선**

CHAPTER 13

모형선 자항시험 -실습예제

CHAPTER

13 모형선 자항시험 - 실습예제

추진성능은 실계 단계에서 추정하며 크게 저항성능과 프로펠러 단독성능 그리고 선체와 프로펠러의 상호작용으로 구분한다. 앞서 저항시험과 프로펠러 단독성능시험으로 저항성능과 프로펠러 단독성능을 확인하였는데, 여기서는 자항시험으로 선체와 추진기의 상호작용을 확인해 본다. 자항시험의 목적은 실선의 반류장에서 작동하는 프로펠러가 선체를 일정한 속력으로 추진하기 위해 축에 가해줘야 하는 일률을 추정하는 것으로 쉽게 말해 실선의 전달동력을 추정하는 것이다.

13.1 모형시험 전 준비

본 실험은 서울대학교 예인수조에서 수행한 시험을 기준으로 한다. 저항시험과 마찬가지로 모형선을 예인전차에 장착하여 예인하며 모형선에 달린 프로펠러를 회전시키며 실험한다. 즉, 자항시험은 저항시험과 POW 시험이 결합된 것이라 할 수 있겠다.

13.1.1 모형선 및 프로펠러

저항시험 및 프로펠러 단독성능시험에서 사용했던 동일한 모형선과 프로펠러를 사용한다. 모형선은 Fig 13.1과 같이 선박해양플랜트연구소에서 개발한 연구용 국제표준 선형인 KCS 선형이며 주요 제원은 Table 13.1과 같다. 프로펠러는 Fig 13.2와 같이 KCS 선형에 맞게 설계된 KP505 프로펠러이며 주요 제원은 Table 13.2와 같다. 자항시험은 프로펠러를 모형선의 선미 축계에 달고 수행한다.

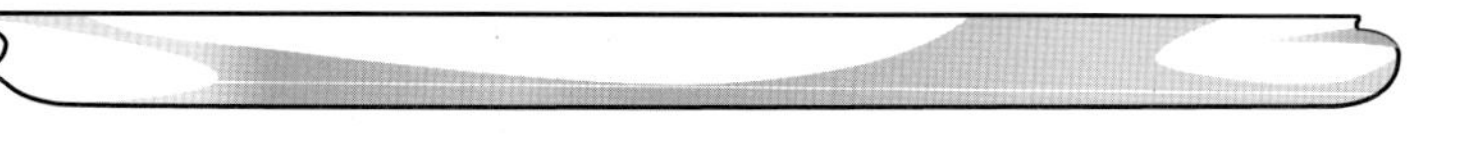

Figure 13.1 KCS 선형

Table 13.1 KCS 모형선 주요 제원

구 분	기 호	단 위	실 선	모형선
축척비	λ	–	1	1/57.5
수선 간 길이	L_{PP}	m	230	4
폭	B	m	32.2	0.56
흘수	T	m	10.8	18.8
침수표면적	S	m^2	9,350	2.882
배수량	Δ	m^3	52,030	273.7
방형계수	C_B	–	0.651	

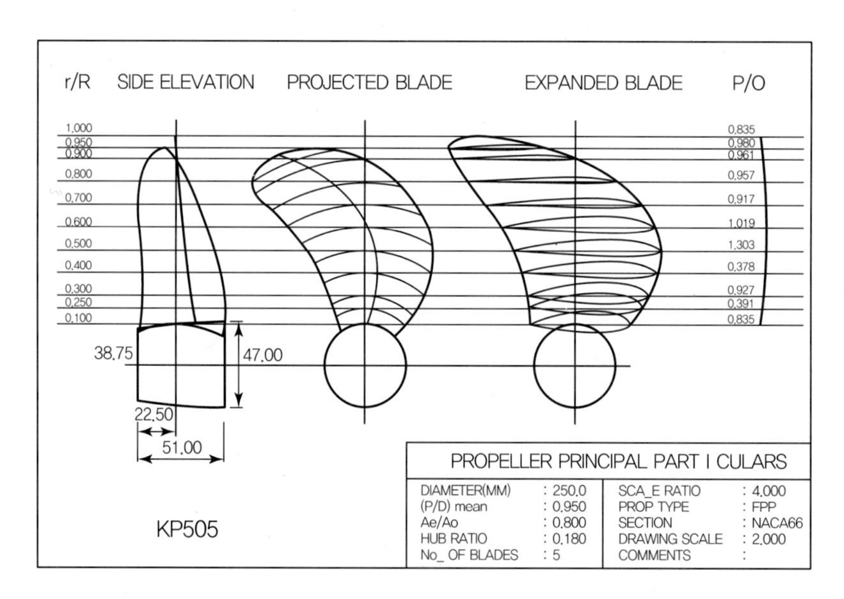

Figure 13.2 KP505 프로펠러

(http://www.simman2008.dk/KCS/kcs_geometry.htm)

Table 13.2 KP505 프로펠러 모델

구 분	기 호	단 위	실 선	모형선
블레이드 수	–	–	5	
직경	D	m	7.9	0.137
확장 면적비	$\frac{A_E}{A_O}$	–	0.800	
피치비	$\frac{P}{D}$	–	0.9967	

13.1.2 저항동력계과 예인봉

저항시험과 마찬가지로 저항동력계(Fig 13.3)와 예인봉(Fig 13.4)을 사용한다. 다만 저항시험에서는 저항동력계가 순수하게 저항 R_{TM}을 계측하였다면 자항시험에서는 $R_{TM} - T$, 즉 예인력 F_D를 계측한다는 점이 다르다. 예인봉은 저항시험일 때와 같은 위치에 설치하고 저항동력계는 모형선의 종동요, 상하동요운동을 자유롭게 허용하며 수면과 평행하게 모형을 예인할 수 있도록 설치된다.

Figure 13.3 저항동력계

Figure 13.4 예인봉 개념

13.1.3 자항동력계와 AC 모터

프로펠러 구동 모터와 프로펠러 사이에 자항동력계를 설치하고 프로펠러 축에 걸리는 추력과 토크를 계측한다(Fig 13.5). 구동축에 작용하는 토크와 추력을 동력계의 변형을 계측하여 데이터 획득 시스템으로 처리할 수 있다. 프로펠러 축과 센서 축은 Fig 13.6과 같은 유니버설 조인트(universal joint)[80]로 연결하여 동력을 전달한다. 프로펠러 축과 자항동력계의 축이 직선으로 배치되지 않을 때는 유니버설 조인트가 동력을 전달하며 축 진동을 일으키고 동력 손실을 발생시키므로 계측기 설치에서 종방향 중심선 정렬에 세심한 주의가 필요하다.

자항동력계를 Fig 13.7과 같이 추력과 토크를 발생시킬 수 있도록 지그(jig)에 고정하고 와이어와 추접시를 설치한 뒤 교정시험을 수행한다. Fig 13.7(a)는 추력 교정시험을 나타내며 축의 길이방향으로 가해지는 힘에 대한 전압 변화를 교정하는 것이 목적이므로 축계에 길이방향으로 무게를 걸어 외력을 적용한다. Fig 13.7(b)는 토크 교정시험을 나타내며 동력계의 동력 전달 축에 양팔보를 설치하고 보의 양 끝에 일정 무게를 더하여 가할 수 있는 토크값에 따른 전압 변화를 교정하는 방식으로 이루어진다.

Figure 13.5 자항동력계

Figure 13.6 유니버설 조인트

자항동력계를 Fig 13.7과 같이 추력과 토크를 발생시킬 수 있도록 지그(jig)에 고정하고 와이어와 추접시를 설치한 뒤 교정시험을 수행한다. Fig 13.7(a)는 추력 교정시험을 나타내며 축의 길이방향으로 가해지는 힘에 대한 전압 변화를 교정하는 것이 목적이므로 축계에 길이방향

80 축이음의 일종. 두 축이 비교적 떨어진 위치에 있는 경우나 두 축의 각도(편각)가 큰 경우에 이 두 축을 연결하기 위하여 사용되는 축이음(커플링)의 일종이다(출처 : 두산백과 www.doopedia.co.kr). 즉, 구동축과 피구동축이 평행하지 않게 배치되어 있어도 유동적으로 동력전달을 가능케 해준다.

으로 무게를 걸어 외력을 적용한다. Fig 13.7(b)는 토크 교정시험을 나타내며 동력계의 동력 전달 축에 양팔보를 설치하고 보의 양 끝에 일정 무게를 더하여 가할 수 있는 토크값에 따른 전압 변화를 교정하는 방식으로 이루어진다.

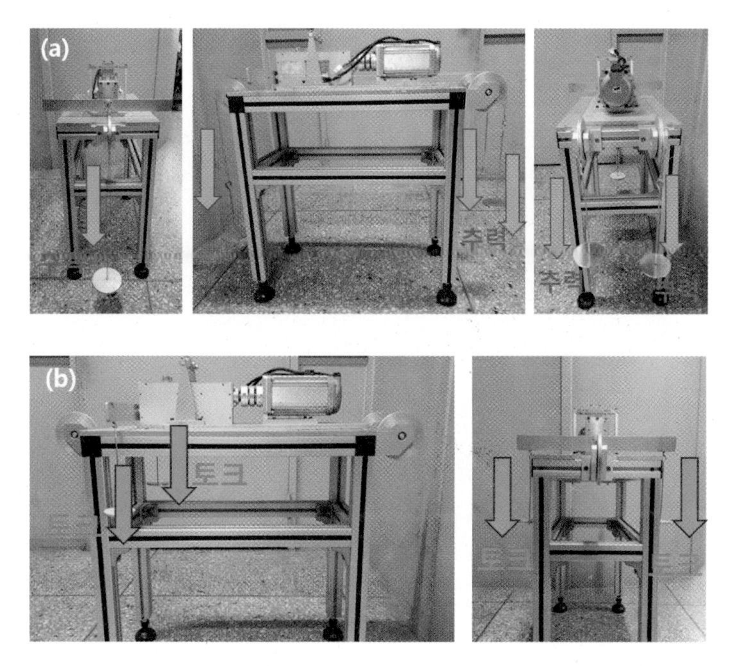

Figure 13.7 자항동력계 교정시험 교정대 (a) 추력 교정시험, (b) 토크 교정시험

Fig 13.8은 AC 서보모터로 프로펠러 회전수를 조절하는 장비이다. 주전원 – 서보 On – 회전방향 설정 – 회전수 조절 순으로 작동하며 최대 회전수는 3000rpm이다.

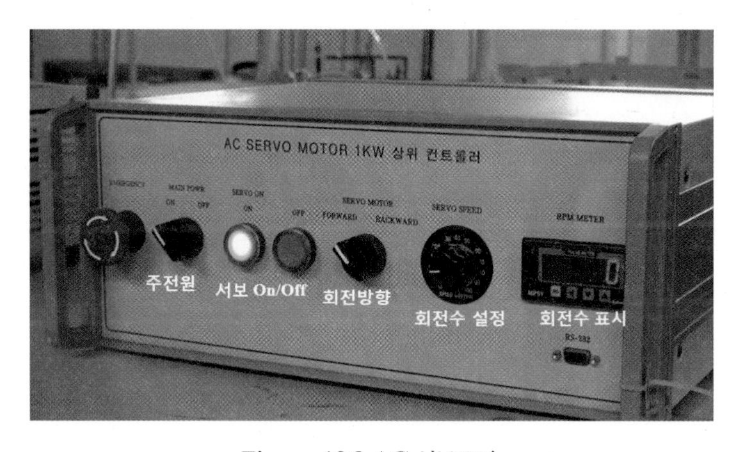

Figure 13.8 AC 서보모터

13.1.4 클램프

저항시험과 동일하게 모형선을 가 · 감속할 때 저항동력계에 과도한 힘이 걸릴 수 있으므로 관성력에 의한 저항동력계의 손상을 막기 위해 클램프를 사용한다. 클램프 구속부는 마찬가지로 Fig 13.9와 같이 모형선의 상부 갑판에 장착된다.

Figure 13.9 **모형선 상부 갑판에 클램프 구속부 장착**

클램프 장비는 압축 공기로 구동되며 가 · 감속할 때는 모형선을 잡아주고 정속 구간에서 클램프를 풀어주어 저항을 계측한다. Fig 13.10은 클램프를 풀었을 때와 구속했을 때를 보여준다.

Figure 13.10 (a) **클램프를 푼 상태,** (b) **클램프를 구속한 상태**

13.1.5 트림가이드

저항시험과 동일하게 트림가이드는 Fig 13.11과 같이 선수와 선미에 장착하여 FP, AP의 수직변위를 계측한다.

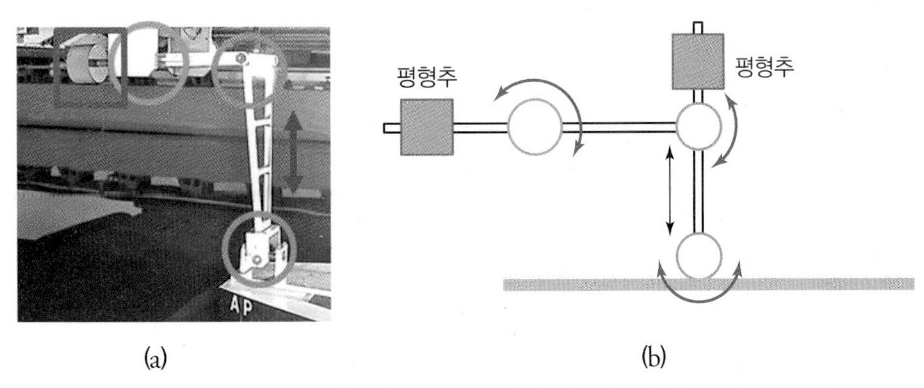

Figure 13.11 (a) FP에 트림가이드 연결부 설치, (b) AP에 트림가이드 연결부 설치

13.1.6 데이터 획득 시스템

저항시험과 같은 데이터 획득 시스템을 사용한다. Fig 13.12(a)에 보인 DAS/증폭기는 저항동력계와 자항동력계로부터 출력되는 아날로그 신호를 받아 디지털 신호로 변환하고 Fig 13.12(b)의 노트북 PC로 전송하여 데이터를 처리한다. 노트북 PC의 제어/계측 프로그램에서는 계측기를 제어하여 실험을 관리하고 DAS의 각 채널에 연결된 센서의 아날로그 신호 정보의 관리, 디지털 신호 기록 및 얻어진 신호의 처리와 해석을 한다.

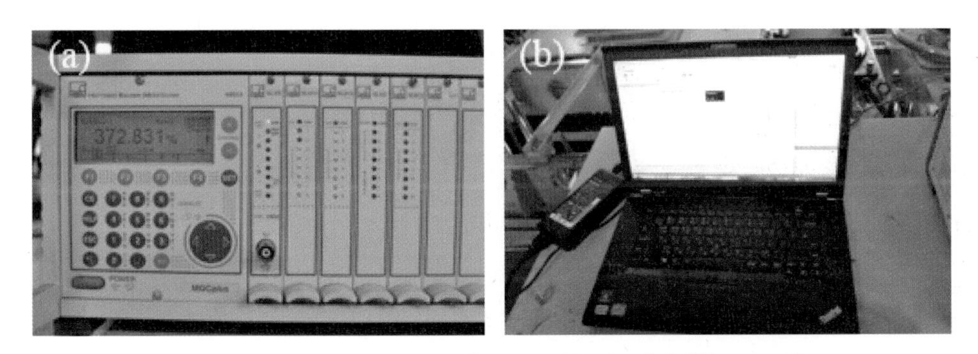

Figure 13.12 (a) DAS/증폭기, (b) 노트북 PC (제어/계측 프로그램)

13.1.7 예인전차 모형선 장착

자항시험 준비가 끝난 모형선을 저울에 올려 놓고 추를 추가하여 실험 배수량을 맞추고 준비수조로 옮긴다. 준비수조에서 설계 흘수를 맞추거나 모형선 상태를 최종적으로 확인하고 모형선을 예인전차 아래에 장착한다. 장착 도면은 Fig 13.13과 같다.

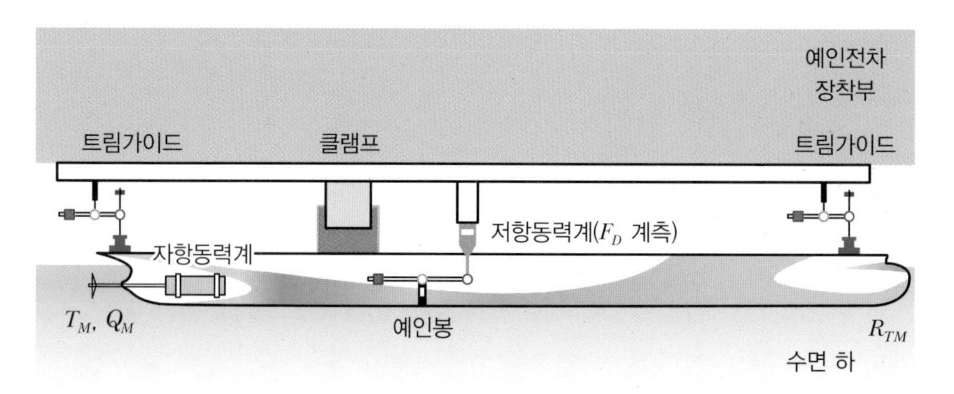

Figure 13.13 예인전차 아래 모형선 장착

13.2 모형시험 수행

자항시험은 일반적으로 정수 중에서 수행하며 자유수면의 교란이 시험 데이터 계측에 영향을 미치지 않도록 충분한 대기 시간을 두고 계측하여야 한다.

13.2.1 예인속도 설정

모형선의 예인속도는 모형선의 프루드 수가 실선 선속에서의 프루드 수와 같아지도록 결정한다. 실선의 설계 속도를 포함하여 자항성능의 경향성을 충분히 파악할 수 있는 속도까지를 시험속도 범위로 선정한다. 예인수조에 따른 모형선 예인속도 보정식을 통해 보정속도를 구한 뒤 모형선을 예인한다.

13.2.2 실험 중 물리량 계측 지점

1) 변위 계측 : 선수, 선미
2) 추력과 토크 계측 : 자항동력계
3) 힘 계측 : 모형선 예인지점에서 저항동력계의 출력이 미리 추정한 $R_{TM} - T$가 되는 것을 확인하기 위하여 사용한다.
4) 수온 계측 : 흘수의 중간 깊이(수온에 따른 동역학적 점성계수 및 밀도는 ITTC Recommended Procedures and Guidelines 7.5-02-01-03, Fresh Water and Seawater Properties, 2011 참고)

13.2.3 장비 사용법 및 계측

예인전차를 저항시험일 때와 같이 구동시킨다. Fig 13.14는 노트북 내 계측 시스템에서 DAS 신호 수신상태를 보이고 있다. 녹색 네모상자의 가장 위쪽부터 예인력, FP · AP 트림가이드, 추력, 토크 신호 수신상태를 보여주고 있다. 예인 수조의 수면이 잔잔해졌을 때 클램프를 풀어준 상태에서 저항동력계와 트림가이드의 영점을 조정한다. Fig 13.14 윗부분의 주황색 네모상자 버튼을 눌러 주고 대기하면 20초간 무부하 출력을 측정하여 영점을 설정한다.

한편 자항동력계의 영점은 프로펠러 날개를 제거한 유선형 캡을 달고 정지상태에서 축계를 특정 회전수로 회전시키며 유선형 캡의 저항과 축계 자체의 토크의 영향을 계측하고 영점을 설정한다. 예인력과 트림가이드 영점은 각 조건마다 수행하지만 프로펠러를 장착한 이후의 자항동력계 영점은 따로 조정하지 않으며 회전수를 변화시켜 가며 얻은 추력과 토크 계측값에서 영점 값을 수정해준다.

Figure 13.14 DAS 정상작동 확인 및 영점 조정

자항동력계 영점 조정이 완료되면 프로펠러 축과 프로펠러를 키로 고정시키고 캡을 씌워 허브와 틈새가 없도록 고정한다.

이후 클램프로 모형을 다시 구속하고 Fig 13.15의 주황색 네모상자에 시험할 선속을 입력하고 노란색 네모상자에 대응되는 가속시간을 입력한다. 높은 속도로 예인하면 모형선 손상 위험이 있으므로 가속시간을 길게 설정하지만 본 실험에서는 속도가 빠르지 않으므로 충분히 길게(5초) 설정할 수 있었다. AC 서보모터로 프로펠러를 $R_{TM} - T$가 얻어질 것으로 추정되는 회전수로 회전시켜 선체 주위에 프로펠러로 인한 유동이 형성되는 것을 확인하고 빨간색 네모상자 속 운행 레버를 앞으로 밀어 예인전차를 출발시킨다. 파란색 네모상자에 표기되는 예인전차의 속도가 실험속도에서 안정된 것을 확인하고 보라색 네모상자 속 클램프 버튼을 클릭하여 클램프를 풀어준다.

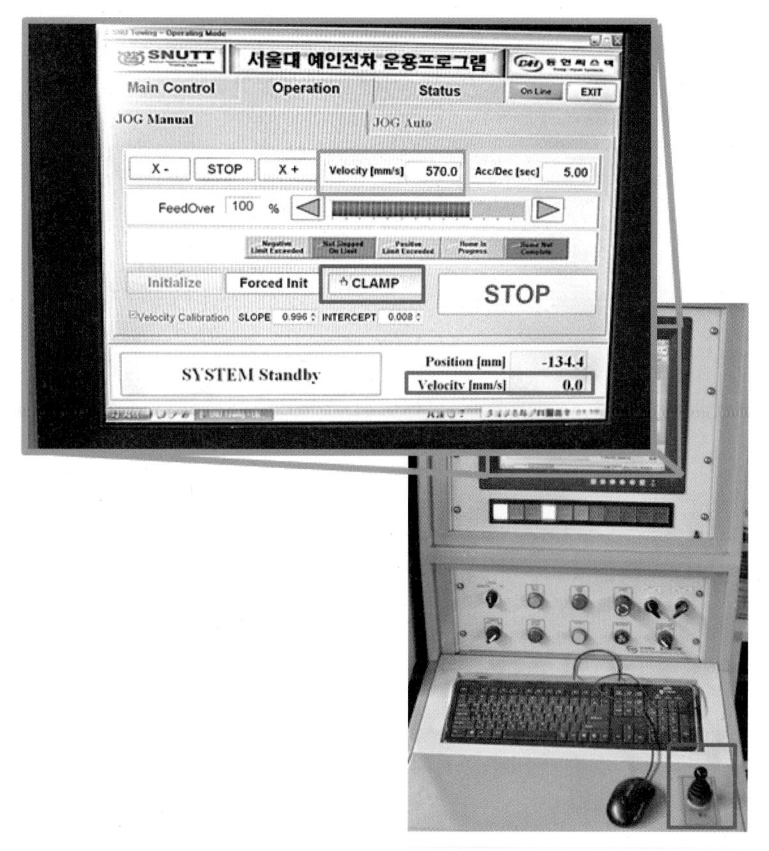

Figure 13.15 예인전차 작동법

항주 중 선박의 운동이 안정되면 힘, 추력과 토크, 자세를 계측한다. Fig 13.16과 같이 녹색 네모상자를 누르면 계측이 시작되고 Fig 13.17과 같이 저항, 추력, 토크, 선수 · 선미 침하량이 계측된다.

Figure 13.16 계측 시스템

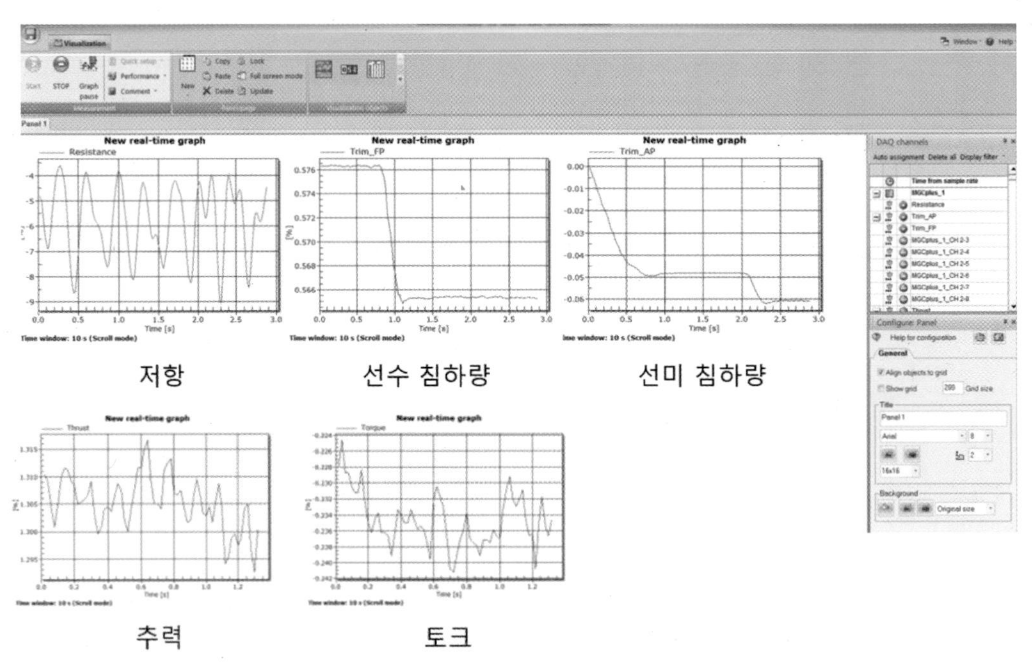

Figure 13.17 **시간에 따른 힘, 선수·선미 침하량, 추력·토크 신호 계측**

stop 버튼을 눌러 계측을 종료하고 데이터를 처리하여 Fig 13.18과 같이 최솟값, 최댓값, 평균값, 표준편차 등을 얻을 수 있으며 시계열 데이터 파일로도 저장이 가능하다. 계측이 끝나면 AC 서브모터를 정지하여 프로펠러 회전을 정지시키고 클램프 버튼을 눌러 모형선을 잡아준 후에 운행 레버를 놓아 전차를 정지시킨다. 전차를 출발 위치로 복귀시킨 후 수면이 잔잔해질 때까지 기다린다. 실험 대기 중에 실험 계측 결과를 확인하여 계측 중에 불규칙한 이상 현상이 발생하지 않았는지 데이터에 비정상적 변화가 있었는지를 확인한다. 이후 같은 절차로 다른 속도 조건에서 자항시험을 수행한다.

Name	Resistance	potentio_FP	potentio_AP	Thrust	Torque
Test					
In preview	☑	☑	☑	☑	☑
Unit	%	%	%	%	%
Samples	1014	1014	1014	250	250
Min	-9.891	-0.7044	0.2182	-0.5546	-0.2888
Max	17.03	-0.4851	0.2936	-0.5233	-0.2700
Mean	2.179	-0.5893	0.2729	-0.5382	-0.2798
STD	5.587	0.05954	0.03010	0.00598	0.00368
Channel comment					

Figure 13.18 **데이터 획득**

위 사항을 정리하면 자항시험 절차는 정수 중 클램프를 풀고 힘과 자세를 측정하여 영점 계측 – 클램프 구속 – AC 서보모터로 프로펠러 회전 – 예인전차 전진 – 정속 시 클램프 해방 – 회전수, 자세, 추력, 토크, 힘 계측 – AC 서보모터 정지 – 클램프 구속 – 예인전차 정지 순이다.

13.2.4 ITTC 1978 방법을 이용한 실선 자항성능 추정

자항시험 결과로부터 반류비와 추력 감소비를 결정하려면 프로펠러가 다음의 둘 중 하나로 작용한다고 가정하여 해석한다. 실제로는 레이놀즈 수나 기타 실험 조건의 영향을 적게 받는 추력일치법을 주로 사용한다.

1) 추력일치법 : 자항점에서 얻은 추력계수와 동일한 추력계수가 나타나는 전진비를 단독성능곡선에서 찾아, 자항성능 분석의 기준으로 사용
2) 토크일치법 : 자항점에서 얻은 토크계수와 동일한 토크계수가 나타나는 전진비를 단독성능곡선에서 찾아, 자항성능 분석의 기준으로 사용

1978 ITTC 표준성능추정법으로 추력일치법을 이용한 자항성능 해석방법은 다음과 같다.

1) 자항시험에서 V_M 으로 모형선을 예인하며 획득한 자항점 회전수 n_M 으로 전진비 $J_{bM} = \frac{V_M}{n_M D_M}$ 를 계산할 수 있고 프로펠러 회전수 n_M 이 같다면 자항시험성능이 프로펠러 단독성능시험과 같은 추력을 내므로($K_{TbM} = K_{TOM}$) Fig 12.19의 프로펠러 단독성능곡선으로부터 전진비 J_{OM} 와 K_{QOM} , η_{OM} 이 결정된다. 이때 아래첨자 b와 O는 각각 모형선 뒤(behind)와 프로펠러 단독성능결과(open water)를 의미한다.

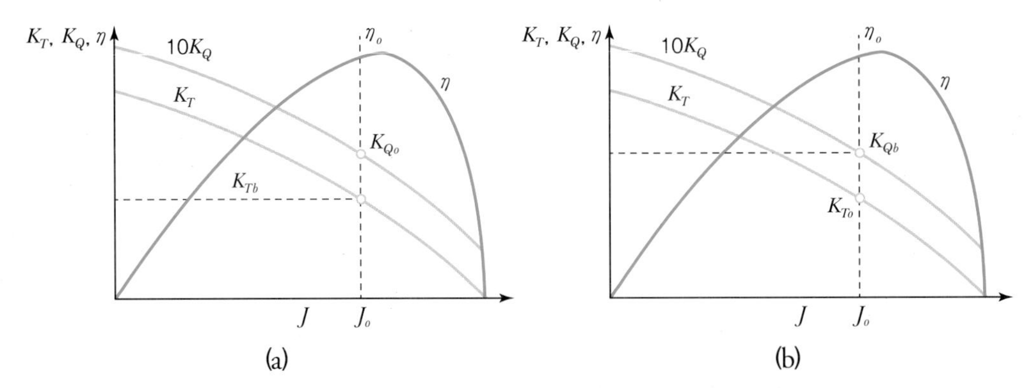

Figure 13.19 **프로펠러 단독 성능 곡선 (a) 추력일치법, (b) 토크일치법**

2) 모형선 반류비와 추력감소비, 상대회전효율은 다음과 같이 구할 수 있다(ITTC 7.5-02-03-01.4 Recommended Procedures and Guidelines).

$$\text{모형선 반류비 : } w_{TM} = 1 - \frac{V_{AOM}}{V_M} = \frac{J_{OM} D_M n_M}{V_M}$$

$$(\text{프로펠러 단독성능 시 } J_{OM} = \frac{V_{AOM}}{n_M D_M})$$

자항시험에서 얻은 추력 T를 이용하여 다음과 같이 추력감소비를 구한다.

$$\text{추력감소비 } t = \frac{T + F_D - R_C}{T}$$

이때 R_C는 저항시험과 자항시험을 실시할 때 시험 시점에서의 온도차 영향을 보정해준 저항으로 다음과 같다.

$$R_C = R_{TM} \frac{(1+k) C_{FMC} + C_R}{(1+k) C_{FM} + C_R}$$

C_F는 1957 ITTC 모형선-실선 상관계수인 $C_F = \dfrac{R_F}{\frac{1}{2}\rho V^2 S} = \dfrac{0.075}{(\log_{10} Re - 2)^2}$이고

C_{FMC}는 자항시험 시 온도에서의 마찰저항계수이다. 또한 추력일치법을 이용하여 상대회전효율을 다음과 같이 구할 수 있다.

$$\text{상대회전효율 } \eta_R = \frac{K_{QOM}}{K_{QbM}}$$

3) 위를 바탕으로 실선 값을 추정한다.

$$w_{TS} = (t + 0.04) + (w_{TM} - t - 0.04)\left(\frac{C_{VS}}{C_{VM}}\right)$$
$$= (t + 0.04) + (w_{TM} - t - 0.04)\left(\frac{(1+k)\,C_{FS} + \Delta C_F}{(1+k)\,C_{FM}}\right)$$

이때 0.04는 타의 영향을 나타내며 선체 중앙에 타 하나만 있을 때는 쌍축선에서는 이를 무시한다. 또한 $w_{TS} = w_{TM}$로 간주한다. C_F는 ITTC 1957 곡선에 따른 마찰저항계수이며 거칠기 상관계수 ΔC_F는 다음과 같다. k_S는 선체 표면의 거칠기를 나타내며 값을 측정하지 않았다면 $k_S = 150 \times 10^{-6}$m를 권장한다.

$$\Delta C_F = 0.044\left[\left(\frac{k_S}{L_{WL}}\right)^{\frac{1}{3}} - 10Re_s^{-\frac{1}{3}}\right] + 0.000125$$

$\frac{K_{TS}}{J^2}$ 식을 이용하여 실선프로펠러에 대해 실선의 회전수, 전달동력, 프로펠러 추력, 토크, 유효동력, 준추진효율, 선각효율을 구할 수 있다.

$$\frac{K_{TS}}{J^2} = \frac{T}{\rho n^2 D^4}\frac{n^2 D^4}{V_A^2} = \frac{R}{1-t}\frac{1}{\rho D^2 V_A^2} = \frac{C_{TS}}{1-t}\frac{S_S}{2D_S^2}\frac{V^2}{V_A^2} = \frac{S_S}{2D_S^2}\frac{C_{TS}}{(1-t)(1-w_{TS})^2}$$

이때 C_{TS}는 저항시험에서 얻은 실선의 총 저항계수이고 S_S와 D_S는 각각 실선의 침수표면적과 프로펠러 직경이다. 이를 이용하여 실선 프로펠러 특성도에서 실선 전진비 J_{TS}와 실선 토크계수 K_{QTS}를 알 수 있다.

$$\text{실선 회전수 } n_S = (1 - w_{TS})\frac{V_S}{J_{TS} D_S}$$

$$\text{전달동력 } P_{DS} = 2\pi \rho_S D_S^5 n_S^3 \frac{K_{QTS}}{\eta_R}$$

$$\text{프로펠러 추력 } T_S = \frac{K_T}{J^2} J_{TS}^2 \rho_S D_S^4 n_S^2$$

$$\text{프로펠러 토크 } Q_S = \frac{K_{QTS}}{\eta_R} \rho_S D_S^5 n_S^2$$

$$유효동력\ P_E = C_{TS}\left(\frac{1}{2} \times \rho_S S_S V_S^3\right)$$

$$준추진효율\ \eta_D = \frac{P_E}{P_{DS}}$$

$$선각효율\ \eta_H = \frac{(1-t)}{(1-w_{TS})}$$

상대회전효율과 추력감소비는 모형선과 실선 간의 차이가 없다고 가정한다.

CHAPTER 14

선형 설계에 활용되는 선박저항론의 주요 내용

CHAPTER

14 선형 설계에 활용되는 선박저항론의 주요 내용

컴퓨터의 발달은 선형 설계의 비약적인 발전에 큰 도움을 주었으며 오늘날 컴퓨터를 이용하지 않는 선형설계는 상상조차 하기 어렵게 되었다. 컴퓨터를 이용하는 초기 설계 단계에서 허용 가능한 오차 범위 내에서 정보 손실 없이 생산 단계에까지 전달할 수 있는 정확성(accuracy)과 일관성(consistency) 측면에서 이전과는 향상된 설계능력을 갖추었다.

이러한 선형을 정의하는 방법은 세 가지로 분류할 수 있는데, 첫 번째는 옵셋 기반 선형설계방법으로(conventional non-parametric hull design) 설계자가 직접 선도(lines)를 수정하여 선형 설계를 수행하는 방법으로 섬세한 설계가 가능하지만 시간이 많이 소요되는 단점이 있다. 두 번째는 부분 파라메트릭 선형설계방법(partially parametric hull design)으로 방형계수, 주형계수 등의 선형계수와 옵셋 기반 방법을 부분적으로 결합한 것이다. 세 번째는 매개변수(parameter)를 조합하여 선형을 정의하고 변환하는 방법으로 형상 매개변수를 바꾸는 것만으로 쉽게 선형을 생성하고 변환할 수 있다. 좋은 선형 설계를 하려면 주요 형상 매개변수에 대한 깊이 있는 이해가 필요하다.

선형을 설계할 때는 고려해야 할 다양한 매개변수들이 있다. 예를 들어, 프루드 수가 낮은 선형은 파도의 생성이 거의 없으므로 마찰저항과 점성저항이 줄어드는 선저가 평평한 U자인 배수량형(displacement) 선형이 유리하다. 반면, 프루드 수가 높은 선형은 조파저항의 지배를 크게 받으므로 선저가 V형인 활주형(fully planning) 선형이 조파저항 최소화에 유리하다(Fig 14.1). 또한 속도 변수는 일반적으로 방형계수 $C_B = \dfrac{\nabla}{L \times B \times T}$와 반비례관계에 있다. 즉 설계속도가 높은 선형은 최적 방형계수가 작고 설계속도가 낮은 선형은 최적 방형계수가 높기 때문에 방형계수 또한 설계 매개변수로 활용된다.

이처럼 좋은 선형을 설계하려면 선박 성능에 영향을 미치는 주요 선형 매개변수를 선별하고 선박의 주요 제원에 대한 이해를 바탕으로 이를 선형 설계 개념에 효과적으로 반영해야 한다. 이번 장에서는 선형 설계에 활용하는 몇 가지 주요 선형 매개변수들을 알아봄으로써 최적의 선형 설계를 위한 기초를 다지도록 한다.

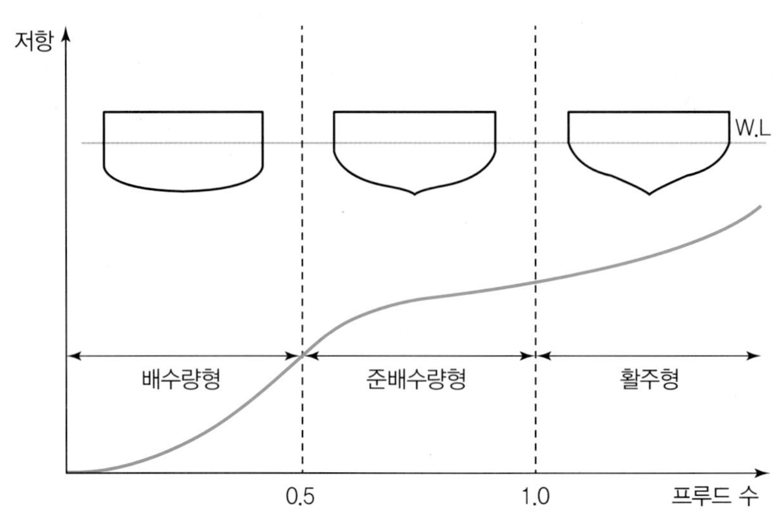

Figure 14.1 선속에 따른 선형 구분

14.1 선수부 설계

선수선형은 파형저항과 쇄파저항 감소 측면에서 중요하다. 저속비대선에서는 대부분의 조파저항이 앞쪽 어깨파계로부터 생성되므로 각이 진 어깨보다는 Fig 14.2의 파란색 선과 같이 가능한 부드러운 어깨선형을 갖도록 하는 것이 중요하다.

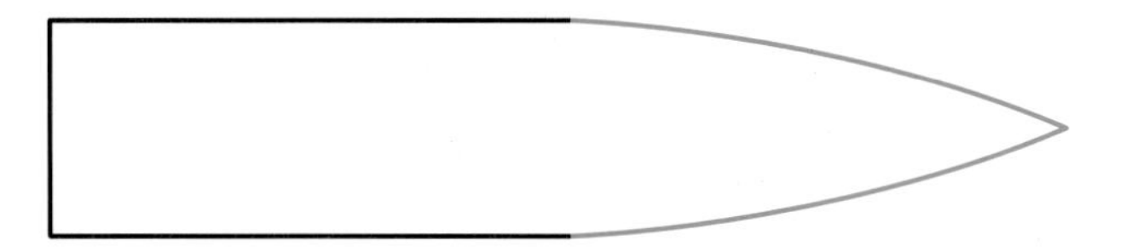

Figure 14.2 선수부 어깨가 부드러운 선형

한편, 저속선의 대표적인 선수 수선면(waterplane) 형상으로 Fig 14.3(a) 재래(conventional)형, Fig 14.3(b) 타원(elliptical)형이 있다. 재래형은 물가름각(angle of entrance)[81]이 작아서 선수부가 뾰족한 형상을 가져 조파저항이 줄어드는 듯 하지만 수선의 기울기가 전반적으로 크고 어깨부 곡률반경이 작아서 파형저항이 오히려 증가하는 특징이 있다. 반면 타원형은 전반적으로 수선의 기울기가 작고 어깨부 곡률반경이 커서 파형저항은 줄어들지만 선수부가 뭉툭하여 쇄파저항이 커질 수 있다.

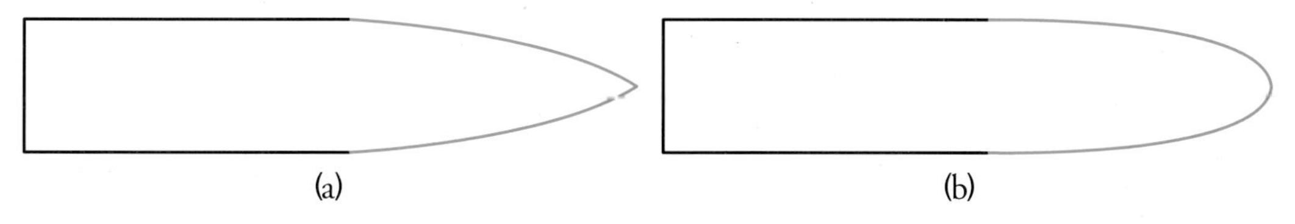

Figure 14.3 **대표적인 선수 수선면 형상** (a) **재래형** (b) **타원형**

고속선은 고속에서 조파저항이 크게 상승하므로 부드러운 어깨부를 설계하기보다 Fig 14.4와 같이 배수량이 선미 쪽에 집중하도록 LCB를 뒤로 옮기고, 선수부를 날씬하게 설계하는 것이 더 효과적이다. 그러나 저속비대선일 때는 배수량을 선미 쪽으로 이동시키면 조파저항은 조금 줄어들지만 선미부 형상의 영향으로 점성압력저항이 대폭 증가하므로 전체적인 관점에서는 배수량을 선수쪽으로 이동시키는 것이 낫다.

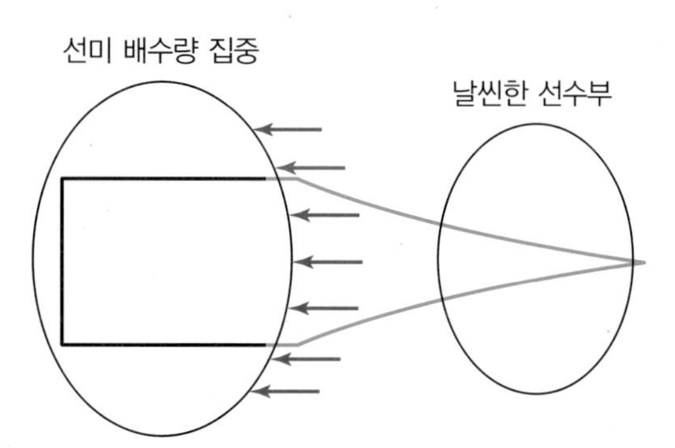

Figure 14.4 **배수량을 선미 쪽으로 이동한 선형**

81 물을 가르도록 설계된 선수부 물가름각을 말한다.

비대한 선수부를 가진 선형일 때 물가름각만 줄여주면 선수부에 기인하는 조파저항은 줄일 수 있으나 상대적으로 어깨부의 곡률이 커져서 선수 어깨 파도를 증강시켜 전체 조파저항을 증가시킬 수 있으니 유의하여야 한다.

조파저항을 줄이는 수단으로 구상선수(bulbous bow)가 설계되고 있다. 저속 비대선에서는 붙여준 벌브 길이만큼 수면하의 선체 길이가 늘어나 배수량을 효과적으로 분포시키며 선미부가 날씬해져서 점성저항이 감소하고 물가름각이 감소하여 쇄파저항의 감소효과까지 얻을 수 있다.[82] 고속선에서는 설계흘수로부터 벌브가 잠기는 정도를 말하는 벌브심도(bulb immersion)를 Fig 14.5(a)와 같이 줄여주면 파도상쇄 효과(wave cancelling)를 극대화할 수 있다. Fig 14.5(b)에서 숫자 1은 구상선수의 측면 형상이고 2는 일반 선수의 측면 형상, 3은 구상선수에서 생성된 파, 4는 선수에 의해 생성된 파, 5는 3과 4의 파에 의해 중첩된 최종 파로서 벌브심도가 작을 경우 5의 효과는 더욱 커진다.

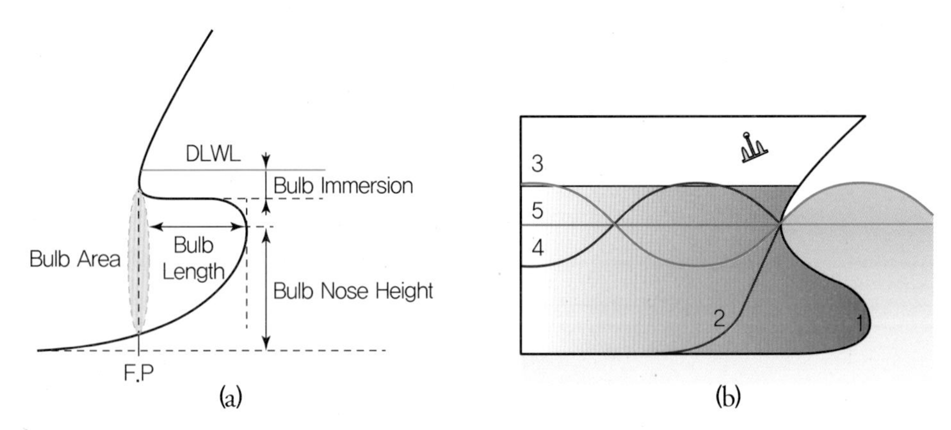

Figure 14.5 (a) **선수 벌브 용어, (b) 구상선수에 의한 파도 상쇄효과**
(자료제공 : Wikipedia, 그림 출처 : Tosaka~commonswiki)

Fig 14.6에는 다양한 선수 벌브의 형상을 보였는데 Fig 14.6(a)의 높은 벌브(high bulb)형은 벌브의 주요 체적이 수선면 근처에 있으며 벌브 코의 높이(bulb nose height)가 비교적 큰 형태로서 주로 고속선에서 파도 상쇄효과가 좋다. Fig 14.6(b)의 낮은 벌브(low bulb)형은 높은 벌브에 비해 벌브의 체적이 아래쪽으로 처진 형태로, 주로 선수부 체적이 큰 저속비대선에서 수면하 체적을 적절히 분포시키며 설계한 벌브 형상이다. 일반적으로 Fig 14.6(a)인 높은 벌브형이

82 권영중, 선박설계학, 동명사, 2015.

낮은 벌브형에 비해 중속 이상에서 우수한 저항 감소 성능을 가지는 것으로 알려져 있다. Fig 14.6(c)의 거위목 벌브(goose neck)형은 높은 벌브의 개념을 계획흘수에서 최대 효과가 있도록 체적을 수선면 근처로 최대한 높이고, 바로 후방에서는 벌브의 폭이나 높이가 조금 작아지게 하여 유동 형태가 좋으면서도 조파저항이 보다 더 크게 줄어들도록 설계한 벌브 형상으로 비교적 운항 속도가 빠른 여객선, 여객 페리 등에 적용된다.

반면 저속에서는 물 밖으로 튀어나온 구상선수에 의해 마찰저항과 형상저항이 증가되기도 하므로 설계흘수 및 경하흘수의 저항성능을 모두 고려하여 신중하게 설계를 해야 한다. Fig 14.6(d) 중간 벌브(middle bulb)형은 저속비대선 중 계획속도에 비해 선수비대도가 크지 않을 때 도입각을 줄여주더라도 어깨파 발생 우려가 없으므로 앞선 예와 같은 원통형(cylindrical) 수선 형식이 아닌 직선형(straight) 수선 형식으로 설계한다.

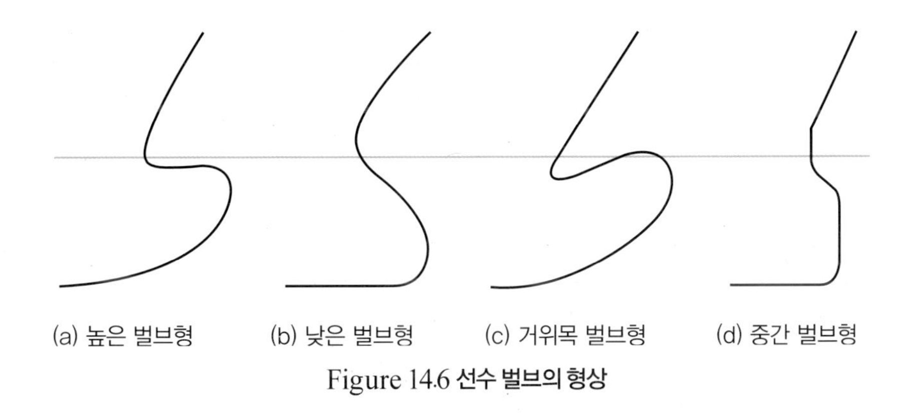

(a) 높은 벌브형 (b) 낮은 벌브형 (c) 거위목 벌브형 (d) 중간 벌브형

Figure 14.6 **선수 벌브의 형상**

또한 선수부 단면의 형상(frame line) 역시 중요한데 배수량을 선저부에 가깝게 배치하면 단면형상은 U형이 되고 계획 흘수선 부근에 배치하면 V형이 된다. U형은 선저 만곡부(bilge) 곡률이 커서 점성형상저항이 일부 증가하나 만곡부 외의 영역에서 유체의 흐름이 수선을 따라 배의 길이방향으로 흐르는 2차원 유동으로 단순화된다. 그러므로 고속선을 제외하면 일반적으로 선수형상은 만곡부의 곡률이 무리가 가지 않는 U형을 택한다. 고속선은 주로 저항 측면에서 유리한 V형 단면 형상을 채택하며 V형에서는 선수부에서 시작된 유동이 각 단면 형상을 따라 부채꼴 모양으로 펴져 나간다.

C_P는 조파저항과 밀접한 매개변수로 Fig 14.7과 같이 선체 중앙에서 횡단면적을 1로 두었을 때 길이방향으로 횡단면적의 크기를 나타낸 것이다. 그 분포를 곡선으로 나타낸 것을 C_P 곡선 또는 횡단면적 곡선(Sectional Area Curve, SAC)이라 한다. C_P 곡선을 변화시켜 횡단면이

이동하도록 하여 선형의 전체적인 배수량 분포를 조정할 수 있다. 특히 선수부는 조파저항 및 선수 파형의 전체적 특성에 민감하게 영향을 주므로 가급적 완만한 파형이 발생하도록 설계해야 한다. 선수부 형상에 따라 장단점이 있는데 U형 횡단면일 때는 조파저항 및 구획 배치 및 건조에 유리하고, V형 횡단면일 때는 쇄파저항 감소 및 넓은 상갑판 면적을 확보할 수 있다. 어찌됐든 설계 목적에 맞게 전체 저항을 최소화하는 방향으로 단면적 곡선을 설계해야 한다.

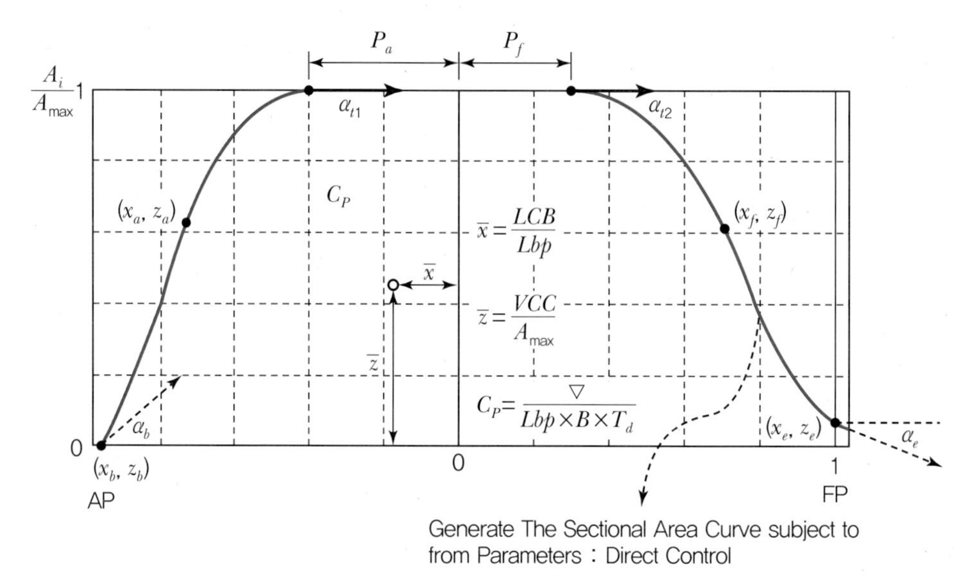

Figure 14.7 C_P 곡선(김현철, 2013)

14.2 선미부 설계

선수 형상은 대체로 조파저항에 큰 영향을 미치지만 선미 형상은 점성압력저항뿐만 아니라 추진성능, 조종성능 등 다양한 성능에 영향을 미치므로 선형 설계를 시작할 때 선미 형상 최적화를 먼저 생각해야 한다. 또한 선미 형상은 축 진동과 소음에 영향을 끼치므로 특히 비대도가 큰 선박의 경우 더욱 유의하여 설계해야 한다.

속도가 느린 선박은 LCB를 앞쪽으로 이동시켜 선미부 형상에 지배받는 형상저항을 최소화해야 한다. 이 경우 조파저항 측면에서는 불리하지만 저속비대선에서는 조파저항이 전체저항에 비하여 매우 작으므로 선미부가 성능에 미치는 영향이 훨씬 크고 결과적으로는 선박 성능에 중요하다. 수면하의 선체 길이가 길수록 수선의 물모음각(angle of run)[83]이 줄어들어 저항 측면에서는 유리하다.

Fig 14.8은 선미 형상에 따른 선미 유동현상을 그림으로 나타낸 것이다.[84] (a)는 U형, (b) 바지형, (c) 조화형을 나타내는데, 바지형에서는 유동 벡터의 대부분이 선저로부터 버톡선(Buttock line)을 따르는 것으로 나타났다. 버톡선의 경사를 적절히 조절하면 비대도가 과도한 선형에서 나타나는 형상저항의 증가 및 선미 유동박리현상 등을 최소화할 수 있다. 따라서 바지형 선미는 비대도가 상대적으로 작고 속도가 큰 고속선에서 화물적재성과 복원 안정성에 유리하다는 이유로 사용된다.

일반적으로 U형 선미형상은 만곡부에 강한 내향회전와류(inward rotating vortex)가 발생하는 반면, 바지형은 만곡 부위를 따라 강한 외향회전와류(outward rotating vortex)가 발생한다. 이렇게 강한 와류의 발생은 그 자체가 에너지의 큰 손실을 의미하므로 어떠한 만곡부든지 반드시 부드럽고 유연하게 처리되어야 한다. 조화형은 와류 발생으로 생기는 문제를 극복하기 위한 선형의 바람직한 방향을 보여준다.

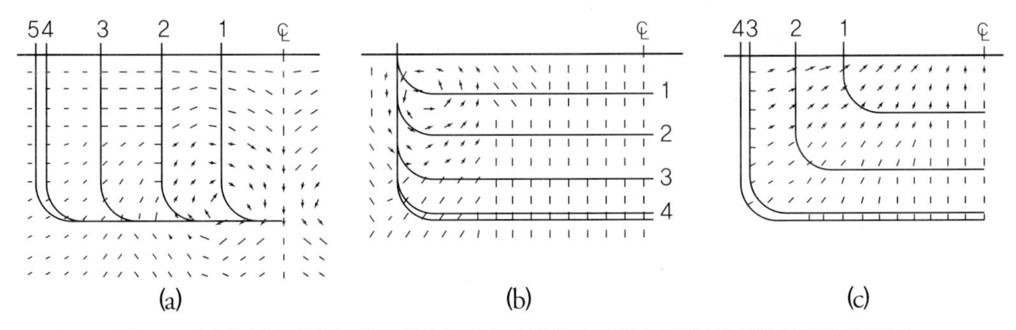

Figure 14.8 선미형상에 따른 선미 유동현상(대한조선학회 선박유체역학 연구회, 2012.)

C_P 곡선에서 선미부가 뚱뚱할수록 유체 흐름이 원만하지 못하여 박리현상과 만곡부 와류가 증가하고 유동이 불균일해진다. 이 곡선은 선미부 형상에 따르는 저항성분에 영향을 주므로 곡선 형태가 가급적 완만한 곡선을 그리도록 면밀히 검토해야 한다.

83 선미 끝에서 물이 모이는 각을 말한다.

84 대한조선학회 선박유체역학연구회, 선박의 저항과 추진, 지성사, 2012.

14.3 기타 매개변수

14.3.1 방형계수 C_B

C_B는 방형계수로 수선 하 선체의 비척도를 나타낸다. $\frac{\nabla}{L \times B \times T}$ 으로 정의하며 이 값은 배의 추진 성능과 복원 성능 등에 깊은 관계가 있는 중요한 기본 설계의 요소이다. 방형계수는 저속, 중속, 고속으로 운항속도가 빠를수록 작아지는데 고속선은 대략 0.50~0.60, 중속선은 0.65~0.75, 저속선은 0.80~0.90 정도의 값을 가진다. 하지만 방형계수는 선도 결정단계에서 배의 형상을 결정짓는 계수라기보다는 선박 초기설계 단계에서 선박의 전반적 성능 검토에 사용된다. 때문에 설계 단계에서 최적의 방형계수를 추정하기 위한 이론식과 경험식이 많이 제안되고 있다.

14.3.2 중앙 최대 횡단면 계수 C_M

C_M은 중앙 최대 횡단면 계수로서, $\frac{A_M}{B \times T}$ 으로 정의한다. 여기서 A_M은 수선 하 중앙 최대 횡단면적이고 B는 폭, T는 흘수다. 고속선은 대략 0.85~0.95 정도 값을 가지고 중속선은 0.98~0.99, 그리고 저속선은 0.99 이상의 값을 가진다. 이 값이 너무 크면 충분한 복원력을 얻기 어렵고 너무 작으면 단면 형상이 V형이 되므로 복원력의 범위가 좁고 최대 복원력이 떨어지므로 복원 성능이 나빠진다. 또한 $C_M = \frac{C_B}{C_P}$ 이므로 주형계수 C_P와 관련이 있어 저항 및 추진 성능에도 영향을 준다.

14.3.3 주형계수 C_P

주형계수 C_P는 수면하 체적을 최대 횡단면적과 길이의 곱으로 나눈 값으로 $C_P = \frac{\nabla}{L \times A_M}$ 으로 정의한다. 주형계수는 주로 중앙 횡단면 부근을 제외한 물가름부 주형계수와 물모음부 주형계수로 나누어 생각하여 선수의 물가름부와 선미의 물모음부가 수선면과 이루는 각도를 나타낼 수 있도록 한다. 한편, 주형계수가 크다는 것은 단면 형상의 변화가 적다는 것을 나타내며 뚱뚱하다는 의미와는 다르므로 방형계수와 비례한다고 볼 수 없다.

14.3.4 길이–배수량 비 $\frac{L}{\nabla^{\frac{1}{3}}}$

앞에서 설명한 계수들은 선체 형상에 많은 정보를 제공하고 있으나 선박의 형태가 짧고 뚱뚱한지, 혹은 길고 날씬한지에 대한 정보는 주지 못한다.[85] 길이–배수량 비 $\frac{L}{\nabla^{\frac{1}{3}}}$ 은 선박의 뚱뚱함과 날씬함을 나타내는 값으로 선체 저항에 중요한 영향을 끼친다. 길이–배수량 비는 다음과 같이 표현할 수 있다.

$$\frac{L}{\nabla^{\frac{1}{3}}} - \frac{L}{(L \times B \times T \times C_B)^{\frac{1}{3}}}$$

일정한 배수량에서 길이 L 이 증가하여 $\frac{L}{\nabla^{\frac{1}{3}}}$ 이 증가한다면 침수표면적 증가로 마찰저항 R_F 가 증가하고 잉여저항 R_R 은 감소한다. 이러한 효과는 선속이 증가할수록 두드러지게 나타난다. 때문에 설계 관점에서 총 저항이 최소가 되는 최적의 길이를 추정하는 것이 중요하다.

14.3.5 길이–폭 비 $\frac{L}{B}$

길이–폭 비 $\frac{L}{B}$ 는 선박의 날씬한 정도를 나타내고 조종 성능에도 영향을 준다. 길이의 증가는 잉여저항의 감소로 이어져 연료비가 감소하지만, 길이를 증가시키려면 건조비가 늘어나므로 설계 관점에서 신중히 검토해야 한다. 때문에 길이–폭 비를 결정할 때는 총 저항이 최소가 되는 길이–배수량 비로부터 최적의 길이를 도출한 것과 같이 연료비용과 자본비용을 함께 고려하여 최적의 길이를 도출해야 한다. 또 저속비대선에서 길이–폭 비가 작아지면 선미 물모음각이 급해져서 점성저항이 증가하므로 배수량을 선수 쪽으로 옮기는 것이 유리하다. 배수량을 선수 쪽으로 옮기면 물가름각이 증가하고 조파저항이 커지는 단점이 있지만 총 저항 측면에서는 유리할 수 있기 때문이다.

---

85 해리 벤포드, 교양으로 읽는 조선공학, 지성사, 2014.

14.3.6 폭–흘수 비 $\frac{B}{T}$

폭–흘수 비 $\frac{B}{T}$ 가 증가하면 배수량이 수면 근처로 옮겨지므로 조파저항이 증가하며 복원성과 조파특성에 영향을 준다.

CHAPTER 15

선박 동력의 구성 및 추정방법

CHAPTER

15 선박 동력의 구성 및 추정방법

이제까지 실제 선박이 운항할 때 주기관으로부터 프로펠러로 동력이 전달되는 과정(1장)과 저항시험(5장), 프로펠러 단독성능시험(11장), 그리고 자항시험(13장)에서 실선의 소요동력을 모형시험 결과로부터 추정하는 과정을 살펴보았다. 여기서는 좀 더 세부적으로 동력을 계산할 때 어떤 부분이 필요하며 어떻게 계산되는지 알아보자.

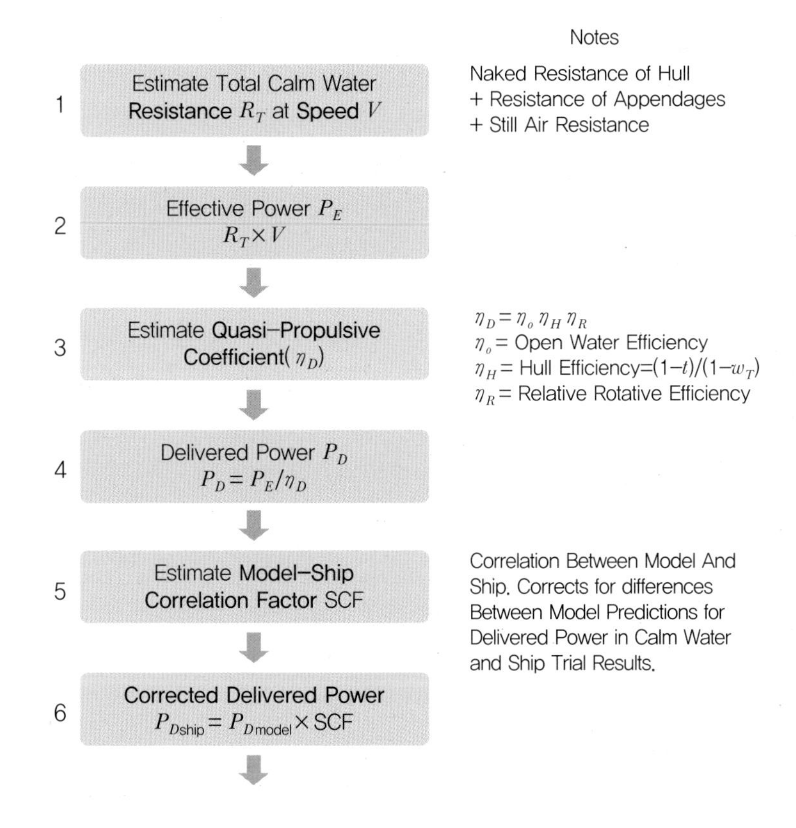

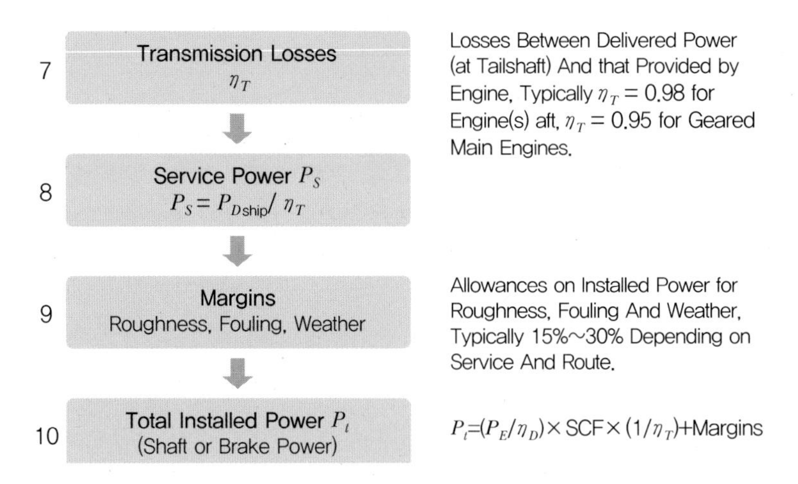

Figure 15.1 선박 동력의 구성 성분-주요 고려사항(Molland et al., 2011)

Molland 외(2011)는 Fig 15.1과 같이 10개 단계로 나누어 동력을 추정하고 있다.[86] 주의할 점은 Fig 1.15에서는 엔진에서 생성된 동력이 프로펠러에 전달되는 과정이었다면 여기서는 역으로 모형시험 결과로부터 엔진에서 발생해야 하는 동력을 추정한다는 점이다. 먼저 정수 중에서 모형선을 일정 속도 V로 예인하면서 실선에 작용하는 총 저항 R_T를 추정한다. 이때 모형선의 총 저항은 알몸선체의 저항에 부가물의 저항과 무풍상태에서의 공기저항을 합한 것이다. 알몸선체를 예인하여 구한 저항을 사용하기도 한다. 이렇게 예인수조에서 모형시험으로 구한 실선저항과 속력으로부터 유효동력 P_E를 구할 수 있다.

$$P_E = R_T \times V$$

프로펠러 단독성능시험에서 구한 프로펠러 단독효율 η_O와 자항시험에서 구한 선체효율 η_H, 상대회전효율 η_R을 곱하여 준추진효율 η_D을 구한다.

$$\eta_D = \eta_O \eta_H \eta_R$$

단독효율 η_O는 프로펠러 단독성능시험으로 구하며 균일 유속 V_A가 프로펠러에 유입될 때의 프로펠러 효율을 뜻하고 $\eta_O = \dfrac{TV_A}{2\pi n Q_O}$로 정의한다. 여기서 Q_O는 프로펠러 단독상태에서

86 A. F. Molland 외, 선박 저항과 추진, 텍스트북스, 2011.

프로펠러가 회전수 n으로 돌면서 추력 T를 전달할 때 측정한 토크이다.

선체효율 η_H는 자항시험으로 구하는데, 배를 추진하는 데 사용한 일과 프로펠러가 행한 일의 비 $\eta_H = \frac{P_E}{P_T} = \frac{R_T V}{T V_A}$로 정의한다. 이때 V는 선속을 뜻하며 반류비 w는 $V_A = V(1-w)$, 로 표시되고 추력감소비 t는 $R_T = (1-t)T$의 관계가 있으므로 선체효율은 $\eta_H = \frac{(1-t)}{(1-w)}$로 표시할 수 있다.

상대회전효율 η_R 또한 자항시험에서 얻어진다. 프로펠러가 선체 뒤에서 작동할 때는 단독 상태와 같은 프로펠러 전진속도 V_A, 추력 T, 회전수 n일지라도 프로펠러를 회전시키는 데 필요한 토크(Q)는 달라진다. 선체 뒤에서의 프로펠러 효율($\eta_B = \frac{TV_A}{2\pi nQ}$)과 단독효율 ($\eta_O = \frac{TV_A}{2\pi nQ_O}$) 사이의 비를 상대회전효율이라 하고 $\eta_R = \frac{\eta_B}{\eta_O} = \frac{Q_O}{Q}$로 정의한다. 이를 바탕으로 앞서 구한 유효동력과 준추진효율로 전달동력을 구한다.

$$\eta_D = \frac{\text{유효동력}}{\text{전달동력}} = \frac{P_E}{P_D} \text{ 이므로 } P_D = \frac{P_E}{\eta_D}$$

모형시험으로 추정한 전달동력은 실선의 전달동력과 차이가 있으므로 기존에 보유한 단일선 상관계수(Single-ship Correlation Factor, SCF)나 실선 시운전 자료를 선박 설계 참고자료로 활용하여 보정해준다.

$$\text{전달동력 보정 } P_{Dship} = P_{Dmodel} \times SCF$$

동력 전달 손실 η_T는 엔진에서 프로펠러까지 전달되는 동력 비율을 의미하며 주 기관에 직결되었을 때는 $\eta_T = 0.98$이고 감속기를 통한 전달일 때는 $\eta_T = 0.95$ 정도라고 본다.

$$\eta_T = \frac{P_{Dship}}{P_S}$$

여기서 P_S 축동력이 아닌 운항동력(service power)을 사용하였다. 축동력이 실제로 프로펠러 축에 전달되는 동력이라면 운항동력은 엔진이 발생시킨 동력을 뜻한다.

$$\text{운항동력 } P_S = \frac{P_{Dship}}{\eta_T}$$

여기에 선체표면의 거칠기, 부착생물, 해상상태의 변화에 따르는 저항 증가에 대비하여 동력 여유로 보통 15 ~ 30% 정도를 운항항로 조건에 따라 적절히 고려해야 한다.

$$\text{총 설치동력 } P_I = \frac{P_E}{\eta_D} \times SCF \times \left(\frac{1}{\eta_T}\right) + \text{여유동력}$$

여기서 P_I는 설치동력(installed power)으로서 엔진을 설계하며 설정한 동력이며 엔진의 실린더 내부 압력을 조사하여 얻는 도시동력(indicated power)과는 엄연히 다르다.

참고 문헌

〈용어 참조〉

- 두산백과 www.doopedia.co.kr
- 위키백과 ko.wikipedia.org
- 한국해양학회, 해양과학용어사전, 2007.
- 국방과학기술용어사전

〈논문 및 도서〉

- 국토교통부, 국가물류기본계획(2016-2025), 2016.
- 김우전, 박일룡, 트랜섬선미후방의점성유동장 Topology 관찰, 대한조선학회논문집, 제42권, 제4호, page 322-329, 2005.
- 김은찬, William Froude의발자취를따라서, 대한조선학회, 대한조선학회지, 제30권, 제1호, page 28-34, 1993.
- 권영중, 선박설계학, 동명사, 2015.
- 대한조선학회선박유체역학연구회, 선박의저항과추진, 지성사, 2012.
- 이신형, 서울대학교선박저항성능연구실, 대한조선학회, 대한조선학회지, 제53권, 제1호, page 53-58, 2016.
- 이창억, 선박설계, 청문각, 2014
- 임상전역, 기본조선학, 대한교과서주식회사, 1969.
- 잭첼로너, 죽기전에꼭알아야할세상을바군발명품 1001, 마로니에북스, 2010.
- 최희종, 박일흠, 김종규, 김옥삼, 전호환, 자유수면을관통하는거위목벌브를가진선박주위의포텐셜유동해석, 한국해양공학학회지, 제25권, 제4호, page 18-22, 2011.
- 해리벤포드, 교양으로읽는조선공학, 지성사, 2014.
- 헨드릭빌렘반룬, Ships(배이야기-인간은어떻게 7대양을항해했을까), 아이필드출판사, 2006.
- A.F.Molland 외, 선박저항과추진, 텍스트북스, 2011.
- B. Han, J. Seo, S.-J. Lee, D. M. Seol, and S. H. Rhee, "Uncertainty Assessment for a Towed Underwater Stereo PIV System by Uniform Flow Measurement," International Journal of Naval Architecture and Ocean Engineering, Vol. 10, No. 5, pp.596-608, September 2018,
- C. J. D. Pickering, N. A. Halliwell, Laser Speckle Photography and Particle Image Velocimetry : Photographic Film Noise, Applied Optics Vol 23, page 2961-2969, 1984.
- E.Alimeida, T.C.Diamantino, O.de Sousa, Marine Paints : The Particular Case of Antifouling Paints, Progress, in Organic Coatings, Vol 59, Issue 2, 2007
- E.Buckingham, On Physically Similar Systems: Illustrations of the Use of Dimensional Equations, Physical Review, Vol 4, Issue 4, page 345-376, 1914.
- E.V.Telfer, Frictional Resistance and Ship Resistance Similarity, Transactions of the North East Coast Institution of Engineers and Shipbuilder, 1928/29.

- E.V.Telfer, Further Ship Resistance Similarity, Transactions of the Royal Institution of Naval Architectures, Vol 93, page 205–234, 1951.
- E. V. Telfer, Ship Resistance Similarity, Trans.INA, Vol 69, 1927.
- E. V. Lewis, Editor, Principles of Naval Architecture Second Revision (PNA), Vol Ⅲ, Resistance, Propulsion and Vibration, 1988.
- G.G.Stokes, On the Effect of the Internal Friction of Fluids on the Motion of Pendulums, Cambridge Philosophical Transactions, Vol 8, 1851.
- G.Hughes, Friction and Form Resistance in Turbulent Flow and a Proposed Formulation for Use in Model and Ship Correlation, Trans. RINA, Vol 96, page 314–376, 1954.
- C. W. Prohaska, A Simple Method for the Evaluation of the Form Factor and Low Speed Wave Resistance, Proc, 11th ITTC, 1966.
- H. Blasius, Grenzschihten in Flussigkeiten Mit Kleniner Reibung, Zeitschrift Fur Mathematic Und Physik, band 56, 1908.
- H. C. Raven, B. Starke, Efficient Methods to Compute Steady Ship Viscous Flow with Free Surface, 24th Symposium on Naval Hydrodynamics, Fukuoka, Japan, 8–13, July, 2002.
- H.Ludwig, and W.Tillman, Investigation of the Wall–Shearing Stress in Turbulent Boundary Layers, National Advisory Committee for Aeronautics, Technical Memorandum 1285, May, 1950.
- H.Schlichting, Boundary–Layer Theory, 7th ed.New York : McGraw–Hill, 1979.
- ITTC, ITTC–Recommended Procedures and Guidelines 1978 ITTC Performance Prediction Method, 7.5–02–03–01.4 page 1–9, 2011.
- ITTC, Proc. 8th ITTC, Madrid, Spain, 1957.
- ITTC, Proc. 15th ITTC, The Hague, The Netherlands, 1978.
- ITTC, Proc. 19th ITTC, Madrid, Spain, 1990.
- ITTC, Testing and Extrapolation Methods Propulsion, Propulsor Open Water Test, ITTC–Recommended Procedures and Guidelines, 7.5–02–03–02.1, page 1–9, 2002.
- J.Babicz, Encyclopedia of Ship Technology, Wartsila Corporation, 2015.
- J.E.Kerwin, J.B.Hadler, Principles of Naval Architecture Series : Propulsion, The Society of Naval Architects and Marine Engineers, 2010.
- J. Evans, Basic Design Concepts, Naval Engineers Journal, page 671–678, 1959.
- J. H. Preston, The Determination of Turbulent Skin Friction by Means of Pitot Tubes, Journal of the Royal Aeronautical Society, Vol 58, 109–121, 1954.
- J.Holtrop, A Statistical Re–analysis of Resistance and Propulsion Data.ISP, Vol 31, 1988.
- J.Holtrop, G.G.J.Mennen, An Approximate Power Prediction Method, International Shipbuilding Progress, Vol 29, No 335, page 166–170, July, 1982
- K. E. Schoenherr, Resistance of Flat Surfaces Moving through a Fluid, SNAME Trans, Vol 40, 1932.
- L. Prandtl, Ergebnisse Der Aerodynamicschen Versuchsanstalt Zu Gottingen, Abhandlungen Aus Dem Aerodynamicschen Institut, Vol 3, 1921.
- L.Prandtl, Verhandlungen Des Dritten Internationalen Mathematiker–Kongresses, in Heidelberg, 1904.

- M.A.Champ, A Review of Organotin Regulatory Strategies, Pending actions, Related Costs and Benefits, Science of the Total Environment, Vol 258, Issue 1-2, page 21-71, 2000.
- O. Reynolds, An Experimental Investigation of the Circumstances Which Determine Whether the Motion of Water Shall Be Direct or Sinuous, and of the Law of Resistance in Parallel Channels, Vol 174, page 935-982, 1883.
- R. E. Froude, On the Constant System of Notation of Results of Experiments on Models Used at the Admiralty Experiments Works, INA, 1888.
- R. E. Froude, On the Part Played in Propulsion by Differences in Fluid Pressure, Transactions of the Royal Institution of Naval Architects, Vol 30, page 390-405, 1889.
- R.W.Fox, P.J.Pritchard, A.T.Mcdonald, Introduction to Fluid Mechanics, 텍스트북스, 2010.
- S. A. Harvald, Resistance and Propulsion of Ships, Wiley Interscience, New York, 1983.
- S.A.Kinnas, An International Consortium on High-speed propulsion, Mar Technol, 33, 203-210, 1996.
- T.Yamano, T.Ikebuchi, I.Funeno, On Forward-oriented Bwave Breaking just Behind a Transom Stern, J.SNAJ, Vol 187, page 25-32, 2000.
- T.Yamano, Y.Kusunoki, F.Kuratani, T.Ogawa, T.Ikebuchi, I.Funeno, On Effect of Bottom Profile Form of a Transom Stern on Its Stern Wave Resistance, IMDC, page 81-94, 2003.
- W. Froude, Experiments on the Surface-friction Experienced by a Plane Moving through Water, 42nd Report of the British Association for the Advancement of Science, Brighton, 1872.
- W. Froude, On Experiments with HMS Greyhound, Transactions of the Royal Institution of Naval Architects, Vol 15, page 36-73, 1874.
- W. Froude, On the Elementary Relation Between Pitch, Slip and Propulsive Efficiency, Transactions of the Royal Institution of Naval Architects, Vol 19, page 47-65, 1878.
- W. Froude, Report to the Lords Commissioners of the Admiralty on Experiments for the Determination of the Frictional Resistance of Water on a Surface, under Various Conditions, Performed at Chelston Cross, Under the Authority of Their Lordships, 44th Report by the British Association for the Advancement of Science, Belfast, 1874.
- W. J. M. Rankine, On the Mechanical Principles of the Action of Propellers, Transactions of the Institution of Naval Architects, Vol 6, page 13-35, 1865.
- W. J. Luke, Experimental Investigation on Wake and Thrust Deduction Values, Transactions of the Royal Institution of Naval Architects, Vol 52, page 43-57, 1910.
- Y.S.Jung, B.Govindarajan, J.Baeder, A Hamiltonian-Strand Approach for Aerodynamic Flows Using Overset and Hybrid Meshes, 72nd Annual Forum of the AHS, 2016.

선박저항추진론

발행일 | 2019년 3월 5일 초판 1쇄 발행
저　자 | 하정수 · 서정화 · 이신형
발행인 | 정 용 수
발행처 | 예문사
주　소 | 경기도 파주시 직지길 460(출판도시) 도서출판 예문사
T E L | 031) 955-0550
F A X | 031) 955-0660
등록번호 | 11-76호

정가 : 18,000원

ISBN 978-89-274-3013-1 13550

이 도서의 국립중앙도서관 출판예정도서목록(CIP)은 서지정보유통지원시스템 홈페이지(http://seoji.nl.go.kr)와 국가자료공동목록시스템 (http://www.nl.go.kr/kolisnet) 에서 이용하실 수 있습니다.
(CIP제어번호 : CIP2019006654)

이 도서의 인세는 저자와의 협의하에 대한조선학회에 기증합니다.